SHIPIN SHENGCHAN XINJISHU

食品生产新技术

王丽霞　编著

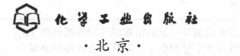

化学工业出版社

·北京·

本书重点阐述了食品工业新技术的原理、特点以及在食品工业中的应用，主要包括：食品生物技术、食品分离技术、食品微胶囊技术、食品微波技术、食品超微粉碎技术、食品辐照技术、食品超高压技术、食品质构重组技术、食品保鲜技术以及无菌包装技术。本书可供高等院校食品专业师生参考使用，也可为科研工作者和食品加工从业人员提供有益指导。

图书在版编目（CIP）数据

食品生产新技术/王丽霞编著 . —北京：化学工业出版社，2016.1（2017.10重印）
ISBN 978-7-122-25882-3

Ⅰ.①食… Ⅱ.①王… Ⅲ.①食品加工 Ⅳ.①TS205

中国版本图书馆 CIP 数据核字（2015）第 306608 号

责任编辑：张　彦　　　　　　　　装帧设计：孙远博
责任校对：王素芹

出版发行：化学工业出版社（北京市东城区青年湖南街 13 号　邮政编码 100011）
印　　装：北京科印技术咨询服务有限公司数码印刷分部
710mm×1000mm　1/16　印张 20　字数 377 千字　　2017 年 10 月北京第 1 版第 3 次印刷

购书咨询：010-64518888　　　　　　　　售后服务：010-64518899
网　　址：http://www.cip.com.cn
凡购买本书，如有缺损质量问题，本社销售中心负责调换。

定　　价：59.00 元

前言

　　食品是人类的第一需要，食品工业联系着各个国家的命脉。随着现代社会的发展，人类生活节奏也逐步加快。多样性、快捷性、营养性、安全性等新型食品的出现才能迎合人们生活质量不断提高的需要。而传统的食品加工技术难以适应现代食品工业的迅猛发展，采用新技术生产新型食品是食品工业发展的必然趋势。食品生物技术为人们开发了食品新资源和保健食品资源，辐照技术、微波技术、包装技术为食品资源的安全、营养、长久保藏提供了保障，食品高压技术开辟了食品加工的新方向，超临界流体萃取技术、膜分离技术、分子蒸馏技术等都影响了食品工业的结构和发展。

　　本书重点阐述了十种食品工业新技术的原理、特点以及在食品工业中的应用。本书共分十章内容，主要包括：食品生物技术、食品分离技术、食品微胶囊技术、食品微波技术、食品超微粉碎技术、食品辐照技术、食品超高压技术、食品质构重组技术、食品保鲜技术以及无菌包装技术。在编写过程中借鉴国内外同类图书和文献，并汇集了编者多年的科研及教学经验和成果。

　　本书既可以作为高等院校食品专业学生的教材或教学参考书，也可以为科研工作者和食品加工从业人员提供有益指导。

　　由于本人学识水平有限，本书撰写中的疏漏和不妥之处在所难免，欢迎各位同仁和读者批评指正。

编著者
2016 年 1 月

目 录

第三章　食品微胶囊技术　　　　　　　　　　91

第一章
食品生物技术

第一节　食品基因工程

在漫长的生物进化过程中，基因重组一直进行着。生物物种在自然力量的作用下，通过基因突变、基因重组和基因转移等途径不断进化，诠释着适者生存的规律。今天各具特性的繁多物种中，有的耐高温，有的耐寒，有的能适应干旱的沙漠，有的可在高盐度的海滩上或海水中生长繁殖，有的能固定大气中的氮素等。

20 世纪 70 年代，人们已经明确了不同生物具有相同的遗传物质基础、基因是可以切割和转移的、遗传密码基本通用等基本生物学规律。在技术水平上DNA 的切割、DNA 分子的克隆及 DNA 测序技术也已经基本成熟。这样伴随理论储备和技术的发展基因工程的诞生成为了必然。

一、概述

基因工程诞生于 1973 年，是一门以分子遗传学为理论基础，并建立在微生物学和生物化学等学科基础上的边缘学科。基因工程作为现代生物技术中的核心技术已经应用到生物学研究的很多领域，极大地推动了分子生物学及其相关学科的发展，基因工程产品也已经在工业、农业、医药等多种行业得到应用，并展示出了非常诱人的前景。

（一）基因工程的定义、基本过程及理论依据

1. 基因工程的定义

基因是存在于染色体上并含特定遗传信息的核苷酸序列，是编码蛋白质或RNA 分子遗传信息的基本单位。当 DNA 是遗传物质时，基因是有遗传效应的DNA 片段。当 RNA 是遗传物质时，基因是有遗传效应的 RNA 片段。

基因工程通常是指运用酶学方法，在体外把外源基因与特定的载体（病毒、

质粒、噬菌体等）进行重组，并使此重组体进入（或导入）到原来没有这类分子的受体细胞内，能使外源基因在受体细胞内繁殖并表达生物活性物质，从而改造生物特性，生产出人类所需要的产物的高新技术。

DNA 分子的重组过程是按照工程学方法进行设计和操作的。这种基因工程技术跨越了种属之间的屏障，在不同种间进行无性繁殖，从而扩大了创造新生物种的可能性。

2. 基因工程的基本过程

基因工程的核心内容为基因重组、克隆和表达。其基本操作过程可以归纳为以下五个主要步骤：简述为"切、连、转、筛、检"。

（1）切　目的 DNA 片段的获得。

目的 DNA 片段可以来自化学合成的 DNA 片段、从基因组文库或 cDNA 文库中分离的基因、通过 DNA 聚合酶链反应（polymerase chain reaction，PCR）扩增出来的片段等。

（2）连　目的 DNA 片段与含有标记基因的载体在体外进行重组。

利用 DNA 重组技术，将目的 DNA 片段插入到合适的载体中，形成具有自主复制能力的 DNA 小分子。

（3）转　重组 DNA 导入宿主细胞。

借助于细胞转化手段将 DNA 重组分子导入微生物、动物和植物受体细胞中，获得外源基因的克隆。

（4）筛　含有目的基因的克隆的筛选。

以标记基因，如对抗生素有抗性的基因的表达性状为依据，从成千上万的克隆中筛选出目的克隆。

（5）检　目的基因片段表达的检测与鉴定。

3. 基因工程的理论依据

（1）不同基因具有相同的物质基础　地球上的一切生物，从细菌到高等动植物，直至人类，它们的基因都是一个具有特定遗传功能的 DNA 片段。而所有生物的 DNA 的基本结构都是一样的。因此，不同生物的基因（DNA 片段）是可以重组互换的。虽然某些病毒的基因定位在 RNA 上，但是这些病毒的 RNA 仍可以通过反转录产生 cDNA，并不影响基因的重组或互换。

（2）基因是可切割的　基因呈直线排列在 DNA 分子上，除少数基因重叠排列外，大多数基因彼此之间存在着间隔序列。因此，基因可以从 DNA 分子上一个一个完整地切割下来。即使是重叠排列的基因，也可以把指定的基因切割下来，尽管破坏了其他基因。

（3）基因是可以转移的　基因不仅可以切割，而且可以在染色体 DNA 上移动，甚至可以在不同染色体间进行跳跃，插入到靶 DNA 分子之中。

（4）多肽与基因之间存在对应关系　现在普遍认为，一种多肽就有一种相对应的基因。因此，基因的转移或重组可以根据其表达产物多肽的性质来检查。

（5）遗传密码是通用的　一系列三联密码子（除极少数的几个以外）同氨基酸之间的对应关系，在所有生物中都是相同的。也就是说遗传密码是通用的，重组的 DNA 分子不管导入什么样的生物细胞中，只要具备转录翻译的条件，均能转译出原样的氨基酸。即使人工合成的 DNA 分子（基因）同样可以转录翻译出相应的氨基酸。

（6）基因可以通过复制把遗传信息传递给下一代　经重组的基因一般来说是能遗传的，可以获得相对稳定的转基因生物。

（二）食品基因工程的定义

食品基因工程是利用基因工程的技术和手段，在分子水平上定向重组遗传物质，以改良食品的品质和形状，提高食品的营养价值、贮藏加工性状以及感官性状的技术。

二、基因工程的工具酶与基因载体

（一）基因工程的工具酶

基因工程的关键技术是基因的剪切、拼接和组合，这些分子操作涉及多种不同的酶。而这些在基因工程操作中不可缺少的酶统称为基因工程的工具酶，这些酶种类繁多，作用各异，绝大多数都是从不同微生物中分离和纯化而获得的，主要包括限制性核酸内切酶、连接酶、逆转录酶和末端转移酶等。

1. 限制性核酸内切酶

限制性核酸内切酶（restriction endonuclease）简称限制性内切酶或限制酶，是一类能够识别和切割双链 DNA 分子内某种特定核苷酸序列的内切酶。这类酶主要应用于基因分离、DNA 结构分析、载体的改造和体外重组等方面。目前，从各种生物中分离出的限制性内切酶已有 175 余种，其中用于切割 DNA 双链的有 80 多种。

（1）命名　限制性内切酶的命名主要是参考 1973 年 H. O. Smith 和 D. Nathaus 提出的原则进行的。

第一个字母：大写，表示所来自的微生物的属名的第一个字母。第二、第三字母：小写，表示所来自的微生物种名的第一、第二个字母；寄主菌属名的第一个字母和种名的头两个字母组成斜体。其他字母：大写或小写，表示所来自的微生物的菌株号。罗马数字：表示该菌株发现的限制酶的编号。例如 Eco Ⅰ，

E：表示大肠杆菌属名第一个字母；

co：表示种名头两个字母；

R：表示株名；

Ⅰ：表示该菌中第一个被分离出来的酶。

（2）分类　按限制酶的组成与修饰酶的活性关系、切断核酸的情况不同，分为三类：Ⅰ型、Ⅱ型和Ⅲ型。由于Ⅰ型和Ⅲ型限制酶无切割特异性或特异性不强，导致其在基因工应用中受限。Ⅱ型限制酶切割位点位于识别位点之内或在附近，特异性最强。因此，基因工程中最常用的是Ⅱ型限制性内切核酸酶（见表1-1）。

表1-1　常用限制性核酸酶内切的识别序列和来源

*Bam*HⅠ	GGATCC	淀粉液化芽孢杆菌（*Bacillus amyloliuifaciens* H）
*Eco*RⅠ	GAATTC	大肠杆菌（*Eschericha coli* Rrl3）
*Hind*Ⅲ	AAGCTT	流感嗜血杆菌（*Haemophilus in fluenzae* Rd）
*Kpn*Ⅰ	GGTACC	肺炎克雷伯氏杆菌（*Klebsiella pneumoniae* OK8）
*Nco*Ⅰ	CCATGG	珊瑚诺卡氏菌（*Nocardia corallina*）
*Pst*Ⅰ	CTGCAG	普罗威登斯菌属（*Providencia stuartii* 164）
*Sal*Ⅰ	GTCGAC	白色链霉菌（*Streptomyces albus* G）
*Sma*Ⅰ	CCCGGG	黏质沙雷氏菌（*Serratia marcescens* sb）
*Sph*Ⅰ	GCATGC	暗色产色链霉菌属（*Streptomyces phaeochromogenes*）
*Xba*Ⅰ	TCTAGA	黄单胞菌属（*Xanthomonas badrii*）

Ⅱ型限制性内切核酸酶的基本特性：此类酶是分子量较小的单体蛋白，并且有其特定的 DNA 识别位点。通常是由 4～8 个碱基对组成的，具有二重旋转对称轴，呈回文结构（palindromic structure）的特定序列（靶序列）。例如，E*co*RⅠ的识别序列为：

5′-GAATTC-3′

3′-CTTAAG-5′

核酸内切酶作用后的断裂方式分为两种：黏性末端和平末端。黏性末端（cohesive end）：两条链上的断裂位置是交错的，但又是围绕着一个对称结构中心，这样形式的断裂结果形成 5′或 3′单链突出的黏性末端的 DNA 限制片段。平末端（blunt end）：两条链上的断裂位置是处在一个对称结构的中心，这样形式的断裂是形成具有平末端的 DNA 片断，不易重新环化（图 1-1）。

绝大多数的Ⅱ型限制性内切核酸酶均在其识别位点内切割 DNA，切割位点可发生在识别序列的任何两个碱基之间。有些来源不同的限制酶却识别和切割相同的序列，这类限制酶称为同裂酶。同裂酶产生同样切割，形成同样的末端，酶切后所得到的 DNA 片段经连接后所形成重组序列，仍可能被原来的限制酶所切割。同裂酶的反应条件可能存在差异。例如，限制酶 H*pa*Ⅱ和 M*sp*Ⅰ是一对同裂酶，共同的靶序列是 CCGG。有些来源不同的限制酶，识别及切割序列各不相

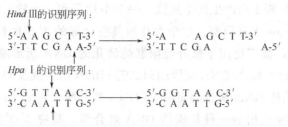

Hind Ⅲ的识别序列：

Hpa Ⅰ的识别序列：

图1-1　Ⅱ型限制性内切核酸酶的切割方式

同，但却能产生出相同的黏性末端，这类限制酶称为同尾酶。但两种同尾酶切割形成的 DNA 片段经连接后所形成的重组序列，不能被原来的限制酶所识别和切割。如 Bam H Ⅰ、Bcl Ⅰ、Bgl Ⅱ和 Xho Ⅰ是一组同尾酶，它们切割 DNA 之后都形成由一 GATC-四个核苷酸组成的黏性末端。很显然，由同尾酶所产生的 DNA 片段，是能够通过其黏性末端之间的互补作用而彼此连接起来的，因此在基因克隆实验中很有用处。

2. DNA 连接酶

　　DNA 连接酶广泛存在于各种生物体内，其作用是将双螺旋 DNA 分子的单链上两个相邻的 3'-OH 和 5'-P 共价结合形成 3',5'-磷酸二酯键，使原来断开的 DNA 缺口重新连接起来。因此，它在 DNA 复制、修复及体内体外重组过程中起着重要作用。

　　常用的 DNA 连接酶有大肠杆菌连接酶（大肠杆菌基因组编码）和 T4 DNA 连接酶（T4 噬菌体基因编码）。两种酶的催化反应比较相似，但是它们所需要的辅助因子以及催化能力不同。前者的辅助因子是 ATP，并且只能连接黏性末端；后者辅助因子是 NAD，既能连接黏性末端，又能连接平末端。因此，基因工程中主要用的是 T4 DNA 连接酶。

3. DNA 聚合酶

　　DNA 聚合酶（DNA polymerase）最早在大肠杆菌中发现，在细胞内的 DNA 复制过程起着重要的作用。在基因工程操作技术中，常使用的 DNA 聚合酶有大肠杆菌 DNA 聚合酶Ⅰ，大肠杆菌 DNA 聚合酶的 Klenow 大片段、T4 DNA 聚合酶和 TapDNA 聚合酶（耐热 DNA 聚合酶）等。

　　(1) 大肠杆菌聚合酶（全酶）DNA 聚合酶Ⅰ　1957 年，美国的生物学家 A. Kornberg 首次证实，在大肠杆菌提取物中存在一种 DNA 聚合酶，即现在所说的 DNA 聚合酶Ⅰ。此酶具有全部的 3'-5'的外切酶活性，5'-3'的聚合酶活性和全部 5'-3'的外切酶活性。DNA 聚合酶Ⅰ主要用于合成双链 cDNA 分子或片段连接，缺口平移制作高比活探针，DNA 序列分析，填补 3'-末端。

　　(2) 大肠杆菌聚合酶Ⅰ大片段（Klenow 片断）　用枯草杆菌蛋白酶处理大

肠杆菌 DNA 聚合酶 I 会产生两个片段，一个小片段和一个较大的片段，这个大片段被称为 Klenow 大片段酶。这个大片段具有全部的 $3'-5'$ 的外切酶活性和 $5'-3'$ 的聚合酶活性，被广泛用于修补经限制酶消化的 DNA 所形成的 $3'$ 隐蔽末端，标记 DNA 片断的末端，cDNA 克隆的第二链 cDNA 的合成及 DNA 序列的测定。

(3) T4 噬菌体 DNA 聚合酶简称 T4 DNA 聚合酶 它从 T4 噬菌体感染的大肠杆菌培养物中纯化出的一种特殊的 DNA 聚合酶，具有 $5'-3'$ 的聚合酶活性和 $3'-5'$ 的外切酶活性。

(4) TapDNA 聚合酶（耐热 DNA 聚合酶） 最初从嗜热的水生菌 *Thermus aquaticus* 中纯化来，是一种耐热的依赖 DNA 的 DNA 聚合酶。现在可以用基因工程技术生产并出售。它具有依赖于聚合物 $5'-3'$ 外切核酸酶活性，用于 DNA 测序和聚合酶链式反应（PCR）对 DNA 片段进行体外扩增。

(5) 逆转录酶 逆转录酶（reverse transcriptase）又称依赖于 RNA 的 DNA 聚合酶（RNA-dependent DNA polymerase）。该酶从一些致癌 RNA 病毒中发现，能有效地以 RNA 为模板转录合成 DNA，产物 DNA 又称 cDNA（complementary DNA），即互补 DNA。由于这一反应中的遗传信息的流动方向正好与绝大多数生物转录生成方向（以 DNA 为模板转录生成 RNA 的方向）相反，所以此反应称为逆转录作用。逆转录酶具有 RNA 指导的 DNA 合成反应；DNA 指导的 DNA 合成的反应和 RNA 的水解反应 3 种活性。在基因工程中，逆转录酶的主要用途是转录 mRNA 合成 cDNA。另外，它也可用 ssDNA 或 RNA 作模板制备杂交探针。

4. 末端转移酶

从动物胸腺和骨中提取的一种碱性蛋白质。该酶在 Co^{2+} 存在及没有模板的情况下，催化脱氧核苷酸添加到 DNA 分子的 $3'$-OH 末端上。末端转移酶可给一些 DNA 分子的 $3'$-OH 末端接上寡 dA 或 dG，另一些 DNA 分子的 $3'$-OH 末端接上寡 dT 或 dC，混合这些分子，即可使同聚物尾部退火形成环状分子。末端转移酶的主要作用是给载体或 cDNA 加上互补的同聚尾及 DNA 片段 $3'$ 末端的放射同位素标记。

5. 碱性磷酸酯酶

在基因工程中有两种碱性磷酸酶得到广泛使用，一种是从大肠杆菌提取的碱性磷酸酶 BAP，另一种是从牛小肠提取的碱性磷酸酶 CIP。两种碱性磷酸酶均能催化去除核酸分子的 $5'$ 磷酸基，产生 $5'$ 羟基末端。两种酶反应均需 Zn^{2+}。虽然 BAP 耐热，但是 CIP 的特异活性较 BAP 高 10～20 倍，因此，CIP 应用更广泛。基因工程中碱性磷酸酶主要用于：① 去除 DNA 和 RNA 的 $5'$ 磷酸基，然后在 T4 多聚核苷酸激酶催化下，用 $[\alpha\text{-}^{32}P]$ ATP 进行末端标记，继后进行序列分析；②去除载体 DNA 的 5′磷酸基，防止自我环化，降低本底，提高重组 DNA 检出率。

（二）基因载体

外源基因获得后需要引入受体细胞，并且使它得到复制、表达，但是单独外源基因不能直接进入受体细胞，它需要借助工具才能进入受体细胞。这种能携带外源基因进入受体细胞的运载工具被称作为基因载体。

基因载体的本质是 DNA。经过人工构建的载体，不仅能与外源基因连接重组从而将外源基因导入受体细胞，而且还能利用受体细胞的有关调控系统，使导入的外源基因在受体细胞中得以扩增复制和表达。一个理想的载体一般必须具备以下条件：容易进入宿主细胞，进入效率越高越好，进入宿主细胞后能独立自主地复制，最好要有较高的自主复制能力；容易从宿主细胞分离纯化；具有多种单一的核酸酶切位点，有利于插入外来核酸片段，插入后不影响其进入宿主细胞和在细胞中的复制；具有合适的被识别筛选的标记，便于重组 DNA 的检测。

基因工程中最常用的载体包括质粒（plasmid）载体、λ 噬菌体（phage）载体、柯斯质粒（cosmid）载体、动物病毒载体。

1. 质粒载体

质粒（plasmid）一类独立于染色体外而能自我复制的遗传物质。是存在于细菌染色体外的小型环状双链 DNA 分子。大小约为数千碱基对。常有 1～3 个抗药性基因，以利于筛选。

质粒广泛存在于细菌细胞中，但并不是细菌生长所必需的，质粒赋予细菌某些抵御外界环境因素不利影响的能力，如对抗生素的抗性、重金属离子的抗性、细菌毒素的分泌及复杂化合物的降解等。一个理想的质粒载体必须满足：①具有自己的复制起点和较多的拷贝数；②质粒载体的相对分子质量应尽可能小，小分子质粒的转化率较高；③具有若干单一的限制性内切酶位点；④应该有一个或多个选择标记基因，一个理想的质粒克隆载体最好有两种标记基因，且抗性基因内有单一酶切位点。

质粒载体 pBR322：pBR322 是目前研究最多、使用最广泛的质粒载体之一。pBR322 的分子量为 4363bp，具有两种抗生素抗性基因（抗氨苄青霉素和抗四环素）可供作转化子的选择记号；还有单一的 BamH Ⅰ、Hind Ⅲ 和 Sal Ⅰ 的识别位点，这 3 个位点都在四环素抗性基因内；另一个单一的 Pst Ⅰ 识别位点在氨苄青霉素抗性基因内。pBR322 带有一个复制起始位点，它可以保证这个质粒只在大肠杆菌中行使复制功能并以高拷贝数存在。图 1-2 为 pBR322 质粒载体结构示意图。

pBR322 虽然使用广泛，但它带的单一克隆位点较少，筛选程序还较费时

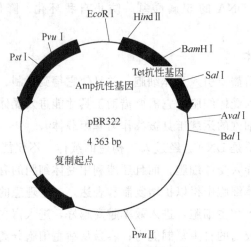

图 1-2   pBR322 质粒载体结构示意

间，因此，人们就在 pBR322 的基础上发展了其他的一些质粒克隆载体，如 pUC19。pUC19 的优点是具有更小的分子质量和更高的拷贝数，适用于组织化学方法检测重组体和具有多克隆位点 MCS 区。

2. λ 噬菌体载体

噬菌体（phage）是感染细菌的病毒。噬菌体对细菌的感染有两种不同的方式：一种称为溶菌性（lyric）；另一种称为溶原性（lysogenic）。溶菌性是指噬菌体感染细菌后，连续增殖，直到细菌细胞裂解，释放出噬菌体又去感染新的细菌；溶原性是指噬菌体感染细菌后，将自身的 DNA 整合到细菌的染色体中去，并随细菌染色体一起复制。溶原作用和溶菌作用均具备的噬菌体称为温和噬菌体（temperate phage）；只有溶菌作用而无溶原作用的噬菌体称为烈性噬菌体（lytie phage）。基因工程中常选用温和噬菌体作为基因载体，主要是 λ-噬菌体和 M13 噬菌体。

野生型 λ 噬菌体 DNA 全长 48.5kb，为双链线性分子。改造过的 λ 噬菌体之所以用于基因工程作基因载体，其一是它的容量较大，一般质粒载体只能容纳 10 多个 kb。而 λ 噬菌体载体却能容纳大约 23kb 的外源 DNA 片段。其二具有较高的感染效率。其感染宿主细胞的效率几乎可达 100%，而质粒 DNA 的转化率却只有 0.1%。其三和质粒相比，λ 噬菌体具有更为狭窄的寄主范围，因此更加安全。

λ 噬菌体载体主要有两种类型，插入式载体指在基因组的非必要基因区内有一种或几种限制的单一酶切位点可供外源 DNA 插入，而不缺失其本身任何片段的 λ 噬菌体载体。替换型载体（取代型载体）在基因组的非必要基因区内具有两个或两个以上的克隆位点，在这两个位点之间的 λDNA 区段可以被外源插入的

DNA 片段所取代。

3. 柯斯质粒载体

柯斯（Cosmid）质粒是一类人工构建的质粒-噬菌体杂合载体，具有较大容量（可插入 40~50kb 外源 DNA）。它是由 λ 噬菌体的 cos（cohesive）末端及质粒（plasmid）重组而成的载体。Cosmid 载体带有质粒的复制起点、克隆位点、选择性标记以及 λ 噬菌体用于包装的 cos 末端等，因此该载体在体外重组后，可利用噬菌体体外包装的特性进行体外包装，利用噬菌体感染的方式将重组 DNA 导入受体细胞。但它不会产生子代噬菌体，而是以质粒 DNA 的形式存在于细胞内。

在基因操作中，除了上述载体外，用 SV40 等病毒作为基因载体，用于真核生物基因工程。在人类基因组计划中，还使用了酵母人工染色体（yeast artificial chromosome，YAC）和细菌人工染色体（bacterial artificial chromosome，BAC）作为载体。

三、基因工程的基本操作技术

（一）目的基因的制备

通常，我们把插入到载体内的非自身的 DNA 片段称为"外源基因"（foreign gene），目的基因（objective gene），又叫靶基因（target gene），是指根据基因工程的目的和设计所需要的某些 DNA 片段，它含有一种或几种遗传信息的全套密码。目前制备目的基因的方法有多种，下面将常用的几种方法做简要介绍。

1. DNA 片段直接分离

用限制性内切酶将 DNA 分子切成大小不等的片段后，然后通过凝胶电泳，把 DNA 片段分离开来并回收。这是一种非常简单而实用的分离目的基因的方法。但前提就是对目的基因所在载体或基因组上的位置、酶切位点十分清楚。

另外，直接分离提取法常用的还有物理化学法、密度梯度离心法、分子杂交法等，就是利用核酸 DNA 双螺旋之间存在着碱基互补配对原则，从生物基因组分离目的基因的方法。

2. 基因文库和 cDNA 文库获取法

基因文库（gene library）是指某一生物全部基因的集合。将某一种基因 DNA 用适当的限制酶切断后，与载体 DNA 重组，再全部转化宿主细胞，得到含全部基因组 DNA 的种群，称为 G 文库（genomic DNA library）。将某种细胞的全部 mRNA 通过逆转合成 cDNA，然后转化宿主细胞，得到含全部表达基因的种群，称为 C-文库（cDNA library）。C-文库具有组织细胞特异性。

真核生物基因组中含有大量的基因，通过电泳技术和杂交技术是无法将目的基因直接分离出来。基因组文库或 cDNA 文库应包含了基因组中的所有 DNA 片段，或所有 mRNA 的基因信息。所以只要知道目的蛋白质的部分序列，由此反推出这部分序列的编码核苷酸，然后用人工合成并带上同位素标记的这段寡核苷酸（称为探针）与基因组文库（或 cDNA 文库）中的互补 DNA 部分杂交，从而就可从基因组中筛选出该蛋白质的结构基因。

3. 聚合酶链式反应法

当已知目的基因的序列时，通常利用多聚酶链式反应（polymerase chain reaction，PCR）技术来扩增目的基因。PCR 模拟 DNA 聚合酶在生物体内的催化作用，在体外进行特异 DNA 序列的快速聚合及一定数量级扩增。利用 PCR 技术可以直接从染色体 DNA 片段或 cDNA 快速简便地获得待克隆的基因片段。

4. 化学合成法

由于基因就是具有一定功能的核苷酸序列，如果已知某种基因的核苷酸序列，或者根据某种基因产物的氨基酸序列，仔细选择密码子，可以推导出该多肽编码基因的核苷酸序列，就可以将核苷酸或寡核苷酸片段，一个一个地或一片段一片段地接合起来，成为一个一个基因的核苷酸片段，这就是化学合成方法。现在对 DNA 的化学人工合成已经实现了自动化。

（二）载体和目的基因的重组

基因重组是基因工程的核心。所谓基因重组（gene recombination），就是利用限制性内切酶和其他一些酶类，将带有切口的载体与所获得的目的基因连接起来，得到重新组合后的 DNA 分子。常用的有以下几种方法。

1. 黏性末端连接法

当载体 DNA 和目的基因均用同一种限制酶进行切断时，二者即可带有相同的黏性末端。如将载体与目的基因混合在一起，二者即可通过黏性末端进行互补黏合，再加入 DNA 连接酶，即可封闭其缺口，得到重组体。较少的情况下，对产生的平端也可直接进行连接。

2. 人工接头连接法

人工接头（linker）是人工合成的具有特定限制性内切酶识别和切割序列的双股平端 DNA 短序列，将其接在目的基因片段和载体 DNA 上，使它们具有新的内切酶位点，应用相应的内切酶切割，就可以分别得到互补的黏性末端，如图 1-3 所示。

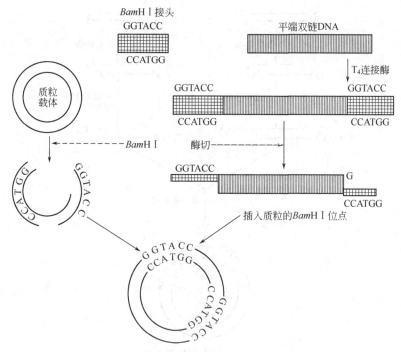

图 1-3 人工接头连接 (贺淹才, 1998)

3. 同聚物加尾连接法

当载体和目的基因无法采用同一种限制酶进行切断，无法得到相同的黏性末端时，可采用此方法。

此法首先使用单链核酸酶将黏性末端切平，再在末端核苷酸转移酶的催化下，将脱氧核糖核苷酸添加于载体或目的基因的 $3'$-端，如载体上添加一段 polyG，则可在目的基因上添加一段 polyC，故二者即可通过碱基互补进行粘合，再由 DNA 连接酶连接，如图 1-4 所示。

（三）重组 DNA 向受体细胞的转化

在目的基因与载体连接成重组 DNA 以后，需要导入适当的寄主细胞进行繁殖，才能够获得大量的重组体 DNA 分子，这种过程叫做外源基因的无性繁殖，即克隆（clone）。

由于外源基因与载体构成的重组 DNA 分子性质不同、宿主细胞不同，将重组 DNA 导入宿主细胞的具体方法也不相同。重组 DNA 导入受体细胞的方法大体上可划分为以下几种：

（1）转化（transformation） 是将重组质粒 DNA 分子导入感受态的大肠杆菌细胞，使大肠杆菌遗传性状发生改变的方法。大肠杆菌的感受态细胞（competent cell），即在冰浴中用一定浓度的 $CaCl_2$ 处理对数生长期的细菌，以获得高

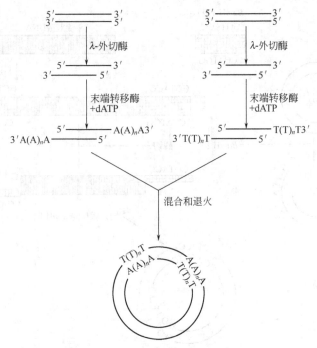

图 1-4　同聚物加尾连接

效转化的感受态细胞。也有采用 Rb^+、Mn^{2+}、K^+、二甲亚砜、二硫苏糖醇（DTT）或用氯化己胺钴处理制备感受态细胞。

（2）转染（transfection）　是将携带外源基因的病毒感染感受态的大肠杆菌细胞的方法（其中又分磷酸钙沉淀法与体外包装法）。

（3）微注射技术（microinjection）　直接将外源基因注射到真核细胞内的方法。一般使用微吸管吸取供体 DNA 溶液，在显微镜下准确地插入受体细胞中，并将 DNA 注射进去。此法常用于转基因动物的基因转移。

（4）电转化法（electrotranformation）　高压电穿孔法，即在受体细胞上施加短暂、高压的电脉冲，使脂膜形成纳米大小的微孔，DNA 能直接通过这些微孔，或者作为微孔闭合时所伴随发生的膜组分重新分布而进入细胞之中。

（5）微弹技术（microneblast technique，也叫高速粒子轰击法 microprojector 或基因枪技术 geneblaster technique）　将 DNA 吸附在微型子弹（1μm）的表面通过放电或机械加速，使子弹射入完整的细胞或组织内。

（6）脂质体介导法（liposome mediated gene transfer）　一般都需要将 DNA 或 RNA 包囊于脂质体内，然后进行脂质体与细胞膜的融合，通过融合导入细胞。

（7）其他方法　很多高效的新颖的导入方法，如加速冷冻法、碳化硅纤维介导法等正在研究并逐渐达到实用水平。

（四）重组体的筛选和鉴定

经转化或转导获得的细胞群体中，有目的重组载体 DNA 或其他类型的重组载体 DNA 形成的菌落，还有仅是质粒 DNA 或染色体 DNA 形成的菌落。因此，必须从群体中分离筛选出带有目的基因的目标重组体。

1. 重组体的筛选

表型：机体遗传组成同环境相互作用所产生的外观或其他特征。供筛选的表型特征来自于两方面：一是克隆载体提供的（主要的）；二是外源基因提供的（次要的）。

（1）抗生素抗性基因插入失活法　很多质粒载体都带有 1 个或多个抗生素抗性基因标记，在这些抗药性基因内有酶的识别位点。当用某种限制酶消化并在此位点插入外源目的 DNA 时，抗药性基因不再被表达，称为基因插入失活。因此，插入外源 DNA 的重组质粒载体转化宿主菌并在药物选择平板上培养时，根据对该药物由抗性转变为敏感，便可筛选出重组转化子（重组克隆）。

（2）营养缺陷性筛选法　营养缺陷型（auxotroph）是指丧失合成一种或一些生长因子能力的微生物。若宿主细胞属于某一营养缺陷型，则在培养这种细胞时的培养基中必须加入该营养物质后，细胞才能生长；如果重组后进入这种细胞的外源 DNA 中除了含有目的基因外再插入一个能表达该营养物质的基因，就实现了营养缺陷互补，使得重组细胞具有完整的系列代谢能力，培养基中即使不加该营养物质也能生长。

（3）利用 β-半乳糖苷酶显色反应筛选（蓝白斑筛选）　β-半乳糖苷酶显色反应就是一种利用宿主细胞和重组细胞中 β-半乳糖苷酶活力的有无，从而能以直观的显色反应进行重组子的筛选。

2. 重组体的鉴定

（1）报告基因法　一种快速而简易的区分转基因生物和非转基因生物的方法。

（2）分子杂交法　为了从分子水平上鉴定目的基因是否已经整合到受体细胞中，是否转录、表达，经常用到基因探针技术。即利用已知基因片段（目的基因片段）制作的探针，与待测样品的基因片段进行核酸分子杂交，从而判断二者的同源程度。

这种技术包括原位杂交、点杂交、Southern 吸印杂交、Northern 吸印杂交、Western 吸印杂交等。

四、基因工程在食品中的应用

基因工程技术能从本质上改变生物及食品性能，自诞生以来受到越来越多的食品科技工作者的重视。基因工程技术的发展为食品工业的发展提供了新的发展契机，对于促进食品工业的发展有着巨大的贡献。

1. 利用基因工程改善食品原料的品质

以基因工程的方法则可通过转入适当的外源基因或对自身的基因加以修饰的方法，来降低结缔组织的交联度，从而使肉质得到改善，或获得风味及营养价值符合消费者需求的肉品或鱼品。生长激素转基因鱼中，通过外源生长激素在受体鱼中的表达，可使转基因鱼的肌肉蛋白含量和饲料转换效率明显提高，生长速度加快。生长激素转基因猪也出现了相似的结果，且减少了脂肪，增加了瘦肉率。

人类日常生活及饮食所需的油脂有70%来自植物。高等植物体内脂肪酸的合成由脂肪合成酶（FAS）的多酶体系控制，因而改变FAS的组成就可以改变脂肪酸的链长和饱和度，以获得高品质、安全及营养均衡的植物油。如通过导入硬脂酸-ACP脱氢酶的反义基因，可使转基因油菜种子中硬脂酸的含量从2%增加到40%。而将硬脂酰CoA脱饱和酶基因导入作物后，可使转基因作物中的饱和脂肪酸（软脂酸、硬脂酸）的含量有所下降，而不饱和脂肪酸（油酸、亚油酸）的含量则明显增加，其中油酸的含量可增加7倍。

2. 利用基因工程改造食品微生物

（1）啤酒酵母　啤酒生产中要使用啤酒酵母，但是普通的啤酒酵母菌种中不含ε-淀粉酶，所以需要利用大麦芽产生的ε-淀粉酶使谷物淀粉液化成糊精，生产过程比较复杂。

采用基因工程技术，将大麦中的ε-淀粉酶基因转入啤酒酵母中并实现高效表达，这种酵母可直接利用淀粉进行发酵，无需麦芽生产ε-淀粉酶的过程，缩短生产流程，简化工序，推动啤酒生产的技术革新。

（2）酿酒酵母　利用基因工程技术将霉菌的淀粉酶基因转入大肠杆菌，并将此基因进一步转入单细胞酵母中，使之直接利用淀粉生产酒精，节约能源60%。

（3）曲霉的改造　酱油风味的优劣与酱油在酿造过程中所生成氨基酸的量密切相关，而参与此反应的羧肽酶和碱性蛋白酶的基因已克隆并转化成功，在新构建的基因工程菌株中碱性蛋白酶的活力可提高5倍，羧肽酶的活力可大幅提高13倍。

3. 基因工程与植物产品的贮藏保鲜

基因工程技术还用于增强果蔬食品的贮藏性和保鲜性能。乙烯是果实成熟过程中调节基因表达的最重要、最直接的指标，用基因工程将ACC还原酶和ACC氧化酶反义基因和外源的ACC脱氨酶基因导入正常植株中，获得乙烯合成缺陷型植株，达到控制果实成熟的目的。

4. 食品添加剂工业中的应用

在正常的色氨酸生物合成途径中，其关键酶是邻氨基苯甲酸合成酶。把编码这种酶的基因，转化到生产色氨酸的菌株中使之正确高效表达，就会达到增加色氨酸的产量的目的。通过转基因技术使色氨酸的合成能力提高 130％左右。

在奶酪的制作过程中，会产生一种叫做乳清的副产品，这种副产品如糖含量高达 3.5％～4％，还有少量的蛋白质、矿物质和小分子有机物。牛场很难处理这种乳清。研究发现大肠杆菌的 lacZ 操纵子包含半乳糖苷酶和乳糖渗透酶的基因，这两个基因置于 X. campestris 启动子的驱动下，转入广泛宿主范围的质粒载体，导入大肠杆菌，然后通过三亲交配转入 X. campestris。本来，野生型的 X. campestris 不能利用乳糖，只能在以葡萄糖为碳源的环境中生产黄原胶，而用这两个基因转化后，X. campestris 就可以利用乳清高水平地生产黄原胶了。

此外，食品生产中所应用的食品添加剂或加工助剂，如表面活性剂、食用色素、食用香精以及调味料等也可采用基因工程菌发酵生产而得到。

5. 生产特殊食品——食品疫苗

近年来，将某些致病微生物的有关蛋白质（抗原）基因，通过转基因技术导入传统的可食性植物基因系统中，并使其在受体植物细胞中得以表达，经过种植，便拥有了被植入的水果或蔬菜的基因信息，人服用后便产生免疫效果。当人们在享受美味佳肴的同时，就可轻松完成接种疫苗的工作，无需打针吃药了，这就是口服的食用疫苗。

科学家最初培育出了一种能预防霍乱的苜蓿植物。用这种苜蓿来喂小白鼠，能使小白鼠的抗病能力大大增强。而且这种霍乱抗原，能经受胃酸的作用而不被破坏，并能激发人体对霍乱的免疫能力。于是，越来越多的抗病基因正在被转入植物。2002 年，中国农科院生物技术研究所已通过重组 DNA 技术选育出具有抗肝炎功能的番茄。这种番茄被人食用后，可以产生类似乙肝疫苗的预防效果。目前，已获成功的有狂犬病病毒、乙肝表面抗原、链球菌突变株表面蛋白等 10 多种转基因马铃薯、香蕉、番茄的食品疫苗。此外，口服不耐热肠毒素转基因马铃薯后即可产生相应抗体。

基因工程技术应用于抗性农作物的种植、食品中有害微生物及其毒素的检测等。

第二节 食品酶工程

一、概述

（一）酶工程的概念

酶工程（enzyme engineering）又称酶技术，就是指酶的大批量生产以及利用酶、细胞器或细胞所具有的特异催化功能，或对酶结构进行修饰改造，通过适当的反应器，并借助于工程技术手段，有效地发挥酶的催化特性来生产人们所需产品或达到某种特殊目的的技术。

酶工程是生物技术的重要组成部分，它与基因工程、细胞工程、发酵工程相互依存、相互促进，它们在生物技术的研究、开发和产业化过程中要靠彼此合作来实现。随着生物技术的发展，各分支领域的界限会趋于模糊，相互交叉渗透、高度结合的趋势会越来越明显。

（二）酶工程的研究内容（分类）

根据酶工程研究和解决问题的手段不同，将酶工程分为化学酶工程和生物酶工程。前者通过对酶的化学修饰或固定化处理，改善酶的性质以提高酶的效率和降低成本，甚至通过化学合成法制造人工酶；后者是酶学和以基因重组技术为主的现代分子生物学技术相结合的产物，生产性能稳定、具有新的生物活性及催化效率更高的克隆酶、突变酶以及合成自然界不曾有的新酶。

1. 化学酶工程

化学酶工程也称为初级酶工程，是指自然酶、化学修饰酶、固定化酶及化学人工酶的研究和应用。

自然酶是由材料中分离出来，制成酶制剂，应用于食品、纺织、制药等行业；化学修饰酶就是利用化学的手段对酶分子上的氨基酸侧链基团进行修饰，从而改善酶的性能，以适用于医药的应用及研究工作的要求；固定化酶是指酶分子通过吸附、交联、包埋及共价键结合等方法束缚于某种特定支持物上而发挥酶的作用，它在食品工业上具有极大的使用价值；人工合成酶是化学合成的具有与天然酶相似功能的催化物质。它可以是蛋白质，也可以是比较简单的大分子物质。

2. 生物酶工程

生物酶工程是以基因工程技术为主的分子生物学技术改造酶，以生产满足人类需要的超自然的优质酶，亦称高级酶工程。

生物酶工程主要包括 3 个方面：一是用基因工程技术大量生产酶（克隆酶），目前已经克隆成功的酶基因有 100 多种，其中尿激酶、纤溶酶原激活剂与凝乳酶等已获得有效的表达，已经或正在投入生产；二是修饰酶基因产生遗传修饰酶（突变酶），这方面的研究，目前尚处于"只见树木不见森林"的阶段，但已揭开了序幕；三是设计新酶基因，合成自然界不曾有的酶（新酶），主要目的是创造性能稳定、催化效率更高的优质酶，用于特殊的高价化学药品和超自然生物制品的生产，满足人类的其他需要。

二、酶的制备

酶的制备主要有三种方法，即直接提取法、化学合成法和微生物发酵法。早期酶制剂主要是从动植物体中直接提取获得，但动、植物由于生产周期、地理、气候和季节的限制，给大规模生产带来困难。20 世纪 60 年代末出现的一种生产酶的新技术即化学合成法，但是化学合成法在经济和技术上的投入成本很高，目前主要停留在实验室阶段。随着酶工程日益广泛的应用，酶制剂的生产大都通过微生物发酵获得，与动植物相比，微生物具有容易培养、繁殖速度快和便于大规模培养等优点。

（一）酶的微生物发酵法

1. 微生物发酵法产酶的优点

（1）微生物种类繁多，目前已鉴定的微生物约有 20 万种，几乎自然界中存在的酶都可以在微生物中找到，所以从微生物中获取的酶的种类比较齐全。

（2）微生物生长繁殖快，发酵周期短，许多细菌在合适条件下 20min 左右就可繁殖一代，相比之下，酶的产量也较高。

（3）培养微生物的原料与培养动、植物体的原料相比要经济得多，因此生产成本低。

（4）微生物的适应性和应变能力较强，可以通过诱变、基因工程、细胞融合等方法培育出高产量的菌种，便于提高酶制剂的获得率。

微生物发酵法因其独特的优点，成为了主要的酶生产途径。目前工业上所用的酶如淀粉酶类的 α-淀粉酶、β-淀粉酶、葡萄糖淀粉酶以及异淀粉酶等都是从微生物中获得的。

2. 微生物发酵法对产酶菌种的要求

任何微生物在一定条件下都能合成酶，但是，并不是所有的微生物都能用于食品级酶的发酵生产，能作为食品级酶生产的微生物菌种需要具备以下条件：

（1）安全可靠，非致病菌，不产生毒素或其他生理活性物质，这样才能确保酶生产和应用的安全。

（2）能利用廉价原料且良好生长。

（3）产酶性能稳定，菌株不易退化，不易受噬菌体侵袭。

（4）繁殖快，产酶量高，有利于缩短生产周期。

（5）产生的酶容易分离纯化。

目前产酶微生物包括细菌、放线菌、霉菌和酵母菌等。

3. 酶的微生物发酵方法

酶的微生物发酵生产方法主要有固体发酵法和液体发酵法两种。

固体发酵法即以麸皮、米糠等为基本原料，加无机盐和适量水分（通常50%左右）进行的一种微生物培养法。例如用青霉、曲霉生产果胶酶；用木霉生产纤维素酶等。固体发酵法，设备简单，便于推广，但培养基利用不完全，劳动量大。

液体发酵法是利用合成的液体培养基在发酵罐内进行搅拌通气培养，这是目前主要的发酵方式。液体发酵法又分为间接发酵法和连续发酵法。

（二）酶的分离纯化

酶的分离纯化是指从动植物组织提取液、细胞培养液或微生物发酵液中，将酶蛋白与组织、细胞或培养基相分离得到不同纯度的、高质量的酶产品的过程，包括抽提、纯化、制剂三个基本环节。

1. 抽提

抽提即把酶从材料转入溶剂中来制成酶溶液。所有胞内酶均需将细胞壁破碎后方可进一步抽提。破碎细胞有许多方法，动植物细胞常用高速组织捣碎机和组织匀浆器破碎，而微生物细胞的破碎有机械破碎法、酶法、化学试剂法和物理破碎法等。若生物材料是体液、代谢排泄液、微生物胞外酶，则不需要破碎处理。

溶剂抽提大多数酶蛋白都可用稀酸、稀碱或稀盐溶液浸泡抽提。选用何种溶剂和抽提条件视酶的溶解性和稳定性而定。

2. 纯化

纯化即把杂质从酶溶液中除掉或从酶溶液中把酶分离出来。酶的纯化方法很多，以酶分子大小和形状为依据的分离方法有离心分离、差速离心、等密度梯度离心分离、凝胶过滤、透析与超滤；以酶分子所带电荷为依据的分离方法有离子交换层析、层析聚焦、电泳、等电聚焦电泳；以酶分子专一性结合的分离方法有亲和层析、免疫吸附层析、染料配体亲和层析、共价层析等。要根据酶分子的特性，选择适当的分离纯化方法。

3. 制剂

即把纯化的酶做成一定形式的酶制剂。纯化后的酶液，要经过浓缩或结晶、干燥以及其他处理精制，以便于保存。

（三）酶制剂的保存

酶的保存条件的选择必须有利于维护酶天然结构的稳定性，保存酶应注意以下几点：

（1）温度　酶的保存温度一般在 $0\sim4℃$。

（2）缓冲液　大多数酶在特定的 pH 值范围内稳定，偏离这个范围便会失活。

（3）氧防护　由于巯基等酶分子基团或 Fe-S 中心等容易为分子氧所氧化，故这类酶应加巯基保护剂或在氩或氮气中保存。

（4）蛋白质的浓度及纯度　一般来说，酶的浓度越高，酶越稳定，制备成晶体或干粉更有利于保存。此外，还可通过加入酶的各种稳定剂如底物、辅酶、无机离子等来加强酶稳定性，延长酶的保存时间。

三、酶的分子修饰

由于酶具有反应专一性、催化效率高及反应条件温和等优点，因此在工业、农业、医药和环保等方面已经得到越来越多的应用。但因酶自身性质上的一些不足，如不稳定性、对 pH 的要求严格以及具有抗原性等，限制了酶的大规模应用的程度。因此，为了提高酶的稳定性，降低抗原性，延长药用菌在机体内的作用时间，采用各种修饰方法对酶分子结构进行改造，以便创造出天然酶所不具备的某些优良特性（如较高的稳定性、无抗原性、抗蛋白酶水解等），甚至于创造出新的酶活性，扩大酶的应用，从而提高酶的应用价值，具有较高的经济效益和社会效益。

（一）酶分子的化学修饰

酶的化学修饰（chemical modification）是指利用化学方法对酶分子进行改造，包括将某些化学物质或基团结合在酶分子上，将酶分子的某部分删除或置换等，从而改变酶的理化性质，以期获得化学结构（一级结构和空间结构）更为合理的酶。

1. 酶分子的主链修饰

酶分子的主链包括肽链和核苷酸链。指通过对酶分子主链的切断和连接，使酶分子的化学结构及其空间结构发生某些改变，从而改变酶的特性和功能的方法。酶蛋白主链修饰主要是靠酶切/酶原激活法。

有些酶分子主链的切断修饰后，仍然可以维持酶活性中心的空间构象，则酶的催化功能可以保持不变或损失不多，但是其抗原性等特性将发生改变。例如，木瓜蛋白酶由 180 个氨基酸连接而成，用亮氨酸氨肽酶进行有限水解，除去其肽链的三分之二，可基本保持该酶活力，其抗原性却大大降低。

若主链的断裂有利于酶活性中心的形成，则可使酶分子显示其催化功能或使酶活力提高。利用肽链的有限水解，使酶的空间结构发生某些精细的改变，从而改变酶的特性和功能的方法，称为肽链有限水解修饰。例如：胰蛋白酶原不显示酶活性，用蛋白酶进行修饰，使该酶原水解除去一个六肽，即可显示出胰蛋白酶的催化活性；天冬氨酸酶通过胰蛋白酶进行修饰，从其羧基末端水解切除 10 多个氨基酸残基的肽段，可使天冬氨酸酶的活力提高 4~5 倍以上；用蛋白酶对 ATP 酶有限水解，切除其十几个残基后，酶活力提高了 5.5 倍。

将两种或者两种以上的酶通过主链连接在一起，形成一个酶分子具有两种或者多种催化活性的修饰方法称为酶的主链连接修饰。利用基因融合技术将两种或两种以上酶的基因融合在一起，从而获得具有新的功能的酶或创造全新的酶分子。例如天冬氨酸激酶-高丝氨酸脱氢酶融合体分别具有两种酶的催化活性。

2. 酶分子的侧链修饰

酶蛋白侧链基团就是指组成蛋白质的氨基酸残基上的功能团。采用一定的方法（一般为化学法）使酶的侧链基团发生改变，从而改变酶分子的特性和功能的修饰方法称为侧链基团修饰。酶的侧链基团修饰，可以提高酶活力、增加酶的稳定性、降低酶的抗原性，并且可能引起酶催化特性和催化功能的改变，以提高酶的使用价值。

酶的侧链基团修饰方法主要有：氨基修饰、羧基修饰、巯基修饰、胍基修饰、酚基修饰、咪唑基修饰、吲哚基修饰等。例如 α-胰凝乳蛋白酶表面的氨基修饰成亲水性更强的—NH_2、—$COOH$ 并达到一定程度时，酶活力在 60℃时提高 1000 倍。

3. 大分子结合修饰

大分子结合修饰是酶化学修饰中最重要的修饰方法之一。利用大分子与酶结合，使酶的空间结构发生某些精细的改变，从而改变酶的特性与功能的方法称为大分子结合修饰法，简称为大分子结合法。

经过此法修饰的酶可显著提高酶活力，增加稳定性或降低抗原性。例如每分子胰凝乳蛋白酶与 11 分子右旋糖酐结合时，修饰酶的活力达到原有的活力的 5.1 倍；超氧化物歧化酶（SOD）在血浆中的半衰期是 6~30min，经过大分子结合修饰后，半衰期延长 70~350 倍；用聚乙二醇对色氨酸酶进行修饰，可完全消除该酶的抗原性；聚乙二醇连到脂肪酶、胰凝乳蛋白酶上所得产物溶于有机溶剂，在有机溶剂存在下能够有效地起作用；嗜热菌蛋白酶在水介质中通常催化肽链裂解，但用聚乙二醇共价修饰后，其催化活性显著改变，在有机溶剂中催化肽键合成，已用于制造合成甜味剂。

目前，通常使用的水溶性大分子修饰剂有：右旋糖酐、聚乙二醇、肝素、聚蔗糖 β-环糊精、壳聚糖、白蛋白、明胶、淀粉、聚氨基酸等。

4. 金属离子置换修饰

把酶分子中的金属离子换成另一种金属离子，使酶的功能和特性发生改变的修饰方法。

酶分子中含有的金属离子，往往是酶活性中心的组成部分，对酶的催化功能起重要作用，例如 α-淀粉酶的 Ca^{2+}，谷氨酸脱氢酶的 Zn^{2+} 等。置换不同的金属离子，则可使酶呈现不同的特性，如提高酶活力、增强酶的稳定性，但有的可使酶活性降低，甚至失活。例如将锌型蛋白酶的 Zn^{2+} 除去，然后用 Ca^{2+} 置换成钙型蛋白酶，则酶活力可提高 20%~30%。若将钙型蛋白酶制成结晶，则其酶活力比锌型蛋白酶结晶的酶活力提高 2~3 倍。α-淀粉酶一般有 Ca^{2+}、Mg^{2+}、

Zn^{2+} 等金属离子，属于杂离子型，若通过离子置换法将其他离子都换成 Ca^{2+}，则酶的活性提高 3 倍，稳定性也大大增加。

在离子置换修饰的过程中，首先在酶液中要加入一定量的乙二胺四乙酸（EDTA）等金属螯合物，使酶分子中的金属离子与 EDTA 形成螯合物，此时酶成为无活性状态。通过透析或超滤、分子筛层析等方法，可将 EDTA-金属螯合物从酶液中分离除去。然后用不同的金属离子加到酶液中，酶蛋白与金属离子结合。

5. 酶分子的组成单位置换修饰

酶分子的基本单位包括氨基酸和核苷酸。若将肽链上的某一个基本单位改变，则会引起酶蛋白空间构象的某些改变，从而改变酶的某些特性和功能，这种修饰方法，称为酶分子的组成单位置换修饰。

氨基酸或核苷酸的置换修饰可以采用化学修饰方法。例如 Bender 和 Koshland 成功地将枯草杆菌蛋白酶活性中心的丝氨酸转换为半胱氨酸，经修饰后酶失去了对蛋白质和多肽的水解能力，却出现了催化硝基苯酯等底物水解的活性；L-溶菌酶分子中第 3 位的异亮氨酸（ILu-3）换成半胱氨酸后，该半胱氨酸（cys-3）可与第 97 位的半胱氨酸（cys-97）形成二硫键，氨基酸置换修饰后的 T4-溶菌酶，其活力保持不变，但该酶对热的稳定性却大大提高。

酶分子的组成单位置换修饰方法主要是通过遗传工程的手段来进行。定点突变是 20 世纪 80 年代发展起来的一种基因操作技术，是蛋白质工程包括酶分子的组成单位置换修饰中常用的操作技术，为氨基酸和核苷酸的置换修饰提供了先进、可靠、高效的方法。

（二）酶分子的物理修饰

通过各种物理方法（高温、高压、高盐、真空等），使酶分子的空间构象发生某些改变，从而改变酶的某些特性和功能的方法称为酶分子的物理修饰。

物理修饰的特点在于不改变酶的组成单位及其基团，酶分子的共价键不发生变化，只是在物理因素的作用下，副键发生些变化和重排。这类修饰可能提高酶的催化活性，增强酶的稳定性，或者是酶的催化动力学特性发生某些改变。例如羧肽酶经高压处理后，底物特异性发生改变，有利于催化肽的合成反应，而水解反应的能力降低；用高压方法处理纤维素酶以后，该酶的最适温度有所降低，在 $30\sim40℃$ 的条件下，高压修饰酶比天然酶的活力提高 10%。

四、固定化酶

酶是生物体为维持自身的生命活动而产生的，它适于在生物体内进行化学反应。作为人类用于生产所需要的催化剂还不够理想，比如酶在热、强酸、强碱和有机溶剂等环境中均不够稳定，只能在水溶液中一次性使用等。为适应工业化生产的需要，人们开始探索将水溶性酶与不溶性载体联结起来，使之成为不溶于水的酶的衍生物，又能保持或大部分保持原酶固有的活性，在催化反应中不易随水流失。1953 年德国科学家 Grubhofer 和 Schleith 首先将羧肽酶、淀粉糖化酶、胃蛋白酶和核糖核酸酶等，用重氮化聚氨基聚苯乙烯树脂进行固定。从 20 世纪 60 年代起，固定化酶的研究迅速发展。

（一）固定化酶的定义及优缺点

固定化酶是指经过物理或化学方法处理，被限制在一定的空间内，能模拟体内酶的作用方式，并可反复连续地进行有效催化反应的酶。固定化酶又称固相酶。固定化酶与水溶性酶相比，具有以下优点：

（1）固定化酶可以多次使用，而且在多数情况下，酶的稳定性提高，因而单位酶催化的底物量大增，用酶量大减，亦即单位酶的生产力高。

（2）固定化酶极易与底物、产物分开，因而产物溶液中，没有酶的残留，简化了提纯工艺，产率较高，产品质量较好。

（3）固定化酶的反应条件易于控制，可以装柱（塔）连续反应，宜于自动化生产，节约劳动力，减少反应器占地面积。

（4）较水溶性酶更适合于多酶反应。

（5）辅酶固定化和辅酶再生技术，将使固定化酶和能量再生体系或氧化还原体系合并使用，从而扩大其应用范围。

固定化酶虽然有上列优点，但用于工业生产的实例，至今仍然不多，原因就在于固定化酶的应用尚存以下若干困难或缺点：

（1）固定化酶所用载体与试剂较贵、成本高、工厂投资大，加上固定化过程中酶活力有损失，即酶活力回收率低，更增加了工业化生产的投资困难。如果用胞内酶进行固定化，还要增加酶的分离成本。固定化酶在长期使用后，因染杂菌、酶的渗漏、载体降解以及其他错误操作，也会致使酶失活。

（2）固定化酶一般只适用于水溶性的小分子底物；大分子底物常受载体阻拦，不易接触酶，致使催化活力难以发挥。

（3）目前固定化酶尚限于单级反应，多酶反应，特别是需要辅因子的固定化酶技术，还有待开发。

（二）酶的固定化方法

固定化酶的方法主要分为四类：吸附法、包埋法、共价结合法和交联法。由于固定化酶的应用目的、应用环境各不相同，所用的材料也多种多样，因此没有一种适合所有酶固定的方法。

1. 吸附法

吸附法工艺简单，条件温和且载体选择范围广，不会引起酶变性失活，并且可以反复使用，但是吸附作用选择性不强，吸附不牢。根据吸附结合力不同，吸附法分为物理吸附法和离子吸附法。

（1）物理吸附法 物理吸附法是利用各种固体吸附剂通过氢键等物理作用将酶吸附在其表面而使酶固定化。此方法不会引起酶变性失活，但作用结合力较弱，易于脱落。

常用的固定化载体分为两大类，无机载体和有机载体。无机载体有活性炭、硅藻土、高岭土、多孔玻璃、硅胶、金属氧化物等；有机载体有纤维素、骨胶原、赛璐玢、火棉胶、面筋、淀粉等。曾采用此方法固定化的酶有糖化酶、葡萄糖氧化酶、α-淀粉酶等。

（2）离子吸附法 离子吸附法是将酶与含有离子交换基的水不溶性载体以静电作用力相结合的固定化方法。此方法所固定的酶其活力不易被破坏，但酶和载体的结合力不强，易受缓冲液或 pH 值的影响，在离子强度高的条件下反应时，酶容易脱落。

常用的载体分为阴离子交换剂和阳离子交换剂两类。阴离子交换剂包括 DEAE（二乙氨基乙基）-纤维素、TEAE（四乙氨基乙基）-纤维素、DEAE-葡聚糖凝胶等；阳离子交换剂包括 CM-纤维素、纤维素-柠檬酸。

2. 包埋法

将聚合物单体和酶溶液混合，再借助于聚合促进剂（包括交联剂）的作用进行聚合，使酶包埋于聚合物中以达到固定化。包埋法分为网格型和微囊型。

网格型将酶或含酶菌体包埋在凝胶细微网格中，制成一定形状的固定化酶，称为网格型包埋法。也称为凝胶包埋法。即将个别酶分子包在高聚物格子中，可以将块状聚合形成的凝胶切成小块，也可以直接包埋在珠状聚合物中，后者可以使固定化酶机械强度提高 10 倍，并改进酶的脱落情况。

微囊化法是将酶溶液或悬浮液包裹在膜内，膜既能使酶存在于类似细胞内的环境中，又阻止酶的脱落或直接与微囊外环境接触。小分子底物则能迅速通过膜与酶作用，产物也能扩散出来。

包埋法由于酶分子仅仅是被包埋，故酶活力高，但此法对作用于大分子底物不适宜。适用的载体主要有聚丙烯酰胺、卡拉胶、琼脂糖和海藻酸钠等。

3. 共价结合法

共价结合法是指酶蛋白分子上功能团和固相支持物表面上的反应基团之间形成化学共价键连接，从而固定酶的方法。此法酶与载体结合牢固，不易脱落，利于连续使用，但反应条件较为剧烈，破坏酶活力部位，酶活力回收率一般仅为

30%左右，且制备手续繁杂。

酶与载体共价结合的功能基团包括氨基（Lys 的 ε-NH$_2$ 和肽链-N 端的 α-NH$_2$）、羧基（Asp 的 β-羧基、Glu 的 γ-羧基和 C 端的 α-羧基）、酚基（Tyr 的酚基）、巯基（Cys 的巯基）、羟基（Ser、Thr、Tyr 的羟基）、咪唑基（His 的咪唑基）、吲哚基（Try 的吲哚基）。常用的载体包括天然高分子（纤维素、琼脂糖、葡萄糖凝胶、胶原及其衍生物），合成高分子（聚酰胺、聚丙烯酰胺、乙烯-顺丁烯二酸酐共聚物等）和无机支持物（多孔玻璃、金属氧化物等）。

4. 交联法

交联法是利用双/多功能试剂在酶分子间或酶与载体间，或酶与惰性蛋白间形成共价键，得到三向的交联网架结构，以制备固定化酶的方法。此法与共价结合法都是用共价键固定酶，但不同之处在于不使用载体。

一般情况下，酶浓度低发生在酶分子内部，酶浓度高时分子间交联比例上升形成固定化酶后往往为不溶态。常用的交联剂有戊二醛、苯基二异硫氰酸酯、双重 N 联苯胺-2,2-二磺酸；甲异氰-4-异硫氰等。共价交联主要有以下 4 种形式：

（1）酶直接交联法　在酶液中加入适量多功能试剂，使其形成不溶性衍生物。固定化依赖酶与试剂的浓度、溶液 pH 和离子强度、温度和反应时间之间的平衡。

（2）酶辅助蛋白交联　为避免分子内交联和在交联过程中因化学修饰而引起酶失活，可使用第二个"载体"蛋白质（即辅助蛋白质，如白蛋白、明胶、血红蛋白等）来增加蛋白质浓度，使酶与惰性蛋白质共交联。

（3）吸附交联法　先将酶吸附在硅胶、皂土、氧化铝、球状酚醛树脂或其他大孔型离子交换树脂上，再用戊二醛等双功能试剂交联。用此法所得固定化酶也可称为壳状固定化酶。

（4）交联包埋法　把酶液和双功能试剂（戊二醛）凝结成颗粒很细的集合体，然后用高分子或多糖一类物质进行包埋成颗粒。这样可以避免颗粒太细的缺点，同时制得的固定化酶稳定性好。

交联法制备的固定化酶结合牢固，可以长时间使用，但酶蛋白的功能团参与反应，所以常常引起酶蛋白质的结构发生变化，导致酶活力的下降，往往需要严格控制操作条件才能获得活力较高的固定化酶。

五、酶反应器和酶传感器

（一）酶反应器

以酶为催化剂进行反应所需要的设备称为酶反应器。酶反应器有两种基本类型：一类是直接应用游离酶进行反应，即均相酶反应器；另一类是应用固定化酶进行反应，即非均相酶反应器。

酶反应器的种类很多，粒状催化剂可采用搅拌罐、固定化床和鼓泡塔式反应器；对于膜状催化剂，可采用螺旋式、转盘式、平板式、空心管式反应器。选用酶反应器时不仅要选用最适合的反应器形式，而且必须综合考虑各种因素，如催化剂的形状和大小、反应操作要求、防止杂菌污染的措施、反应动力学方程的类型、底物的性质、酶反应器制造成本和运行成本等。

（二）酶传感器

酶传感器是一种由生物学、医学、电化学、光学、热学及电子技术等多门学科相互渗透而产生的分析检测装置，具有选择性高、分析速度快、操作简单、价格低廉等特点。它的工作原理是把酶电极插入待测溶液中，此时固定化酶专一地催化混合物中目的物质发生化学反应，产生某种离子或气体等电极活性物质（生化信号），再由基础电极给出混合物溶液中目的物质的浓度数据。

根据感受器与基础电极结合方式的不同，将酶传感器分为电极密接型和液流系统型。前者直接在基础电极的敏感面上安装固定化酶膜，从而构成酶电极。后者将固定化酶填充在反应柱内，底物溶液流经反应柱时，发生酶促反应，产生生化信号再流经基础电极敏感面，此时，生化信号转换成电信号。

酶传感器属于生物传感器的一种，其他的生物传感器有微生物传感器、免疫传感器、组织传感器和场效应晶体管生物传感器。目前国际上已研制成功的酶传感器有 20 余种，其中最为成熟的传感器是葡萄糖氧化酶传感器，使用时，将酶电极浸入样品溶液中，当溶液中的葡萄糖扩散进入酶膜后，便被膜中的葡萄糖氧化酶氧化生成葡萄糖酸，同时消耗氧，使得氧浓度下降，再由氧电极测定氧浓度的变化，即可推知样品中葡萄糖的浓度。

六、酶工程在食品工业上的应用

（一）改进啤酒生产工艺，提高啤酒质量

1. 固定化生物催化剂酿造啤酒新工艺

利用固定化酶和固定化细胞技术酿造酒是近年来国外啤酒工业的新工艺。

前苏联专家把酵母细胞镶嵌在陶瓷或聚乙烯材料的环形载体上（直径为10～20mm）进行啤酒发酵，发酵周期缩短到 2d，鲜啤酒的理化指标均可达到传统工艺水平，但产量比传统工艺增加 2～2.5 倍。

上海工业微生物所和上海华光啤酒厂把卡伯尔酵母固定化后用于啤酒酿造，试验表明，啤酒的主发酵时间可以控制在 24h 以内，后发酵时间缩短到 7d 左右，比传统工艺缩短一半以上，酿成的啤酒口味正常、泡沫性良好，各项理化指标均符合标准。

2. 固定化酶用于啤酒澄清

在啤酒中添加木瓜蛋白酶等蛋白酶，可以水解其中的蛋白质和多肽，防止出现浑浊。但是，如果水解作用过度，会影响啤酒泡沫的保持性。

Witt 等（1970 年）用戊二醛交联把木瓜蛋白酶固定化，可连续水解啤酒中的多肽。将经预过滤的啤酒在 0℃和−1℃下及一定二氧化碳压力下，通过木瓜蛋白酶的反应柱，得到的啤酒可在长期贮存中保持稳定。

3. 添加葡萄糖氧化酶，提高啤酒稳定性和保质期

啤酒中多酚类物质的氧化不仅加速了浑浊物质的形成，而且使啤酒色泽加深，影响啤酒风味。

葡萄糖氧化酶能催化葡萄糖生成葡萄糖酸，同时消耗了氧，起到了脱氧作用。葡萄糖氧化酶的存在可以去除啤酒中的溶氧和成品酒中瓶颈氧，阻止啤酒氧化变质、防止老化、保持啤酒原有风味、延长保质期。

（二）酶在果蔬加工中的应用

果蔬加工中最重要的酶之一是果胶酶。果胶酶适用于葡萄、苹果、草莓、山楂等多种水果的加工，是饮料工业中有效的澄清剂。目前，许多国家已广泛将其应用于果汁，改善果汁的澄清度和产品质量，提高生产效率。果胶酶还是饮料加工中安全高效的澄清剂。目前，已在许多国家广泛应用。

1. 提高果汁提取率

果胶酶的作用底物是植物的细胞壁，植物细胞壁的降解导致的细胞间联结被切断，细胞保护器官破裂，细胞液渗出，提高果蔬出汁率。

有的苹果因果肉柔软难以压出果汁，但添加果胶酶（PL）能大大促进果汁的提取。可以在把果肉搅拌 15～30min 后，直接添加 0.04% 果胶酶，并于 45℃ 下处理 10min；即可多产果汁 12%～24%。还可以把纤维素酶与果胶酶结合使用，使果肉全部液化，用于生产苹果汁、胡萝卜汁和杏仁乳，产率高达 85%，而且简化了生产工艺。

2. 果汁澄清

新压榨出来的果汁不仅黏度大，而且浑浊。加果胶酶澄清处理后，黏度迅速下降，浑浊颗粒迅速凝聚，使果汁得以快速澄清、易于过滤。但对于橘汁，由于要求保持雾状浑浊，所以应使用不含果胶酯酶的内切多聚半乳糖醛酸酶制剂进行澄清处理。

利用 0.1% 的果胶酶处理苹果果汁、果浆，可明显地提高出汁率、可溶性固形物含量和透光率，降低 pH 和相对黏度，处理时间越长，效果越好。0.1% 的果胶酶与 0.1% 的纤维素酶结合使用，效果更好。有些果汁含较多淀粉，为了防止果汁由于淀粉的存在出现浑浊，可用淀粉酶进行澄清。

果胶酶还用于果酒澄清和过滤。

（三）酶法保鲜

酶法保鲜技术是利用酶的催化作用，防止或者消除各种外界因素对食品产生的不良影响，从而在较长时间内保持食品的优良品质和风味特色的技术。

由于酶具有专一性强、催化效率高和作用条件温和等显著特点，可以广泛地应用于各种食品的保鲜，有效地防止外界因素，特别是氧和微生物对食品所造成的不良影响。目前应用较多的是葡萄糖氧化酶和溶菌酶的酶法保鲜。

1. 利用葡萄糖氧化酶除氧保鲜

氧气是影响食品质量的主要因素之一。氧的存在容易引起花生、奶粉、冰淇淋、奶油、饼干、油炸食品、肉类等富含油脂的食品发生氧化作用，引起油脂酸败，产生不良的味道和气味，降低营养价值，甚至产生有毒物质。葡萄糖氧化酶可催化葡萄糖与氧反应，生成葡萄糖酸，有效地防止食品成分的氧化作用。

葡萄糖氧化酶可直接加入到啤酒及果汁、果酒和水果罐头中，不仅起到防止食品氧化变质的作用，还可有效防止罐装容器的氧化腐蚀。含有葡萄糖氧化酶的吸氧保鲜袋也已在生产中得到广泛应用。

2. 蛋类制品的脱糖保鲜

蛋类制品如蛋白粉、蛋白片、全蛋粉等，由于蛋白中含 $0.5\% \sim 0.6\%$ 的葡萄糖，葡萄糖的羰基与蛋白质的氨基反应，使蛋白出现褐变、小黑点，使加工产品色泽加深、溶解度降低并有不愉快气味，从而影响产品质量。

葡萄糖氧化酶可以在有氧条件下，将蛋类制品中的少量葡萄糖除去，而有效地防止蛋制品的褐变。将一定量的葡萄糖氧化酶加到蛋白液或全蛋液中，并适当配合一定量的过氧化氢酶，即可使葡萄糖完全氧化，除掉蛋白中的葡萄糖。

3. 食品灭菌保鲜

微生物的污染会引起食品的变质、腐败。防止微生物的污染是食品保鲜的主要任务。溶菌酶对人体无害，可有效防止细菌对食品的污染。

用一定浓度的溶菌酶溶液进行喷洒，即可对水产品起到防腐保鲜效果，既可节省冷冻保鲜的高昂的设备投资，又可防止盐腌、干制引起产品风味的改变，简单实用。在干酪、鲜奶或奶粉中加入一定量的溶菌酶，可防止微生物污染，保证产品质量，延长贮藏时间。在香肠、奶油、生面条等其他食品中，加入溶菌酶也可起到良好的保鲜作用。

（四）酶在乳品工业中的应用

1. 干酪的生产

牛乳中约含 3% 酪蛋白，酪蛋白经凝乳酶作用，变成不溶性的副酪蛋白钙，使牛乳凝结，再将凝块进行加工、成型和成熟而制成的一种乳制品即干酪。

制造干酪过程中起凝乳作用的关键性酶是凝乳酶。

2. 分解乳糖

牛奶中含有 4.5％的乳糖。乳糖是一种缺乏甜味且溶解度很低的双糖，难于消化。有些人饮奶后常发生腹泻、腹痛等病，这是由于体内缺乏乳糖酶所致，由于乳糖难溶于水，常在炼乳、冰淇淋中呈砂样结晶析出，影响风味。如将牛奶用乳糖酶处理后，使乳糖水解为半乳糖与葡萄糖，上述问题得以解决。

（五）酶在肉类和鱼类加工中的应用

用酶嫩化牛肉，过去使用木瓜酶和菠萝蛋白酶，最近美国批准使用米曲酶等微生物蛋白酶，并将嫩化肉类品种扩大到家禽与猪肉。工业上软化肉的方法有两种：一种是将酶涂抹在肉的表面或用酶液浸肉；另一种较好的方法为动物宰前用酶肌内注射，酶的软化作用发生在贮罐特别是烹煮加热时。

利用废弃蛋白，将废弃的蛋白如杂鱼、动物血、碎肉等用蛋白酶水解，抽提其中蛋白质以供食用或用做饲料，是增加人类蛋白质资源的一项有效措施。海洋中许多鱼类因其色泽、外观或味道欠佳等原因，都不能食用，而这类水产却高达海洋水产的 80％左右。采用这项生物技术新成果，使其中绝大部分蛋白质溶解，经浓缩干燥可制成含氮量高、富含各种水溶性维生素的产品，其营养不低于奶粉，可掺入面包、面条中等使用。

蛋白酶还用于生产牛肉汁、鸡汁等来提高产品收率。此外将酸性蛋白酶在 pH 值中性时处理冻鱼类，可以脱腥。

（六）利用固定化酶生产果葡糖浆

食糖是日常生产必需品，也是食品、医药等工业原料。世界食糖年消耗量以 4％速率增加，而产量每年只增加 2％～3％，供不应求。因此目前各国都竞相生产高果糖浆（甜度为蔗糖的 173.5％）。在美国等发达国家 2/3 的食糖已为高果糖浆代替。高果糖浆以淀粉为原料，经 α-淀粉酶和葡萄糖淀粉酶催化水解，得到 D-葡萄糖，再将它通过固定化 D-葡萄糖异构酶和固定化含酶菌体，完成由 D-葡萄糖至 D-果糖的转化，再通过精制、浓缩等手段，即可得到不同种类的高果糖浆。

（七）酶在焙烤工业中的应用

面粉中添加 α-淀粉酶可调节麦芽糖的生成量，使二氧化碳的产生和面团气体保持力相平衡。蛋白酶可促进面筋软化，增加延伸性，减少揉面时间和动力，改善发酵效果。用 α-淀粉酶强化面粉可防止糕点老化。糕点馅心常以淀粉为填料，添加 α-淀粉酶可以改善馅心风味。糕点制作使用转化酶，可使蔗糖水解为转化糖，从而防止糖浆析晶。面包制作中适当添加脂肪酶可增进面包的香味，脂肪氧化酶不但使面粉中不饱和脂肪氧化同胡萝卜素等发生共轭氧化作用而将面粉漂白，而且利用其氧化作用使面粉中不饱和酸氧化，生成芳香的羰基化合物而增加面包风味，改善面团结构。

半纤维素酶能够破坏小麦戊聚糖酶的束水能力，释放出水分子，使面团软化。在内切木聚糖酶的作用下，面团中的阿拉伯木聚糖会部分水解，水分就从面团中逐渐释放出来，使面团变软，机械力提高。由于黑麦面粉中含有大量慢性水化的戊聚糖，会出现面包体积减小及面包变干等一系列的问题，含半纤维素酶的酶制剂可用来解决这类问题。

第三节　食品发酵工程

一、概述

（一）发酵工程的定义

"发酵"（fermentation）一词是拉丁语"沸腾"（fervere）的派生词，它描述酵母作用于果汁或麦芽浸出液时产生气泡的现象。发酵工程是生物技术的重要组成部分，是生物技术产业化的重要环节。它是一门将微生物学、生物化学和化学工程学的基本原理有机地结合起来的工程技术。

发酵工程也叫微生物工程，利用微生物的生长和代谢活动，通过现代化工程技术来生产各种有用物质的一种技术。现代发酵工程结合了基因工程、细胞工程、分子修饰和改造等新技术，不仅包括菌体生产和代谢产物的发酵生产，还包括微生物机能的利用。

（二）发酵工程的发展历程

1. 天然发酵阶段

早在自然科学发源以前，我国劳动人民在数千年以前就懂得酿酒、制酱油、食醋等。当时人们并不知道微生物与发酵的关系。这一时期，产品只限于含酒精饮料和醋，可以称为自然发酵时期。

2. 纯培养技术的建立

1675 年，荷兰人列文虎克发明了显微镜，才首次观察到大量活着的微生物。1866 年，微生物学的奠基人，被称为微生物学之父的法国人巴斯德（L. Pasteur）证实了发酵是由微生物引起的，首次证明了酒精的发酵是由酵母引起的，并建立了微生物的纯种培养技术，从而为发酵技术提供了理论基础，将发酵技术纳入了科学的轨道。这个时期的主要新产品是酵母、甘油、柠檬酸、乳酸、丁醇和丙酮，是一些厌氧发酵和表面固体发酵产生的初级代谢产物。

3. 深层培养技术的建立

在纯种培养技术下，以生产青霉素为代表，形成规模化生产，采用了深层培养技术，这时期的产品主要是好氧发酵的次级代谢产物。随着科技的发展，微生物可以通过人工诱变获得代谢发生改变的突变株，在控制条件下，选择性地大量生产某种人们所需要的产品，深层培养技术进入第二时期即"代谢控制发酵技术"，此时期以氨基酸发酵为代表。这个时期是近代发酵工业的鼎盛时代。新产品、新技术、新工艺、新设备不断出现，应用范围也日益扩大。

4. 发酵工程及基因工程阶段

以基因工程、细胞工程、蛋白质工程等现代生物技术为支撑，利用微生物的生长和代谢活动，通过现代化工程技术手段进行工业规模生产的技术。此阶段的主要发展方向是微生物的采集、分离和选育；包括微生物（菌种）、发酵工艺和发酵设备的协调；发酵工艺的设计和优化（自动化）；发酵设备的改进和配套选型的工程技术等。

从现代生物技术发展趋势以及现代发酵工程与现代生物技术的关系来分析，将来发酵工程的发展方向应体现在以下几个方面：

（1）利用遗传工程等先进技术，人工选育和改良菌种，使微生物细胞按照人类的需要合成某些产品。

（2）采用发酵技术进行高等动植物细胞培养。

（3）按照微生物生理和代谢特性以及产物的合成途径进行发酵条件调控。

（4）在工程方面，开发和采用大型节能高效的发酵装置，自动控制将成为发酵生产控制的主要手段，从而使发酵工业朝着模拟化、自动化、最优化方向发展。

（5）固定化技术广泛应用。

（6）将生物技术理论广泛地用于发酵工程。

（三）发酵工程研究的主要内容

发酵工程研究的内容可分为上游工程、下游工程和辅助工程三部分。

上游工程包括以下八个方面的内容：物料的输送和原料的预处理；发酵培养基的选择、制备和灭菌；菌种的选育、保藏、复壮和扩大培养；发酵过程的动力学；发酵醪的特性；氧的传递、溶解和吸收；发酵生产设备的设计、选型和计算；发酵过程的工艺技术控制。

下游工程包括发酵醪与菌体的分离、发酵产物的提取（其中主要包括固液分离技术、细胞破壁技术、蛋白质纯化技术等）、发酵产物的精制三个方面的内容。

辅助工程技术包括空气的过滤处理技术、水处理和供水系统、加热和制冷技术等。

二、发酵过程与方法

发酵工业是以微生物的生命活动为基础的。自然界的微生物资源非常丰富，广泛分布在土壤、空气和水中，有的微生物从自然界分离出来就可以使用，有的微生物需要进行人工诱变得到突变株才能利用。当前发酵工业作用菌种的总趋势是从野生菌转向变异菌。工业上常用的微生物有细菌、放线菌、酵母菌和霉菌等几种。

细菌是自然界中分布最广，数量最大，与人类关系最为密切的一类微生物，也是发酵工业中使用最多的一种单细胞生物。目前，发酵工业中常用的细菌有芽孢杆菌、醋酸杆菌、乳酸菌、大肠杆菌、黄单孢杆菌等，它们主要用于生产淀粉酶、蛋白酶、醋酸、乳酸、各种氨基酸和维生素等，在发酵工业中占有很重要的地位。

放线菌的菌落呈放射状，其最大的价值在于能产生各种抗生素，如产卡那霉素、四环素、氯霉素的链霉菌；产庆大霉素的小单孢菌属；产蚁霉素的诺卡氏菌属等。

酵母菌属于真菌的单细胞微生物，是工农业生产上极为重要的一类微生物。常用的酵母菌有啤酒酵母、汗逊酵母、假丝酵母、红酵母等，它们主要应用于酿造白酒、啤酒、葡萄酒等。

霉菌也称丝状真菌，是真菌的一部分，工业上常用的霉菌有根霉、毛霉、曲霉、青霉、木霉等。它们可用来酿酒、制酱和其他发酵食品，还可用于生产酒精、有机酸、抗生素、酶制剂、维生素、甾体激素转化、发酵饲料、植物生长刺激素、杀虫农药等，在工业上占有很重要的地位。

（一）菌种的选育

进行产品的发酵，首要的就是高产菌株。育种即按照发酵生产的要求，根据微生物遗传变异理论，对现有的发酵菌种的生产性状进行改造或改良，以提高产量、改进质量、降低成本、改革生产工艺。育种技术包括：自然选育、诱变育种、基因工程定向育种等。其中基因工程定向育种是现代育种技术的标志。

（二）发酵培养基

培养基是指一切可供微生物细胞生长繁殖所需的一组营养物质和原料。同时培养基也为微生物培养提供除营养外的其他所必须的条件。

1. 培养基的组成

（1）碳源（糖类、油脂、有机酸、正烷烃） 提供微生物菌种的生长繁殖所需的能源和合成菌体所必需的碳成分；提供合成目的产物所必需的碳成分（如表1-2所示）。

表 1-2 培养基碳源的来源

碳源	来源
葡萄糖	纯葡萄糖、水解淀粉
乳糖	纯乳糖、乳清粉
淀粉	玉米、大米、木薯、甘薯、大麦
蔗糖	甜菜、甘蔗糖蜜、粗红糖、精白糖

（2）氮源　氮源主要用于构成菌体细胞物质（氨基酸、蛋白质、核酸等）和含氮代谢物。常用的氮源可分为有机氮源和无机氮源两大类。无机氮源包括氨盐、硝酸盐和氨水；有机氮源有花生饼粉、黄豆饼粉、棉子饼粉、玉米浆、玉米蛋白粉、蛋白胨、酵母粉、鱼粉、蚕蛹粉、尿素、废菌丝体和酒糟。

（3）无机盐　无机盐为微生物的生长提供必需的矿物质元素。这些元素参与酶的组成，构成酶活性基团，激活酶活性，维持细胞结构的稳定性，调节细胞渗透压，控制细胞的氧化还原电位等。

（4）生长因子　微生物生长不可缺少的微量的有机物质，如氨基酸、嘌呤、嘧啶、维生素等均称生长因子。

（5）水　水源质量的主要考虑参数包括 pH 值、溶解氧、可溶性固体、污染程度以及矿物质组成和含量。一般使用的是深井水、自来水和地表水。

另外，发酵生产中常常还在培养基中添加产物形成的诱导物、前体和促进剂。

2. 培养基的配制原则

培养基的配制应建立在对细胞生长和代谢情况完全了解的前提下，从生物化学和生化工程技术原理出发来推断和计算出来，但目前还无法实现这一点。因此，确定培养基的组成和配比还是通过单因子试验法、正交试验设计和均匀设计等试验方法。合适的培养基必须要满足以下条件：根据不同微生物的营养需要配制不同的培养基；合适的碳氮比；合适的 pH 值；合适的渗透压；合适的氧化还原电位。

3. 培养基的灭菌

发酵培养基的灭菌方法有物理法、化学法和加热法。物理灭菌法不适合培养基数量大，又含有固形物的培养基，采用化学法，添加化学药剂对发酵产物的分离提取等会产生影响，因此，培养基的灭菌特别是液体培养基的灭菌一般采用加热灭菌法。

加热分批灭菌法又称实消，指配置好的培养基全部进入发酵罐后，通入蒸汽将培养基和所用设备一起加热至灭菌温度，维持一段时间，再冷却至接种温度。虽然此灭菌法无需专一灭菌设备，操作简便，对蒸汽的要求较低，但灭菌时间长，培养基的营养成分遭到破坏，设备的利用率较低，适用于固体（颗粒）培养基、液体培养基中的小型发酵罐或种子罐的培养基、容易产生泡沫的培养基的消毒灭菌。

加热连续灭菌法又称连消，指培养基在通入发酵罐时进行加热、保温、冷却的灭菌过程，最后进入发酵罐。连续灭菌采用高温短时灭菌（130～140℃，5～8min），培养基营养成分破坏少，发酵罐利用率高，蒸汽负荷均衡，蒸汽压力一般要求高于 $5 \times 10^5 Pa$，易采用自动控制，提高发酵生产率。但是，连续灭菌需要附加设备（连消塔、维持罐、冷却器），投资较大，适用于大型发酵罐、大规模发酵生产的液体培养基的灭菌。

（三）种子扩大培养

大型的发酵过程需要相当数量的、代谢旺盛的种子，菌种扩大培养就是获得发酵活力高、接种量足够的微生物纯培养物。

菌种的扩大培养是将保存的菌种接入试管斜面或液体培养基中活化后，再经过摇瓶以及种子罐逐级扩大培养而获得的一定数量和质量的纯种过程。这些纯种培养物又称种子。

（四）微生物发酵生产

微生物发酵是在无菌状态下，菌体大量生长繁殖并合成微生物发酵产物的动态纯种培养过程，是整个发酵工程的中心环节。发酵过程中发酵罐内部的代谢变化（菌体、营养物质浓度、pH 值、溶氧浓度、温度等）是比较复杂的，所得代谢产物受许多因素的影响。

1. 温度

温度是保证酶活力的重要条件。最适发酵温度是既适合菌体的生长又适合代谢产物合成的温度，它随菌种、培养基成分、培养条件和菌体生长情况不同而不同。在一定范围内，温度越高，酶反应速度越快，微生物细胞生长代谢速率加快，产物提前生成，但因为酶本身很容易因热的作用而失活，温度越高，酶的失活也越快，表现出微生物细胞容易衰老，使发酵周期缩短，从而影响发酵过程最终产物的产量。

2. pH 值

大多数细菌的最适 pH 值为 6.5～7.5，霉菌的最适 pH 值为 4.0～5.8，酵母菌的最适 pH 值为 3.8～6.0，放线菌的最适 pH 值为 6.5～8.0。在发酵过程中，由于培养基中营养物质的消耗、细胞代谢产物的排放以及菌体的自溶，都会导致 pH 值的变化。pH 影响酶的活性，影响代谢方向，所以对其进行检测，并根据检测结果加入一定量的缓冲液来维持反应中的最适 pH 值。

3. 溶解氧浓度

对于好氧微生物来说，溶解氧浓度是最主要的参数之一。一般来说，微生物的临界溶氧浓度大约为其饱和浓度的 1%～25%。保持溶解氧浓度高于临界溶氧浓度就可以满足微生物的最大需氧量，从而获得最高的微生物细胞产量。

4. 泡沫的消除

在发酵过程中，为了使培养基和菌种能均匀地分布于发酵罐，提高发酵效率，增加氧气的溶解度，打碎气泡等目的，需要适度的搅拌。但是搅拌和通气会产生泡沫，泡沫过多会造成发酵液溢出、影响氧传递、提高染菌概率等消极影响。

因此，泡沫的消除很重要。目前，泡沫的消除方法有物理法、机械法和化学法等。

（五）发酵产物的提取

发酵结束后，从发酵液中或菌体中将目的产物提取出来，并制成符合要求的产品。整个过程主要包括以下几部分：发酵液的预处理（加热、调节 pH 值、加入絮凝剂等方法）；细胞的破碎（胞内产物）；产物的初步纯化（萃取法、沉淀法、吸附法、膜过滤法等）；产物的高度纯化（吸附层析法、离子交换层析法、亲和层析法等）；成品加工。

三、发酵设备

进行微生物深层培养的设备称为发酵罐。它是微生物在液体发酵过程中进行生长繁殖和形成产品时必需的外部环境装置，是发酵工厂中主要的设备。一个良好的发酵罐必须适宜微生物的生长和产物的产出，能促进微生物的新陈代谢，使之能在低能耗下获得较高产量。那么此发酵罐须具有严密的结构，良好的液体混合性能，较高的传质、传热速率，同时还应具有配套而可靠的检测及控制仪表。根据微生物的特性，发酵罐分为好氧发酵罐和厌氧发酵罐两类。

（一）好氧发酵设备

对于好氧微生物，发酵罐通常采用通气和搅拌来增加氧的溶解，以满足其代谢需要。根据搅拌方式的不同，好氧发酵设备可分为机械搅拌式发酵罐和通风搅拌式发酵罐。

1. 机械搅拌式发酵罐

机械搅拌式发酵罐是发酵工厂常用的发酵罐。它是利用机械搅拌器的作用，使空气和发酵液充分混合，促进氧的溶解，以保证供给微生物生长繁殖和代谢所需的溶解氧。比较典型的是通用式发酵罐和自吸式发酵罐。

（1）通用式发酵罐　通用式好氧发酵罐是指既有机械搅拌又有压缩空气分布装置的发酵罐（如图 1-5 所示）。现在大部分通风发酵采用通用式好氧发酵罐。该设备的主要特点是：溶氧速率高，气液混合效果好，结构严密，有利于防止杂菌污染。但其结构较复杂，动力消耗大。

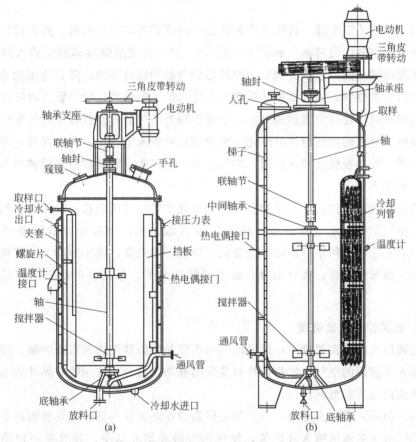

图 1-5　通用式发酵罐（刘如林，1995）

通用式发酵罐的罐体为带碟形或椭圆形封头、封底的圆柱形容器，一般用碳钢或不锈钢焊接而成。为了便于清洗和检修，发酵罐顶部设有手孔或人孔，装有窥镜和灯孔，以便观察罐内的情况。装于罐顶的接管有进料口、补料口、排气口、接种口和压力表等，装于罐身的接管有冷却水进出口、空气进口、温度和其他测控仪表的接口。取样口则视操作情况装于罐身或罐顶。

发酵罐的传热装置有夹套和蛇管两种，一般容积为 5m³ 以下的发酵罐采用外夹套作为传热装置，如图 1-5(a)，而大于 5m³ 的发酵罐采用立式蛇管作为传热装置，如图 1-5(b)。夹套式换热装置结构简单、加工容易，罐内无冷却设备，死角少，容易进行清洁灭菌工作，但是传热壁厚，冷却水流速低，发酵时降温效果差。竖式蛇管换热装置中冷却水在管内的流速大，传热系数高，水的用量少。

在通用式发酵罐内设置机械搅拌的首要作用是打碎气泡，增加气体与液体的接触面积，以提高气体与液体间的传质速率；其次是为了使发酵液充分混合。通用式发酵罐大多采用涡轮式搅拌器，涡轮式搅拌器有平叶式、弯叶式和箭叶式三种。

(2) 自吸式发酵罐　自吸式发酵罐是一种不需要空气压缩机，而在搅拌过程中自动吸入空气的发酵罐（如图 1-6 所示）。自吸式发酵罐罐体的结构大致上与通用式发酵罐相同，主要区别在于搅拌器的形状和结构不同，并且使用的是带中央吸气口的搅拌器。搅拌器由从罐底向上伸入的主轴带动，叶轮旋转时叶片不断排开周围的液体使其背侧形成真空，于是将罐外空气通过搅拌器中心的吸气管而吸入罐内，吸入的空气与发酵液充分混合后在叶轮末端排出，并立即通过导轮向罐壁分散，经挡板折流涌向液面，均匀分布。空气吸入管通常用端面轴封与叶轮连接，确保不漏气。

自吸式发酵罐优点：①节约空气净化系统中的空气压缩机、冷却器、油水分离器、空气贮罐、总过滤设备，减少厂房占地面积；②减少发酵设备投资约 30% 左右；③设备便于自动化、连续化，降低劳动强度，减少劳动力；④设备结构简单，溶氧效率高，操作方便。缺点是罐压较低，对某些产品生产容易造成染菌。

2. 通风搅拌式发酵罐

在通风搅拌式发酵罐中，通风的目的不仅是供给微生物所需要的氧，同时还利用通入发酵罐的空气，代替搅拌器使发酵液均匀混合。常用的有循环式通风发酵罐和高位塔式发酵罐。

(1) 循环式通风发酵罐　它们都是借助设在环流管底部的空气喷嘴将空气以 250～300m/s 的高速喷入环流管，使气泡分散在培养基中，并沿着一定路线进行循环，所以这种发酵罐也叫气升式环流反应器。气升式发酵罐有内循环和外循环两种，循环管有单根的也有多根的。与通用式发酵罐相比，它具有以下优点：气体从罐的下部通入，可带动流体在整个反应器内循环流动，使反应器内的溶液容易混合均匀；由于不用机械搅拌桨，省去了密封装置，使污染杂菌的机会减少，同时降低了机械剪切作用对细胞的伤害；由于液体循环速度较快，反应器内的供氧及传热都较好，利于节约能源。但是此类发酵罐不适宜于在黏度大或含有

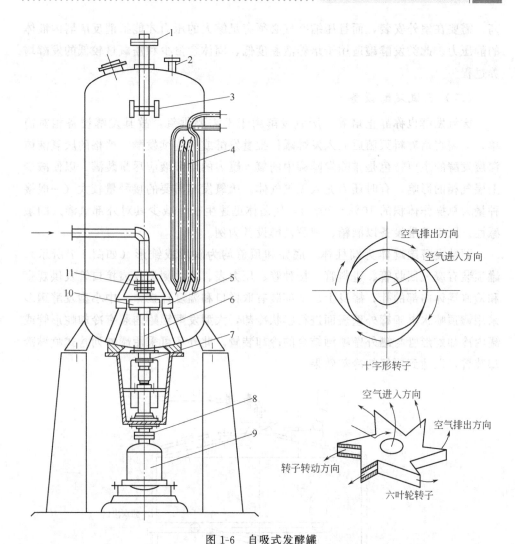

图 1-6 自吸式发酵罐

1—皮带轮；2—排气管；3—消泡器；4—冷却排管；5—定子；6—轴；

7—双端面轴封；8—联轴节；9—马达；10—自顺转子；11—端面轴封

大量固体的培养液中应用。

（2）**高位塔式发酵罐** 是一种类似塔式反应器的发酵罐，其高径比约为7：1左右，利用通入培养液的无菌空气泡上升来带动液体运动，产生混合效果的非机械搅拌式发酵罐。罐内装有若干块筛板，压缩空气由罐底导入，经过筛板逐渐上升，气泡在上升过程中带动发酵液同时上升，上升后的发酵液又通过筛板上带有液封作用的降液管下降而形成循环。这种发酵罐的特点是省去了机械搅拌装置；减少了剪切作用对细胞的损害；结构简单，省去了密封，排除了因密封不严而造成的杂菌污染；造价较低，动力消耗少，操作成本低，噪声较小。但是罐体较高，需要在室外安装，而且压缩空气必须有足够大的压力才能抵消反应器内液体的静压力。此类发酵罐适用于培养液黏度低、固体含量少和需氧量较低的发酵培养过程。

（二）厌氧发酵设备

厌氧发酵也称静止培养。厌氧发酵由于不需要供氧，故其发酵设备相对简单，只需将培养料灭菌后放入发酵罐作批量发酵或用连续发酵。严格的厌氧液体深层发酵的主要特色是排除发酵罐中的氧。罐内的发酵液应尽量装满，以便减少上层气相的影响，有时还需充入无氧气体。厌氧发酵需要的接种量较大（一般接种量为总操作体积的10％～20％），使菌体迅速生长，减少其对外部氧渗入的敏感性。厌氧发酵设备以酒精、啤酒发酵设备为例。

酒精发酵罐罐体为圆柱体，底盖和顶盖均为碟形或锥形（如图1-7所示）。罐顶装有废气回收管、进料管、接种管、压力表、各种测量仪表接口管及供观察和检修罐体内部的孔；罐身上、下部装有取样口和温度计接口。中小型发酵罐多采用罐顶喷水淋于罐外壁表面进行膜状冷却，大型发酵罐罐内装有冷却蛇形管或罐内冷却蛇形管与罐外壁喷洒结合的冷却装置。此外还可采用罐外列管式喷淋冷却装置，以达到更好的冷却效果。

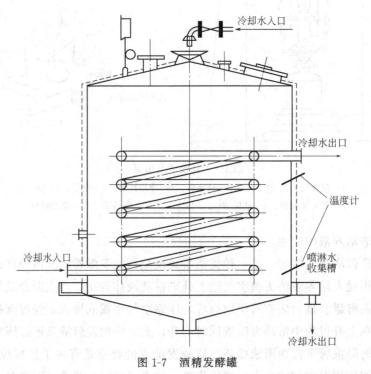

图1-7　酒精发酵罐

圆筒体锥底罐是用于发酵生产啤酒的发酵设备。罐体采用碳钢加涂料或不锈钢材料制成，罐顶装有接种管、压力表、洗涤器、排气口和各种测量仪器接口，罐底装有排料口和排污口。

与传统发酵设备相比，由于发酵基质和酵母对流得到强化，发酵加速；节省冷耗；节省厂房投资；可依赖自动程序清洗消毒。但是由于罐体比较高，酵母沉降层厚度大，酵母泥使用代数比采用传统设备要低；贮酒时澄清比较困难，过滤需经强化；罐壁温度和罐中心温度相差较大，短期贮酒不能保证温度一致。

四、发酵在食品中的应用

（一）传统发酵在食品中的应用

传统的发酵工程是以非纯种微生物进行的自然发酵，或以纯种微生物进行的工业化发酵都称为传统的发酵工程，起源于古老的酿造食品工业，如清酒、啤酒、葡萄酒、黄酒、白酒、酱油、醋、腐乳以及干酪等的制造。

我国传统发酵食品是中华食文化的代表，不仅至今为国人之生活必需，而且无论过去和现在都深刻影响着整个人类饮食文明（如表1-3所示）。中国人历来视"柴、米、油、盐、酱、醋、茶"为生活的基本保障，其中酱、醋、茶都和发酵有关。

表1-3　我国传统发酵食品主要种类

原料	食品种类
谷类	发酵面食（馒头、包子、面包等）、发酵米粉、醋、醪糟、面酱等
豆类	各种豆豉、腐乳、豆瓣酱、酱油、豆汁等
蔬菜	各种泡菜、酸菜、糖蒜、腌菜等
水果	果酒、果醋、水果酱等
肉类	金华火腿、腊肉、香肠等
水产	鱼酱、虾酱、鱼酱油等
奶类	奶酪、奶豆腐、酸牛奶、酥油等
其他	各种酒类、茶等

（二）现代发酵工程在食品工业中的应用

发酵工程除了应用于传统的酿酒和调味品的生产外，大规模深层培养技术的问世，赋予了微生物发酵技术新的生命力。发酵工程产品的品种不断增加，形成一个庞大的发酵工业，如单细胞蛋白、食品胶、甜味剂、天然色素、真菌多糖等多种食品添加剂和保健食品功能性基料。此外，通过细胞融合和DNA杂交技术选出了高产纤维素酶的酵母菌，发酵30h，可大大提高最终纤维素分解率和蛋白质含量。

1. 改造传统的食品加工工艺

利用现代发酵技术改造传统发酵食品最典型的是使用双酶法糖化工艺取代传统的酸法水解工艺，用于味精生产，可提高原料利用率10％左右。在啤酒生产中，国外采用固定化酵母的连续发酵工艺进行啤酒酿造，可将啤酒的发酵时间缩短至1d。利用发酵工程生产天然色素、天然新型香味剂等食品添加剂，逐步取代人工合成的色素和香精，如甜味剂中的木糖醇、甘露糖醇、阿拉伯糖醇、甜味多肽等；酸味剂中的苹果酸、琥珀酸等；氨基酸中各种必需氨基酸；增稠剂中的黄原胶、结冷胶、热凝性多糖等；风味剂中的多种核苷酸、琥珀酸钠、双乙酰；芳香剂中的脂肪酸酯、异丁醇等；色素中的类胡萝卜素、红曲色素、虾青素、番茄红素等；维生素中的维生素C、维生素B_{12}、核黄素、肉碱；生物活性添加剂中的各种保健活菌、活性多肽等；防腐剂中的乳链菌肽、杀菌肽等。

2. 生产单细胞蛋白

单细胞蛋白（SCP）指适用于食品和动物饲料应用的微生物细胞，包括酵母菌、细菌、霉菌和高等真菌。这些微生物的细胞蛋白质含量高达50％以上，含有多种氨基酸、维生素、矿物质、粗脂肪等营养成分，易于消化吸收，因此人们已公认SCP是最具应用前景的蛋白质新资源之一，对于解决世界蛋白质资源不足问题方面将发挥重要作用。一般工业上生产单细胞蛋白的微生物是酵母（酿酒酵母、产蛋白假丝酵母和脆壁克鲁维酵母），以淀粉质、糖蜜、纤维素类、烷烃类等为原料进行发酵生产。

3. 高活性干酵母的生产

传统酵母发酵技术生产的压榨酵母（或称鲜酵母）是供应面包厂及家庭制作面包的发酵剂。酒精厂、酿酒厂所用的发酵剂一般是由研究单位提供或自行选育的酵母菌种进行培养直接用于生产。由于这种新鲜酵母含水分高（70％～73％），难于保藏和运输，即使在0℃条件下保存期也仅有20d左右，因此，在食品工业中的应用上受到很大的制约。细胞含量超过200亿cfu/g，含水量小于6％的活性干酵母被称为高活性干酵母。高活性干酵母具有含水量低、复水快、贮藏时间长、使用方便等优点。

采用基因工程、细胞融合技术等现代技术进行定向育种，达到酵母细胞基因重组，选育出耐高温、抗干燥能力强、淀粉葡萄糖苷酶活力高或耐乙醇能力强的酵母菌种，以糖厂的废糖蜜为原料，在发酵过程中采用"指数添加工艺"，按照酵母瞬时比生长率添加碳源和氮源，严格控制添加的碳氮比，在酵母发酵末期适当升温和减少通风量，使酵母呈2～3h的"饥饿"状态，可使海藻糖含量增加到15％～16％（以干基计）或更高。

4. 开发功能性食品

功能性食品是指强调其成分对人体能充分显示机体防御功能的工业化食品，是新时代对传统食品的深层次要求。开发功能性食品的最终目的，就是要最大限度地满足人类自身的健康需要。

许多大型真菌如灵芝、冬虫夏草、茯苓、香菇、蜜环菌等含调节机体免疫机能、抗癌或抗肿瘤、防衰老等多种功能性的有效成分，如多糖、多肽、生物碱、萜类化合物、甾醇、苷类、酚类、酶、维生素、植物激素等。

大型真菌的深层发酵是在抗生素发酵技术的基础上发展起来的，与传统栽培真菌子实体的方法不同。它是在大型发酵罐内进行，通过调整培养基组成和发酵工艺，在短时间内得到大量的真菌菌丝体。

灵芝深层培养适宜温度为 27～30℃，低于 27℃菌丝生长缓慢，高于 30℃菌丝易老化，36～38℃菌丝停止生长。温度能影响多糖的产量。在发酵过程中，前期 0～30h 以稍高的温度促进菌丝迅速生长，在 30～150h 以稍低的温度尽可能延长有效物质的生成期，150h 后，温度稍提高，以促进有效物质的分泌。

γ-亚麻酸有明显的降血压、降低血清甘油三酯和胆固醇水平的功效。利用经筛选高含油的鲁氏毛霉、少根根霉等蓄积油脂较高的菌株为发酵剂，以豆粕、玉米粉、麸皮等作培养基，经液体深层发酵法制备 γ-亚麻酸，发酵温度为 30℃，时间为 2d，干燥菌体中油脂含量 25%～35%，其中 γ-亚麻酸含量为 12%～15%，与植物源相比具有产量稳定、周期短、成本低、工艺简单等优越性。

L-肉碱是我国新批准的营养强化剂，能促进脂肪酸的运输和氧化，可应用于运动员食品，提高其耗氧量和氧化代谢能力，从而增强机体耐受力；同时可用在婴幼儿食品、老年食品中，在减肥健美食品中也被采用。利用根霉、毛霉、青霉进行固态发酵，在可溶性淀粉、硝酸钠、磷酸二氢钾和小麦麸皮组成的固体培养基中，25℃培养 4～7d，L-肉碱的产量为 12%～48%。

5. 微生物油脂的生产

我们平常吃的油脂不是由芝麻、花生、油菜籽、大豆等油料作物榨取的植物油脂，就是由猪、牛及羊等动物熬制的动物油脂，很少考虑到微生物油脂。其实，在许多微生物中都含有油脂，低的含油率 2%～3%，高的 60%～70%，且大多数微生物油脂富含多不饱和脂肪酸（polyunsaturated fat acids，PUFA），有益于人体健康。

当前，利用低等丝状真菌发酵生产多不饱和脂肪酸已成为国际发展的趋势。在我国，武汉福星生物制药有限公司目前已实现大规模生产富含花生四烯酸（arachidomic acid，AA）的微生物油脂。微生物油脂的应用已势不可挡，富含 AA 和 DHA 的微生物油脂已在美国、日本、英国、法国等国上市。

第四节　食品与细胞工程

细胞工程是生物技术中的一个重要组成部分，它是在细胞生物学、遗传学、生物化学、生理学、分子生物学、发育生物学、发酵工程等学科交叉渗透、互相促进的基础上发展起来的。随着理论与实践的不断结合，已经广泛深入到食品工业中来。

一、概述

（一）细胞工程的概念

所谓细胞工程是指应用现代细胞生物学、发育生物学、遗传学和分子生物学的理论与方法，按照人们的需要和设计，在细胞水平上的遗传操作，重组细胞的结构和内含物，以改变生物的结构和功能，即通过细胞融合、核质移植、染色体或基因移植以及组织和细胞培养等方法，快速繁殖和培养出人们所需要的新物种的生物工程技术。细胞工程是有目的、有计划地改造细胞遗传物质并使之增殖，从而快速繁殖生物个体、改良品种、生产生物产品。

细胞工程的优势在于避免了分离、提纯、剪切、拼接等基因操作，只需将细胞遗传物质直接转移到受体细胞中就能够形成杂交细胞，因而能够提高基因转移效率。此外，细胞工程不仅可以在植物与植物之间、动物与动物之间、微生物与微生物之间进行杂交，甚至可以在动物与植物、微生物之间进行杂交，形成前所未有的杂交物种。

（二）细胞工程的研究内容

细胞工程的研究对象包括动物、植物和微生物，但一般来说细胞工程主要指高等生物的细胞工程，可分为植物细胞工程和动物细胞工程。按照需要改造的遗传物质的不同操作层次，可将细胞工程分为细胞培养、细胞融合、细胞拆合、胚胎工程（胚胎培养、胚胎移植）、染色体工程等。

1. 细胞培养

细胞是生物体基本的结构与功能单位。细胞培养指的是微生物细胞、植物细胞和动物细胞在人工提供的体外条件下的生长及分化。在大多数情况下，将微生物细胞的培养划分到发酵工程的范畴。自从"细胞全能性"理论的提出以及被证实，使得近代细胞生物学获得了长足的发展。虽然动植物细胞在营养要求及培养条件等方面存在很多差异，但它们在细胞培养中也有共同之处。首先，要进行材料的除菌处理。除了淋巴细胞可直接抽取外，动植物材料都要进行严格的表面清洗和消毒工作，保证材料的无菌状态。其次，配制合适的培养基。根据培养细胞的特点，配制细胞培养基，对培养基进行灭菌处理。然后，采用无菌操作技术在培养基中接入生物材料，将接种后的培养基放入培养箱或培养室中培养，当培养达到一定的生物量时及时收获或传代。

2. 细胞融合

细胞融合是在 20 世纪 60 年代以后发展起来的，它是采用自然或人工的方法使两个或几个不同细胞（或原生质体）融合为一个细胞，用于产生新的物种或品系及产生单克隆抗体。细胞融合的操作对象包括微生物细胞、植物细胞和动物细胞。细胞融合最大的贡献是在动植物、微生物新品种的培育方面。以植物为例，该技术应用于植物细胞中可以改良植物遗传性、培养新的植物品种。原生质体融合可克服有性杂交的不亲和性而使叶绿体、线粒体等细胞基因组合在一起。动物细胞融合方面，从杂交瘤细胞产生单克隆抗体至今，已有大批肿瘤的单克隆抗体被制备出来，将为治疗癌症开辟一条新的途径。

3. 细胞拆合

将完整细胞的细胞核和细胞质用特殊的方法分离开，或把细胞核从细胞质中吸取出来，或杀死细胞核，然后把同种或异种的细胞核和细胞质重新组合起来，培育成新的细胞或新的生物个体的过程称为细胞拆合。

4. 胚胎工程

胚胎工程是一项综合性的繁殖技术，该项技术主要是对哺乳动物的胚胎进行移植、分割、卵母细胞体外成熟、胚胎冷冻保存等操作来获得人们所需要的成体动物。胚胎工程最成功的应用领域体现在畜牧业，试管婴儿培育技术也为人类做出了贡献。

5. 其他技术

随着各个领域的快速发展，细胞工程中出现了很多新的亮点，动物克隆和干细胞技术、染色体技术等发展迅猛，同时这些技术在食品、医药等领域中广泛应用。虽然基因工程是生物技术的核心技术，但生物技术中的很多高新技术是在细胞工程的基础上发展起来的。毋庸置疑，细胞工程的发展必将带动生命科学领域中相关学科的发展。

二、细胞工程的基本原理及技术

生物界存在两大类细胞即原核细胞和真核细胞。原核细胞结构简单，种类少，细胞体积小，DNA 未与蛋白质结合而裸露于细胞质中，其中包括细菌、放线菌、支原体、蓝藻等细胞；真核细胞结构复杂，种类繁多，细胞体积大，内有细胞核和各种膜系构造细胞器。如酵母、动植物细胞等细胞都属于真核细胞。

1902年，德国植物学家 Haberlandt 提出了细胞全能性的观点。细胞全能性是指每个植物活细胞都具有该物种的新陈代谢、应激性和自体复制等生命基本属性，在合适的离体培养条件下，可以展现这些特征属性。新陈代谢和应激性是生命存在的基础，而自体复制是生命延续的方法。

新陈代谢是指维持生命各种活动过程中的化学变化的总称。应激性是指生物体随环境变化的刺激而发生相应反应的特征。自我复制是指生物体利用自身作模板，通过代谢作用，复制出完全相同的结构，或产生也具有相同的自体繁殖能力的突变结构。前者为"遗传"，后者为"变异"。"遗传"保证了物种的纯化，"变异"为物种的进化提供依据。自我复制实现了遗传与变异的矛盾统一。

（一）动物细胞培养技术

动物细胞工程是细胞工程的一个重要分支。动物细胞培养是将动物细胞或组织从机体取出，分散成单个细胞，给予必要的生长条件，模拟体内生长环境，在无菌、适温和丰富的营养条件下，在体外继续生长和增殖的过程，最终获得细胞或其代谢产物以及可供利用的动物体。

1. 培养基

培养基是维持体外培养细胞生长、生活的基本营养物质。一般可分为三类：天然培养基、合成培养基和无血清培养基。

（1）天然培养基 直接采用动物的体液或从组织中提取的天然成分作为动物细胞或组织培养的培养基即为天然培养基，主要有血清、血浆、胚胎浸出液和鼠尾胶原等。其优点是营养成分丰富，培养效果良好；缺点是成分复杂，个体差异大，来源受限。

血清是动物细胞培养中最常用的天然培养基，血清中含有丰富的营养物质，包括无机离子、脂类、蛋白质、维生素、激素等有效成分，能维持细胞正常的生长繁殖，常用的动物血清主要有牛血清和马血清，其中胎牛血清质量最好。

（2）合成培养基 天然培养基虽然适合动物细胞的生长与繁殖，但是成分复杂、来源有限，为了创造与动物体内相似的环境供细胞在体外生长，人们开始研制合成培养基。合成培养基是根据细胞所需的营养成分，用化学物质进行人工模拟而得，它给细胞提供了一个近似体内的生存环境，又便于控制标准化的体外生存空间。其主要成分包括氨基酸、维生素、碳水化合物、无机离子和一些特殊成分。为了动物细胞更好地生长繁殖，在合成培养基中还需要添加部分天然培养基，最常添加的是一定量的血清。

（3）无血清培养基 血清对细胞生长很有效，但后期对培养产物的分离、提纯以及检测造成一定困难。另外高质量的动物血清来源有限，成分高，限制了它的大量使用。为了深入研究细胞生长发育、分裂繁殖以及衰老分化的生物学机制，科学家开发研制了无血清培养基。无血清培养基不加动物血清，在已知细胞所需营养物质和贴壁因子的基础上，在基础培养基中加入适宜的促细胞生长因子（胰岛素、白蛋白等），保证细胞的良好生长。

2. 培养方法

根据细胞生长方式的不同，体外培养细胞可分为贴壁依赖性细胞和非贴壁依赖性细胞两种。贴壁依赖性细胞生长时需要附着在某些带适量正电荷的固体或半固体表面，大多数动物细胞属于此类细胞。

（1）悬浮培养　悬浮细胞培养是利用旋转、振荡或搅拌的方式让细胞在培养器中自由悬浮生长，主要适用于非贴壁依赖性细胞的培养。用于悬浮细胞培养的装置与微生物细胞的发酵相似，但是动物细胞比微生物细胞脆弱，因此不能耐受剧烈的搅拌。现已用于动物细胞悬浮培养的装置很多，一般情况下对于小规模培养，悬浮培养可采用转瓶和滚瓶培养方式。大规模培养则可采用发酵罐式的细胞培养反应器。

（2）贴壁培养　贴壁培养是指细胞贴附在固体介质表面上生长，主要用于贴壁依赖性细胞的培养。在贴壁培养过程中，贴壁依赖性细胞首先附着在带有适量正电荷的固体或半固体表面上，一经贴壁原来是圆形的细胞就迅速铺展开来，然后开始有丝分裂，并很快进入对数生长期。一般可在数天后铺满生长表面，形成致密的细胞单层。

最初对于这种细胞的培养采用滚瓶系统，其结构简单、投资少、技术成熟、重复性好，但是劳动强度大而且细胞产率低。1967 年开发了微载体系统培养方法。采用这种培养方法，细胞在生长的过程中可以贴附在微载体表面上，并悬浮于培养基中，单位体积细胞产率高。同时，细胞的生长环境均一，容易控制和检测细胞生长情况，培养基利用率高，这些优点使得微载体系统的应用越来越广。

（3）大规模培养　实验室培养一般是将细胞培养在培养板、培养皿、培养瓶等容器中，这些容器的体积有限，最大为 1～2L，因此培养的细胞数量和分泌的产物都是有限的。对细胞的大规模培养不仅可以获得大量有价值的细胞，还可以利用细胞的代谢获得生物活性成分。但是动物细胞没有细胞壁的保护，对外界环境的适应力差，而且生长速度缓慢、对营养要求严格，而且大多数动物细胞具有贴壁依赖性，因此在动物细胞的大规模培养时，对培养系统的要求较高。目前已经根据这些要求开发出了一些适用于大规模培养动物细胞的反应器，例如中空纤维培养系统、微载体培养系统、微囊培养系统等。

3. 培养条件

动物细胞培养的所有操作过程都必须在无菌环境下进行。实验操作应该在无菌室进行，并且无菌室应该定期通过紫外线和化学试剂消毒。工作人员进入无菌室前，应该在无菌室外的缓冲间更换衣、帽、鞋后方可进入无菌室。

一般情况下，细胞培养的温度为 $36.5℃±0.5℃$，偏离这一温度范围，细胞的正常代谢会受到影响，甚至死亡，培养细胞对低温的耐受力较对高温强，温度上升不超过 $39℃$ 时，pH 值为 $7.2～7.4$，当 pH 低于 6 或高于 7.6 时的生长会受到影响，甚至死亡；CO_2 和 O_2 是细胞生长代谢所需要的主要气体，所以培养动物细胞使用的是 CO_2 培养箱，此外 CO_2 具有调节 pH 值的作用。

（二）植物细胞培养技术

植物细胞培养技术建立在植物细胞全能性的基础上，是指在无菌条件下，将离体的单个游离细胞在人工控制的环境里培养、繁殖，使细胞的某些生物学特性按照人们的意愿发生改变，从而改良品种或创制新种，或加速繁育植物个体，或生产具有经济价值的其他生物产品的一种技术。

1. 植物细胞培养的涵义

最常见的植物组织细胞培养技术按培养对象可分为植株培养、器官培养、愈伤组织培养、细胞培养和原生质体培养等。植株培养是对完整植株材料的培养，如幼苗及较大植株的培养。器官培养即离体器官的培养，根据作物和需要的不同，可以分离茎尖、茎段、根尖、叶片、叶原基、子叶、花瓣、雄蕊、雌蕊、胚珠、胚、子房、果实等外植体的培养。愈伤组织培养为狭义的组织培养，是对植物体的各部分组织进行培养，如茎尖分生组织、表皮组织、胚乳组织和薄壁组织等，诱导产生愈伤组织进行培养，通过再分化诱导形成植株。细胞培养是指在无菌条件下，将植物细胞从机体内分离出来，在营养培养基上使其生存和生长的过程。原生质体培养是用酶及物理方法除去植物细胞细胞壁形成原生质体后进行培养。

2. 培养基的组成及培养条件

植物细胞培养中常用的培养液有 MS、B5、N6、ER 等培养液。大多数植物组织培养基的主要成分是无机盐类（大量元素和微量元素）、碳源（蔗糖、葡萄糖、果糖、木糖、甘露醇及山梨醇等单糖）、有机氮源（蛋白质水解产物、谷氨酰胺或氨基酸混合物）、维生素（硫胺素、烟酸、吡哆醛、泛酸、生物素和叶酸等）、植物生长调节剂（生长素、分裂素）和凝胶剂（琼脂、卡拉胶）和其他添加剂（如酵母抽提液、麦芽抽提液、水果汁等）。

培养过程中，光照、温度、培养液的 pH、搅拌和通气都会影响培养的结果好坏，应该根据不同的培养植物种类和目的来选择培养条件。培养中每隔 $3～7d$ 更换培养液，培养温度一般为 $25℃$，适宜 pH 值为 $5～6$，大多数植物的要求日光灯照射 $12～16h$，并且要有专门的通气和搅拌装置。

3. 植物细胞培养的方法

（1）悬浮培养法 把离体的植物细胞悬浮在液体培养基中进行的无菌培养的方法称为悬浮培养法。其基本过程是将愈伤组织、无菌苗、吸胀胚胎或外植体芽尖及叶肉组织，经匀浆破碎、过滤得单细胞滤液作为接种材料，接种于试管或培养瓶中振荡培养，并可采用日光灯照射以促进生长。

（2）平板培养法 将分散的植物细胞接种到琼脂培养基上并铺成1mm左右的薄层固体平板进行培养的过程称为平板培养法，也称为单细胞培养。此方法是将种质经机械破碎过筛或酶（纤维素酶及果胶酶等）消化分散，洗涤离心除酶，细胞浓缩物经计数及稀释，接种到加热熔化而后又刚冷却至35℃左右的固体培养基中充分混匀，倾入培养皿中，石蜡密封，于25℃含5%CO_2空气的培养箱中培养，细胞即可生长成团。

（3）微室培养法 这是将悬浮细胞接种于凹玻片或玻璃环与盖玻片组成的无菌微室内的固体培养基中的培养方法。将一小盖玻片上加一滴琼脂培养基，四周接种单细胞，中间置一块与单细胞来源相同的伤组织块，小盖玻片再贴于大盖玻片上反扣于载玻片的凹孔内，则琼脂滴悬于凹孔内，盖玻片四周以石蜡或凡士林密封后，放于CO_2培养箱中培养，温度维持于26～28℃左右即可。此方法可直接观察一个细胞的生长、分裂、分化全过程，但是由于培养基太少，营养和水分难以保持，pH变化幅度大，培养细胞仅能短期分裂。

（三）细胞融合技术

细胞融合是指在外力因素的作用下，两个或多个异源细胞相互接触后，其细胞膜发生分子重排，导致细胞合并、染色体等遗传物质重组的过程。植物细胞和微生物细胞因为有坚韧的细胞壁，在进行融合之前必须通过酶法去除细胞壁得到原生质体，再进行原生质体的融合，这种融合又称为原生质体融合。

细胞进行融合过程中会发生一系列的变化，在促融剂的作用下细胞之间发生凝集现象，首先是细胞膜发生变化，凝集的细胞间发生膜粘连，继而融合形成多核细胞，然后在培养的过程中多核细胞发生核融合现象，形成杂种细胞。细胞融合技术的应用范围已涉及生物学的各个分支学科，还应用到医学中的免疫学、病毒学等，对农业中遗传育种特别是创建新品种具有重要的实践意义。

虽然在自然界中有"自发融合"的现象存在，但融合频率极低，体外培养的细胞发生"自发融合"概率更低，因此必须采用人为的方式提高细胞融合频率。目前，不管是动物、植物还是微生物，细胞融合的方法主要有以下几种。

1. 病毒诱导融合

病毒是发现最早的促融剂，研究证实一些致病、致癌病毒，如疱疹病毒、天花病毒、副流感型病毒、副黏液病毒等均能诱导细胞发生融合。仙台病毒具有毒力低、对人危害小而且容易被紫外线所灭活等优点，使其成为生物学法中最常用的细胞融合剂。

细胞的融合与病毒的数量有着密切的关系，每一个细胞必须有足够数量的病毒颗粒附于细胞膜上，细胞才能凝集。仙台病毒诱导动物细胞融合的过程如下：

双亲本细胞—分别制成细胞悬液（弃上清）—混合离心—双亲细胞沉淀（灭活仙台病毒悬液）—混匀（冰浴 20min，间隔摇动）—细胞凝集（37℃ 水浴 20min，间隔摇动）细胞融合—选择培养基培养。

本方法虽然较早建立，但细胞融合率还比较低，重复性不够高，所以近年来已不多用。

2. 化学诱导融合

20 世纪 70 年代以来，越来越多地使用化学融合剂，主要包括盐类融合剂、聚乙二醇（PEG）、二甲亚砜（DMSO）、甘油乙酸酯、油酸盐、脂质、Ca^{2+} 配合物等。PEG 是众多融合剂中应用最广泛的化学融合剂，因为 PEG 作为融合剂比病毒更易制备和控制，活性稳定、使用方便，而且促进细胞融合的能力最强。PEG 诱导细胞融合的机理一般认为是 PEG 与水分子以氢键结合，使溶液中自由水消失，由于高度脱水引起原生质体凝集融合。使用化学融合剂时，必须有 Ca^{2+} 的存在。

3. 电处理融合

20 世纪 80 年代初，Zimnermann 等发展了电诱导原生质体融合技术。当细胞处于电场中，细胞膜两面产生电势，其大小与外加电场的强度以及细胞的半径成正比。由于细胞膜两面相对电荷正负相吸，使细胞膜变薄，随着外加电场强度升高，膜电场加强，当膜电势增强到临界电势时，细胞膜处于临界膜厚度，导致发生局部不稳定和降解，从而形成微孔。电融合法优点较多，对原生质体没有毒害作用，融合率高，重复性好，操作简便，同时融合的条件便于控制。但该法不适合大小相差较大的原生质体融合，加上设备昂贵，在实际应用上有一定的限制性。

为了使制备好的动物细胞及植物原生质体、微生物原生质体能融合在一起，选择适宜有效的促融方法是很关键的。一般来说，诱导动物细胞融合，仙台病毒诱导法、PEG 法、电融合法都适用；诱导植物原生质体融合适用 PEG 法和电融合法；诱导微生物原生质体融合只适用于 PEG 法。

三、细胞工程在食品中的应用

（一）动物细胞工程的应用

动物细胞工程的应用，主要是指利用动物细胞大规模培养技术，生产植物和微生物难于生产的具有特殊功能的蛋白质类物质。到目前为止，已生产出一些具有重要药用价值的生理活性物质，比如激素、疫苗、药用蛋白质等。

1. 生产疫苗

1983 年，英国 Wellcome 公司就已能够利用动物细胞进行大规模培养生产口蹄疫苗。美国 Genentech 公司应用 SV40 为载体，将乙型肝炎表面抗原基因插入哺乳动物细胞内进行高效表达，已生产出乙型肝炎疫苗。法国巴斯德研究所将 S 和 S2 基因的 DNA 片段插入哺乳动物细胞（CHO）内，进行大规模培养生产乙型肝炎疫苗。

2. 生产单克隆抗体

1985 年，中科院上海细胞生物学研究所研制成功抗北京鸭红细胞和淋巴细胞表面抗原的单克隆抗体，同时还与有关医学部门合作，成功地制备了抗人肝癌和肺癌的单克隆抗体。

在神舟四号上，我国自制的细胞电融合仪分别进行了植物细胞的电融合试验和动物细胞的电融合试验，动物细胞电融合试验采用纯化的乙肝疫苗病毒表面抗原免疫的小鼠 B 淋巴细胞和骨髓瘤细胞，目的是获得乙肝单克隆抗体。

目前有关单位利用单克隆抗体作用的专一性这一特点，正在探索用"生物导弹"对癌症进行早期诊断和治疗。

3. 动物育种

核移植是指将不同发育时期的胚胎或成体动物的细胞核，利用显微镜技术和细胞融合方法移植到去核卵细胞中，重新组成胚胎并指发育成熟的过程。

在我国，鱼类核移植技术一直处于领先地位。生长快、蛋白质含量高的鲤鲫移核鱼已投入生产。

采用核移植技术，将鲤鱼的囊胚细胞核移植到鲫鱼的去核卵中，获得第一代鲤鲫移核个体，这种鱼能长到性成熟，并能产生后代，目前已获得第四代。鲤鲫移核鱼生长速度快、肌肉蛋白质含量比鲤鱼高 3.78%，脂肪低 5.58%。

（二）植物细胞工程的应用

植物中含有许多的次生代谢产物，许多植物次生代谢产物是优良的食品添加剂和名贵化妆品原料。然而，由于植物资源有限、自然灾害频繁，使得这些物质的供应不能满足人类的需求，因此，通过植物细胞培养技术提取其天然产物是为人类提供恒久资源的有效途径。植物细胞培养在食品工业中的应用，主要是生产各种色素、香料、酶制剂、具有生物活性的保健因子等。目前，通过植物细胞培养已能高效地生产胡萝卜素、花青素、番茄红素等食用色素，木瓜蛋白酶、菠萝蛋白酶等酶制剂，食品添加剂，人参皂苷、超氧化物歧化酶等活性成分。

1. 超氧化物歧化酶的细胞工程法生产

可以利用从动植物组织中分离提取的超氧化物歧化酶（SOD）制品生产功能性食品，但这种生产成本很高，经济效益低。大蒜是 SOD 含量较高的天然植物之一，可由它提取出 SOD 来生产功能性食品。利用大蒜细胞培养生产 SOD 具有成本低、实用性强的优点，易实现工业化生产规模。

2. 药物

紫杉醇是具有抗癌活性的二萜烯类化合物，可从紫杉中提取出来用于治疗卵巢癌、乳腺癌、肺癌。目前，临床上用的紫杉醇主要来源于红豆杉科的红豆杉属，在我国黑龙江已经建立了世界上第一片人工无性繁殖红豆杉林。但是，由于红豆杉生长缓慢，紫杉醇含量低，为了满足对紫杉醇的需求，目前国内外普遍采用植物组织细胞培养法生产紫杉醇。

国内的中科院昆明植物所经过多年研究对多种红豆杉的不同外植体进行愈伤组织的诱导培养，筛选出了紫杉醇高产细胞株，并经 10L 反应器扩大培养，细胞生长和紫杉醇含量与摇瓶培养结果大致相同。

人参皂苷是人参的主要保健成分，由于人参在地理分布上的局限性，以及生长周期长、对生态环境的要求比较苛刻，再加上病虫害严重的影响，导致天然野生人参数量很少。于是，人们通过培养人参细胞，从中提取人参皂苷。Theng 于 1974 年先后从人参根、茎、叶的愈伤组织中的人参皂苷分离出人参苷 Rb1 和 Rb2，并证明与生药朝鲜人参相同，含量相当于人参根的 50%，占干重的 1.3%。

3. 香料

利用细胞杂交和细胞培养可生产独特的食品香味和风味的添加剂，如香草素、可可香素、菠萝风味剂等。采用细胞分离法分离出香草植物细胞，然后进行人工培养，大量繁殖，提取出的香味物质与植物栽培法相同，极大提高了香草香料产量。我国张树珍等进行了香荚兰的细胞培养，将香荚兰的幼茎在培养基上培养 40d，其表面形成白色、块状的愈伤组织。愈伤组织在蔗糖的半固体培养基上快速增殖培养，培养 4 周后培养物的重量增加 7 倍左右，香荚兰细胞产生的香兰素含量明显增加。

4. 食品添加剂的细胞工程法生产

目前，食品添加剂的生产有三条途径：直接提取、化学合成和生物技术生产。直接提取虽然可获得天然产物，但许多添加剂，如色素、香精等都是植物的次生代谢物，含量很低，提取困难，而且所使用的原料受品种和环境的影响，产品品质不稳定，波动很大。利用植物细胞培养技术可用于生产植物的次生代谢产物。

　　报道过的植物细胞培养生产的色素有：花青素、胡萝卜素、叶黄素、单黄酮体等。目前，已有报道的能生产花青素的植物有：大戟属、翠菊属、甜生豆、矢车菊属、玫瑰花、紫菊属、苹果、葡萄、胡萝卜、野生胡萝卜、葡萄藤、土当归、商陆、筋骨草属、靶苔属等。

第二章
食品分离技术

分离就是把具有不同性质（物理的、化学的及物质化学的性质）的物质分开。食品的原辅料也是多种成分组成的混合物，生产中要按人们的需要，对食品原辅料进行取舍，进行这种处理的过程，就是食品分离过程。

随着科学技术的发展，食品工业对分离技术的要求也越来越高，食品加工的重点转向如何保持原料营养成分不受损失以及食品中的营养因子、功能因子、有效因子的分离、提取等。新的分离技术不断向食品加工领域渗透，并在其应用中得到提高，主要包括膜分离技术、超临界流体萃取技术、分子蒸馏技术等。

第一节　膜分离技术

早在 1748 年，Abble Nelkt 就发现水能自然地扩散到装有酒精的猪膀胱内，首次揭示了膜分离现象。1854 年格拉哈姆发现了透析现象（dialysis），膜的研究才受到重视。

1960 年，加利福尼亚大学的洛布（Loeb）和加拿大的索里拉金（Soufirajin）等制成了第一张具有高通量和高脱盐率的非对称醋酸纤维素反渗透膜。

1961 年，美国赫文斯（Hevens）公司率先开发出管式膜组件。此后，其他国家相继研制出各种形式的管式膜组件。美国杜邦（Dupont）公司先后研制出以尼龙 66 为膜材料的工业规模应用的中空纤维膜组件及以芳香聚酰胺为材料的中空纤维膜组件。

我国膜分离技术研究始于 20 世纪 60 年代，比国外晚十余年，但发展迅速，电渗析膜分离技术已步入世界先进列。一些研究与应用已达到很高的水平，对我国经济的发展起到了积极的推动作用。目前，膜分离已成为分离混合物的重要方法，广泛应用于食品、生物、化工、制药、电子、纺织和环保等行业。

一、膜技术概述

膜分离技术是指用半透膜作为选择障碍层，利用膜的选择性（孔径大小），以膜的两侧存在的能量差作为推动力，允许某些组分透过而保留混合物中其他组分，从而达到分离目的的技术。

（一）膜的定义和分类

1. 定义

在一种流体相间有一层薄的凝聚相物质，把流体相分隔开来成为两部分，这一薄层物质称为膜。膜本身是均一的一相或由两相以上凝聚物构成的复合体，厚度应在 0.5mm 以下。被膜分开的流体相物质是液体或气体。

2. 分类

随着人们对膜及其性能的逐步认识，对膜的分类标准也越来越精细。按孔径大小分为微滤膜、超滤膜、反渗透膜、纳滤膜等；按膜结构分为对称性膜、不对称膜、复合膜；按材料分为有机高分子（天然高分子材料膜、合成高分子材料膜）膜、无机材料膜。根据膜的来源、形态和结构分类如图 2-1 所示。

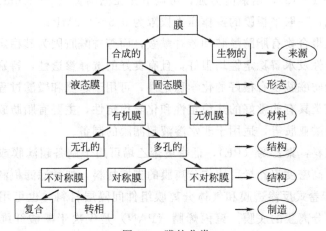

图 2-1　膜的分类

（二）分离膜材料

分离膜是膜分离过程中的核心。对于不同种类的膜都有一个基本要求：耐压，膜孔径小，要保持高通量就必须施加较高的压力，一般模操作的压力范围在 0.1～0.5MPa，反渗透膜的压力更高，约为 1～10MPa；耐高温，高通量带来的温度升高和清洗的需要；耐酸碱，防止分离过程中，以及清洗过程中的水解；具有化学相容性（保持膜的稳定性）和生物相容性（防止生物大分子的变性）；成本低。

目前已开发的膜材料有四类：天然高分子材料膜、合成高分子材料膜、特殊材料膜即无机膜和金属膜。

1. 天然高分子材料膜

主要是纤维素的衍生物。纤维素类膜材料是研究最早、应用最多的。尽管纤维素类聚合物膜性能良好，但是纤维素酯耐热性差，易于发生化学及生物降解。

这类膜主要包括醋酸纤维、硝酸纤维和再生纤维素等。其中醋酸纤维膜的截盐能力强，一般使用温度低于 45～50℃，pH3～8，常用作反渗透膜，也可用作微滤膜和超滤膜。硝酸纤维素是纤维素经硝化制得，其含氮量在 11.2%～12.2%之间，被广泛用作透析膜和微滤膜材料。再生纤维素相对分子质量在几万到几十万之间，适合作透析膜用材料，抗蛋白质污染再生纤维素被用作超滤膜和微滤膜材料。

2. 合成高分子材料膜

市售膜的大部分为合成高分子膜，种类很多，主要有聚砜、聚酰亚胺、聚酰胺、聚烯类和含氟聚合物等。其中聚砜是最常用的膜材料之一，主要用于制造超滤膜。

聚砜膜的特点是耐高温（一般为 70～80℃，有些可高达 125℃），适用 pH 范围广（pH＝1～13），耐氯能力强，可调节孔径范围宽（1～20nm）。但聚砜膜耐压能力较低，一般平板膜的操作压力权限为 0.5～1.0MPa。

聚酰胺类聚合物有脂肪酰胺和芳香酰胺，而芳香酰胺因为其稳定性、热稳定性、化学稳定性及水解稳定性均很好，且有良好的选择渗透性，特别适于做反渗透膜材料。脂肪酰胺也有很好的化学稳定性，可用于超滤和微滤过程。

聚酰亚胺类具有非常好的热稳定性和化学稳定性，主要有脂肪族二酸聚酰亚胺、全芳香聚酰亚胺等，适用于非水溶液超滤膜的制备。

聚烯类材料：聚乙烯（PE），低密度聚乙烯可用于制备超滤膜或超滤膜的低档支撑材料；高密度聚乙烯可用作分离膜的支撑材料，如微滤滤板和滤芯。聚丙烯（PP）用于卷式反渗透膜和气体分离膜组件间隔层材料，也可用于制备微滤膜或复合气体分离膜的底膜。聚丙烯腈（PAN）是仅次于醋酸纤维和聚砜的微滤膜和超滤膜材料，也用作渗透气化复合膜的底膜。聚乙烯醇（PVA）是水溶性的，被用以制备反渗透复合膜的保护层。聚氯乙烯（PVC）用于制备低档微滤膜材料。聚偏二氯乙烯（PVDC）主要用于制作阻透气材料或复合材料。

3. 特殊材料膜

主要是无机膜和金属膜。

无机膜材料由金属、金属氧化物、陶瓷、多孔玻璃、沸石、无机高分子材料等制成。主要有陶瓷、微孔玻璃、不锈钢和碳素等。此类材料具有化学稳定性好，机械强度高，耐高温、耐化学试剂和有机溶剂，抗微生物分解，孔径分布窄，分离效率高等优点，如陶瓷膜的使用温度最高可达 4000℃，其他材料的熔点也都在 1600℃ 以上。此外无机膜还便于清洗。其不足之处是不易加工，造价较高。目前实用化的无机膜主要有孔径 0.1μm 以上的微滤膜和截留相对分子质量 10kD 以上的超滤膜，其中以陶瓷材料的微滤膜最为常用。

金属膜主要通过金属粉末的烧结而制成，如不锈钢、钨和钼等。

（三）膜的性能表征

对膜的基本性能的评价通常包括分离、透过特性、物化稳定性及经济性这四个最基本的条件。膜的物化稳定性取决于构成膜的材料，高分子材料膜由于多孔结构和水溶胀性，膜的抗氧化性、抗水解性、耐热性和机械强度等应为这类膜的物化稳定性质指标。

1. 分离率

关于分离率，分离膜必须对被分离的混合物具有选择透过能力，但事实上膜不具备将某一组分完全阻挡、对另一组分完全通透的能力，膜的分离能力主要取决于膜材料的化学特性和分离膜的形态结构，而且与膜分离过程的一些操作条件有关。膜的活性分离皮层内部不允许有可形成短路的大孔径存在，否则将会使整个分离膜的分离率大大降低。关于膜的分离性能的表示方法，因膜种类的不同而不同，如反渗透注重脱盐率、超滤注重截留分子量、电渗析注重选择透过性等。

2. 透过性能

分离膜的透过性能是其处理能力的主要标志。在达到所需要的分离率之后，分离膜的透量愈大愈好。膜的透过性能首先取决于膜材料的化学特性和分离膜的形态，以及分离过程的势位差（压力差、浓度差、电位差等）。对于不同的体系，膜的透量表示方法不同。对于水溶液体系，透水率指以一定单位时间内通过单位膜面积的水体积流量（渗透流率、透水速度、透水量、水通量等）。膜的分离性能和透过性能相互关联、注重分离性能就必须损失一部分透量。反之，孔隙率高，渗透率大，则分离率会降低。

3. 物化稳定性

包括膜的抗氧化性、抗水解性、耐热性、机械强度、生物稳定性、表面性质（荷电性、表面吸附性等）、亲水性等，取决于构成膜的材料。

二、膜分离技术的装置及流程

（一）膜分离技术的装置

膜分离装置主要包括膜组件、泵以及辅助装置，其中膜组件是核心。所谓膜组件，是将膜以某种形式组装在一个基本单元设备内，在外界压力的作用下（泵）实现对溶质和溶剂的分离，工业规模上称该单元设备为膜组件或简称组件。在膜分离工业装置中，可根据生产需要设置数个至数十个膜组件。工业上常用的反渗透膜组件形式主要有板框式、管式、螺旋卷式及中空纤维式等四种类型。

1. 平板式膜组件

平板式是最早开发的一种反渗透膜组件，是由板框式压滤机衍生而来的。它们的区别在于板框式压滤机的过滤介质是帆布、棉饼等，而这里所用的是膜，在结构设计上也不尽相同，因为平板式组件要求耐很高的压力（如图 2-2 所示）。与其他组件形式相比，平板式膜组件有以下优点：

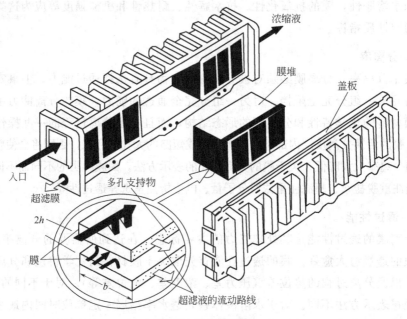

图 2-2　平板式膜件

（1）最大的优点是装置的体积比较紧凑，在同一设备内，可视需要组装不同数量的膜，因此不仅可以作为生产性装置，也可以进行实验性研究。膜的更换、清洗、维护比较容易。

（2）组件中原液流道和透过液流道相互交替重叠压紧，原液流道截面积较大，压力损失较小，原液的流速可以高达 1～5m/s，不易堵塞流道，使用的适应面较广，预处理的要求较低，为减小浓差极化，滤板的表面为凸凹形，以形成湍动。

但是由于板框中膜的面积大，而且液体湍流时造成波动，因此要求膜有足够的强度。此外，密封边界线长也是这种形式的主要缺点之一。另外膜组件的流程较短，相应进行的循环次数比较多，能耗便增加，同时容易造成温度上升。

2. 管式膜组件

管式膜组件是由圆管式的膜和膜支撑体组成的。由于膜置于支撑管内壁和外壁的不同，管式膜组件有内压式和外压式两种，内压式是膜涂在管内，料液由管内走；外压式是膜涂在管外，料液由管外间隙走。（如图 2-3 所示，上为内压式，下为外压式）。

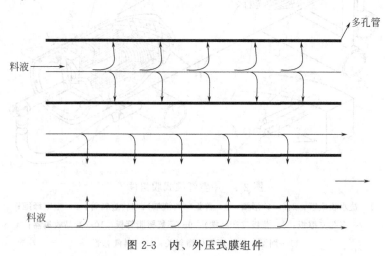

图 2-3　内、外压式膜组件

内压单管式膜组件是在管状膜上裹以尼龙布或滤纸一类的支撑材料，装在多孔的不锈钢管中，膜管的末端做成喇叭形，以橡皮垫密封。加压下的料液从管内流过，透过液在管外侧收集。

外压型管式膜组件的结构与内压型相反，是将膜装在耐压多孔管外，水从管外透过膜进入管内。由于外压式需要耐高压的外壳，而且进水的流动状况较差，一般较少使用。

管式组件结构简单，适应性强，清洗方便，耐高压，适宜于处理高黏度及固体含量较高的料液。但是管式膜组件单位体积膜组件的膜面积少，一般仅为33～330，保留体积大，压力降大，除特殊场合外，一般不被使用。

3. 中空纤维式膜组件

中空纤维式膜组件的特点是具有在高压下不产生形变的强度，它的纤维直径较细，一般外径为 $50～100\mu m$，内径为 $15～45\mu m$。

中空纤维式膜组件的组装方法是把几十万（或更多）根中空纤维弯成"U"形并装入圆柱形耐压容器内，纤维束的开口端密封在环氧树脂的管板中。在纤维束的中心轴处安装一个原水分配管，使原水径向流过纤维束。淡水运过纤维管壁后，沿纤维的中空内胶流经管板而引出，浓原水在容器的另一端流出（如图 2-4 所示）。

中空纤维式膜组件的单位体积内有效膜表面积比率高，尼龙中空纤维透水率

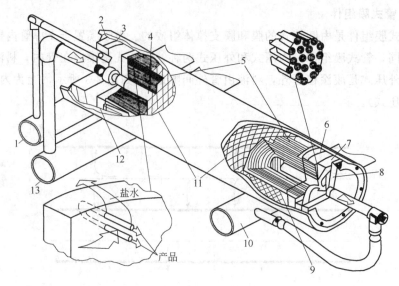

图 2-4　中空纤维式膜组件

1—盐水收集管；2,6—O 形圈；3—盖板（料液端）；4—进料管；5—中空纤维；
7—多孔支撑板；8—盖板（产品端）；9—环氧树脂管板；10—产品收集器；
11—网筛；12—环氧树脂封关；13—料液总管

较低而物化稳定性好，不需要支撑材料，寿命可达 5 年，是一种效率高、成本低、体积小和质量轻的反渗透装置。但是中空纤维膜的制作技术复杂，内径小，阻力大，易堵塞，膜污染难除去，因此对料液处理要求高，不能处理含悬浮固体的原水。

4. 螺旋卷式膜组件

螺旋卷式膜组件所用的膜为平面膜。将膜、支撑材料、膜间隔材料依次叠好，围绕一中心管卷紧即成一个膜组。工作时原水及浓缩液在网眼间隔层中流动，浓缩后由压力容器的另一端引出，产品则沿着螺旋方向在两层膜间的膜袋多孔支撑材料中流动，最后进入中心产品水收集管而被导出（如图 2-5 所示）。

目前卷式膜组件应用比较广泛，与板框式相比，卷式组件的设备比较紧凑、单位体积内的膜面积大，湍流状况好，适用于反渗透；但是清洗不方便，尤其是易堵塞，因而限制了其发展。

5. 毛细管式膜组件

毛细管式膜组件有许多直径为 0.5～1.5mm 的毛细管组成，与中空纤维组建不同的是，毛细管采用内压式，料液从每根毛细管的中心通过，透过液从毛细管壁渗出。

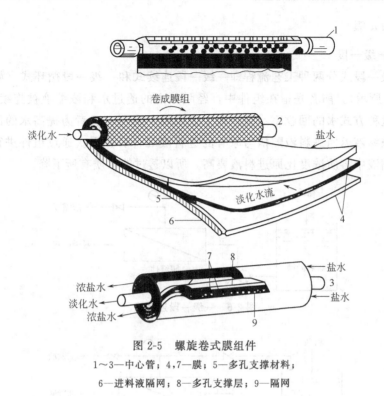

图 2-5　螺旋卷式膜组件

1~3—中心管；4,7—膜；5—多孔支撑材料；

6—进料液隔网；8—多孔支撑层；9—隔网

6. 槽式膜组件

这是一种新的反渗透膜组件，由聚丙烯或其他塑料挤压成槽条，直径为3mm左右，尚有3~4条槽沟作为产品的导流沟，槽条表面铸上膜层，并将槽条的一段密封，将几十根至几百根槽条装成一束状如耐压管中形成一个单元。工作时远水从耐压管一端流进，透过液通过槽沟流向槽条的密封端被引出，浓水从耐压管另一端流出。

（二）膜分离的工艺流程

在实际生产中，对溶液的分离有不同的质量要求。例如，对纯水制备，质量要求着眼于透过液是否符合标准；而对废液的处理，则需考虑透过液是否可达到排放标准，浓缩液有无回用价值两个方面。为此，可以通过组件的不同配置方式来满足不同要求。而膜元件的使用寿命也与膜组件的排列组合有至关重要的关系。如果排列组合不合理，则将造成某一段内的膜元件的水通量过大，并导致此处膜元件的污染速度加快和膜元件被频繁清洗，甚至不能再使用而需要更换，造成经济损失。对大规模的水处理系统，这种代价将是很高的。

在膜分离的工艺流程中常以"段"和"级"为一个个基本单元。段是指膜组件的浓缩不经泵自动流到下一组膜组件，每经一组膜件为一段，流经 n 组即为 n 段；n 级是指膜组件的产品经泵进入下一组膜组件处理，透过液产品经 n 级膜组

件处理为 n 级。

1. 一级一段

一级一段式分两种工艺流程即一级一段连续式和一级一段循环式（如图 2-6 和图 2-7 所示）。前者是指在组件中，经膜分离的透过水和浓缩液被连续引出系统，但这种方式水的回收率不高，在工业中较少采用；后者为提高水的回收率，将部分浓缩液返回进料液贮槽与原有的进料液混合后，再次通过组件进行分离，由于浓缩液中溶质浓度比原进料液要高，所以透过的水质有所下降。

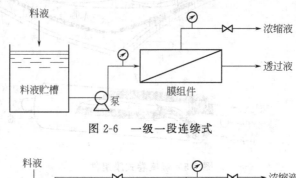

图 2-6　一级一段连续式

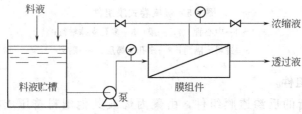

图 2-7　一级一段循环式

2. 一级多段

一级多段式也分一级多段连续式和一级多段循环式两种工艺流程（如图 2-8 和图 2-9 所示）。前者把第一段的浓缩液作为第二段的进料液，再把第二段的浓缩液作为下一段的进料液，而各段的透过水连续排出。这种方式水的回收率高，浓缩液的量减少，而浓缩液中的溶质浓度较高，适合大处理量的场合。后者是将第二段的透过水重新返回第一段作进料液，再进行分离。因为第二段的进料液浓度较第一段高，因而第二段的透过水质较第一段差。浓缩液经多段分离后，浓度得到很大提高，因此它适用于以浓缩为主要目的的分离。

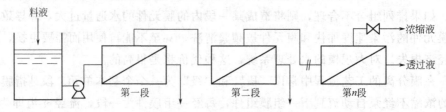

图 2-8　一级多段连续式

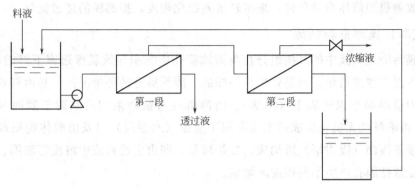

图 2-9　一级多段循环式

3. 组件的多级多段配置

组件的多级多段也有连续式与循环式之分。它是将第一级的透过液作为下一级的进料液再次分离，如此延续。虽然多级多段配置需要增加泵，但是具有较好的使用价值。

三、极化、污染现象和预防

膜过程在实际运行中，系统性能随时间有很大变化，典型的行为是通量随时间的延长而减小，造成这种现象的主要原因是浓差极化和膜污染。膜污染不但可造成通量下降，而且会导致微生物污染，损害产品质量。

（一）浓差极化

在膜分离过程中，给水中的溶剂（水）在压力驱动下透过膜，溶质（离子或不同分子量的溶质与颗粒物）被截留，使溶质在滤膜表面处的浓度逐渐高于溶质在水溶液主体中的浓度，在浓度梯度的作用下，溶质由膜面向本体溶液扩散，从而形成边界层，使流体阻力与局部渗透压增大，导致膜通量降低。当溶剂向膜面流动，溶质向膜面流动的速度与浓度梯度使溶质向本体溶液扩散的速度达到平衡时，在膜面形成一个稳定的相应于浓度差的边界层，成为浓差极化边界层，这个现象称为浓差极化。

浓差极化会引起：截留率下降，由于膜表面处溶质浓度增高，实测的截留率会低于实际的截留率；截留率提高，大分子溶质混合物会出现这种情况，浓差极化对选择性有显著影响，被完全截留的高分子量溶质会形成一种次级膜或动态膜，使小分子量的溶质截留率提高；通量降低，通量正比推动力，其比例常数可看成是所有阻力之和的倒数，浓差极化严重时通量的衰减明显。

浓差极化是一个可逆过程。只有在膜过程运行中产生存在，停止运行，浓差极化逐渐消失；与操作条件相关，可通过降低膜两侧压差，减小料液中溶质浓度，改善膜面流体力学条件，来减轻浓差极化程度，提高膜的透过流量。

（二）膜污染和预防

膜污染是料液中的某些组分在膜面或膜孔中沉积导致膜渗透率下降的现象。污染不同于浓差极化，但是效果是一样的。膜污染分两种情况：一是由料液（原水）中悬浮物堆积于膜上（滤饼）、由溶解性有机物浓缩后黏附于膜面（凝胶层）、由溶解性无机物生成的水垢沉积于膜面（水垢层）以及由胶体物质或微生物等吸于膜面（吸附层）所构成；二是堵塞，即由上述料液中溶质等浓缩、结晶或沉淀致使膜孔产生不同程度的堵塞。

1. 膜的清洗

膜的清洗一般选用水、盐溶液、稀酸、稀碱、表面活性剂、络合剂、氧化剂和酶溶液等为清洗剂。具体用何种清洗剂应根据膜的性质和污染物的性质而决定，使用的清洗剂要具有良好的去污能力，同时又不能损害膜的过滤性能。

如果用清水清洗就恢复膜的透过性能，则不需使用其他清洗剂。对于蛋白质的严重吸附所引起的膜污染，用蛋白酶（如胃蛋白酶、胰蛋白酶等）溶液清洗，效果较好。

2. 膜污染的控制

膜污染是影响膜的渗透通量下降的重要原因，国内外许多专家和学者针对不同的分离体系，理论联系实际，采取多种措施对该现象进行控制。

（1）原料液预处理　预处理是预防膜污染的有效措施之一。将料液经过一预过滤器，以除去生物（细菌、藻类）、悬浮固体和胶体、可溶性有机物及无机物等。调节料液的 pH 值远离等电点可使吸附作用减弱。pH 高，盐类易沉淀，pH 低，盐类沉淀较少。加入络合剂如 EDTA 可防止钙离子等沉淀。

（2）选择合适的膜材料　多孔膜（微滤、超滤）的污染一般比致密膜（反渗透、渗透汽化、气体分离）严重得多。一般蛋白质在疏水性膜材料的表面比亲水性膜材料的表面更易吸附且不易除去，所以选择亲水性膜（如纤维素酯、脂肪族聚酰胺）有助于减少污染。对疏水性膜材料进行化学修饰或将疏水性膜材料与亲水性膜材料进行共混，这些都能达到减少蛋白质污染的目的。使用带（负）电膜也可能有利于减少污染，特别是当原料中含有带（负）电微粒时。

（3）改善操作条件　传质的改善是减少浓差极化和膜污染的最重要的因素，所以，要想将膜污染降到最低，应对系统的流体动力学条件及膜组件构型，进行优化设计。即①改善膜表面流体动力学条件（如外加电场、离心场和超声波场）；②改善膜组件构型设计（如改变流道截面的形状，由圆形改为星形，组件内插入不同的金属型芯，在进料液中加入气泡的方法等）。

四、膜分离的基本方法及其原理

膜分离方法很多，目前工业生产中常用的有微滤（microfiltration，MF）、超滤（ultrafil-tration，UF）、反渗透（reverseosmosis，RO）、电渗析（electro-dialysis，ED）、渗透汽化（pervaporation，PV）等。

（一）微滤

微滤（MF）即微孔过滤，是开发应用最早、使用最广泛的膜过程。微滤是以静压差为推动力，利用筛网状过滤介质膜的"筛分"作用进行分离的膜过程。截留直径为 $0.05\sim10\mu m$ 大小的粒子，膜的孔径 $0.1\sim10\mu m$，其操作压力在 $0.01\sim0.2MPa$ 左右。

微滤膜的截留机理因其结构上的差异而不尽相同，通过电镜观察，人们认为微滤的截留作用基本有机械截留作用（微滤膜具有截留大于或相当于膜孔径的微粒等杂质的作用，即筛分作用）；吸附截留作用（除了孔径外，还有如吸附、电性能的影响）；架桥作用（根据电镜观察，在孔径的入口处微粒具有架桥截留作用）；网络内部截留作用（将微粒截留在膜的网络内部的作用）。

（二）超滤

超滤（UF）是 20 世纪 60 年代初发展起来的新型膜分离技术，它是在常温下以膜两侧的静压差或浓度差为推动力进行分离、浓缩和纯化的一种技术。超滤所分离的组分一般为直径 $10\sim100nm$，相对分子量 $500\sim1000000$ 的大分子和胶体。这种液体的渗透压很小，因而采用的操作压力也很小，一般为 $0.1\sim0.5MPa$，所用的膜常为非对称膜，透水速率为 $0.5\sim5.0m^3/(m^2\cdot d)$。超滤在小孔径范围与反渗透相重叠，在大孔径范围与微滤相重叠，可以分离溶液中的大分子化合物（蛋白质、核酸、淀粉等）、胶体物质（颜料、黏土、微生物等）、微粒等。

超滤通常被认为是一种筛孔分离过程，在静压差推动下，原料液中的溶剂和小溶质粒子从高压侧透过膜进入低压侧，成为一般概念上的滤液，而大分子和粗粒组分分别被膜阻拦，逐渐被浓缩而后以浓缩液排出。

超滤对溶质的分离过程主要有三种方式，即溶质在膜表面的机械截留（筛分）、在膜表面及微孔内吸附（一次吸附）、在孔内停留而被去除（阻塞）。

（三）反渗透

反渗透是一种新发展的膜分离技术，它是以膜两侧静压差为推动力，克服渗透压，使溶剂通过反渗透膜实现对液体混合物进行分离的过程。操作压差一般为 $1.5\sim10.5MPa$，截留组分为小分子物质。反渗透法对相对分子量 >300 的电解质、非电解质都可有效的除去，其中相对分子量在 $100\sim300$ 之间的去除率为

90％以上。

与其他压力驱动的膜过程相比，反渗透是最精细的过程，因此又称"高滤"。其原理是将两种浓度不同的溶液置于同一种容器中，在其交界处以一薄膜隔开，在高浓度溶液处给予一个大于渗透压的外压，就会发生渗透逆行现象，高浓度溶液中的溶剂通过膜渗出，溶液中的水分与溶质分离，溶液不断地变浓，从而使得高浓度溶液浓度变得更高。它过滤的实质是利用反渗透膜能够选择性透过溶剂而截留离子物质。分离的过程是依靠膜两侧的静压力差为推动力，用以克服溶剂的渗透压，使溶剂通过反渗透膜而实现对液体混合物进行分离。

（四）纳滤

纳滤膜即超低压反渗透膜，又称疏松型反渗透膜，由于纳滤膜的孔径为纳米级，纳滤膜的截留率大于95％的最小分子约为1nm，故称之为纳滤膜。

纳滤是介于超滤与反渗透之间的一种压力驱动膜分离技术，它的分离机理相似于反渗透，从结构上来看纳滤膜大多是复合型膜，即膜的表面分离层和它的支撑层的化学组成不同，在纳滤膜表面有一层均匀的超薄脱盐层，比反渗透膜疏松得多，操作压力比反渗透低，因而纳滤也可认为是低压反渗透技术。

目前关于纳滤膜的分离机理模型有：空间位阻-孔道模型，溶解扩散模型、空间扩散模型、空间电荷模型、固定电荷模型。与超滤膜相比，纳滤膜有一定的荷电容量；与反渗膜相比，纳滤膜又不是完全无孔的，因此其分离机理在存在共性的同时，也存在差异。

（五）电渗析

在盐的水溶液（如氯化钠溶液）中置入阴、阳两个电极，在阴、阳两电极之间插入一张离子交换膜（阳离子交换膜或阴离子交换膜），则阳离子或阴离子会选择性地通过膜，这一过程就称为电渗析。

电渗析是基于离子交换膜能选择性地使阴离子或阳离子通过的性质，在直流电场的作用下，以电位差为推动力，利用离子交换膜对离子具有不同的选择透过性而使电解质从溶液中分离出来，从而实现溶液的淡化、浓缩、精制或纯化的一种膜技术。其电渗析基本原理为在阴极和阳极之间交替排列着一系列阴离子交换膜和阳离子交换膜。阴离子交换膜只允许阴离子透过而阻止阳离子透过，阳离子交换膜只允许阳离子透过而阻止阴离子透过。以处理含氯化钠的废液为例，当接通电源后，在直流电场的作用下，中间隔室的阳离子不断穿过阳膜迁徙到阴极室，并受到阴膜阻隔而不能继续向阴极室迁移；阴离子不断穿过阴膜迁徙到阳极室，并受到阳膜阻隔而不能继续向阳极室迁移，结果中间隔室内总离子的含量越来越少，最后成为符合要求的淡水。

(六) 渗透蒸发

渗透蒸发是液体通过膜部分蒸发的作用，利用不同挥发组分对膜亲和性的差异，形成渗透性能的不同而达到分离的一种膜分离过程。

渗透蒸发是指液体混合物在膜两侧组分的蒸汽分压差的推动力下，透过膜并部分蒸发，从而达到分离目的的一种膜分离方法。

渗透蒸发的过程为由高分子膜将装置分为两个室，上侧为存放待分离混合物的液相室，下侧是与真空系统相连接或用惰性气体吹扫的气相室。混合物通过高分子膜的选择渗透，其中某一组分渗透到膜的另一侧。由于在气相室中该组分的蒸汽分压小于其饱和蒸汽压，因而在膜表面汽化。蒸汽随后进入冷凝系统，通过液氮将蒸汽冷凝下来即得渗透产物。

五、膜分离技术在食品中的应用

(一) 微滤在食品中的应用

(1) 微粒和细菌的过滤 可用于水的高度净化、食品和饮料的除菌、药液的过滤、发酵工业的空气净化和除菌。

(2) 微粒和细菌的检测 微孔膜可作为微粒和细菌的富集器，从而进行微粒和细菌含量的测定。

(3) 气体、溶液和水的净化 大气中悬浮的尘埃、纤维、花粉、细菌、病毒等；溶液和水中存在的微小固体颗粒和微生物，都可借助微孔膜去除。

(4) 食糖与酒类的精制 微孔膜对食糖溶液和啤酒、黄酒等酒类进行过滤，可除去食糖中的杂质、酒类中的酵母、霉菌和其他微生物，提高食糖的纯度和酒类产品的清澈度，延长存放期。由于是常温操作，不会使酒类产品变味。

(5) 药物的除菌和除微粒 以前药物的灭菌主要采用热压法。但是热压法灭菌时，细菌的尸体仍留在药品中。而且对于热敏性药物，如胰岛素、血清蛋白等不能采用热压法灭菌。对于这类情况，微孔膜有突出的优点，经过微孔膜过滤后，细菌被截留，无细菌尸体残留在药物中。常温操作也不会引起药物的受热破坏和变性。许多液态药物，如注射液、眼药水等，用常规的过滤技术难以达到要求，必须采用微滤技术。

(二) 超滤在食品中的应用

超滤最早、最普遍的应用是处理工业污水，分离油-水乳浊液等，该技术在食品工业中的应用方式主要有以下几种。

(1) 果汁、乳制品等的消毒与澄清 在该领域超滤技术可以代替传统的酶解法进行果汁的澄清。研究发现超滤技术可使果汁、果胶同时实现分离、提纯，且分离过程短，在常温就可使果汁的色泽及风味都保持较好。此外，乳品加工中采用膜分离技术不仅可以节能，而且可以获得多种乳制品，同时提高产品的质量。

（2）蛋白质的浓缩　近年来这方面的研究受到了更多人的重视，现已较成功地应用于大豆、豌豆和山药黏液等的蛋白质浓缩、分离或提取。该技术可以在没有相变的条件下分离提纯和浓缩蛋白质，有效地避免传统工艺中酸碱调节过程的蛋白质变性和盐分的增多，大大地提高了蛋白质纯度，降低了灰分的含量。

（3）制备超纯水　目前一种小型的中空纤维超滤装置就是一种典型的利用超滤法制备超纯水的装置。此法能够弥补过去使用离子交换法时离子交换树脂不能有效地除去有机物、胶体和细菌的缺点，生产出来的超纯水水质和纯度都超过了其他同类产品。

（三）反渗透（纳滤）在食品中的应用

反渗透用于海水、苦咸水的淡化制取生活用水，硬水软化制备锅炉用水，高纯水的制备。近年来，反渗透技术在家用饮水机及直饮水给水系统中的应用更体现了其优越性。在医药、食品工业中用以浓缩药液、果汁、咖啡浸液等。与常用的冷冻干燥和蒸发脱水浓缩等工艺比较，反渗透法脱水浓缩成本较低，而且产品的疗效、风味和营养等均不受影响

1. 海水淡化和苦咸水脱盐

例如沙特阿拉伯的海水反渗透脱盐工厂。海水取自红海表面下 $9m$ 深处，经拦截较大的碎片、浮游生物等进入海水蓄水池，在池内经氯气杀菌后由氯化铁絮凝脱出胶体，然后进入双介质过滤器，最终进入反渗透膜组件脱盐。

2. 饮用纯净水的生产

纳滤在水的软化、低分子有机物的分级、除盐等方面具有独特的优势。水的总硬度为水中 Ca^{2+}、Mg^{2+} 的总含量。对于饮用水的软化，先经过二步 NF 分离过程（用 Film-tech 公司的 NF-70 膜，操作压力为 $0.5\sim0.7MPa$，脱除 85%～95% 的硬度以及 70% 的一价离子，水质硬度降低了 10～20 倍）。然后进行氯处理，就可制成标准饮用水。

纳滤膜在饮用水领域主要脱除三氯甲烷中间体、低分子有机物、农药、合成洗涤剂、微生物、异味、色度、硫酸盐、碳酸盐、氟化物、砷、细菌、重金属污染物等有害物质。

3. 果汁的高度浓缩

果汁的浓缩可以减少体积，便于贮存和运输，又可提高其贮存的稳定性，传统上是用蒸馏法或冷冻法浓缩，不但消耗大量的能源，还会导致果汁风味和芳香成分的散失。人们考虑用膜技术来浓缩。但单一的反渗透法由于渗透压的限制很

难以单机方式把果汁浓缩到较高浓度。

Nabetani用反渗透膜和纳滤膜串联起来进行果汁浓缩，以获得更高浓度果汁。反渗透膜和纳滤膜的操作压力均为7MPa时，能得到渗透压力为10.2MPa、浓度为40%的浓缩液，所需的能耗仅为通常蒸馏法的1/8，为冷冻法的1/5。

4. 牛奶及乳清蛋白的浓缩

纳滤膜在乳品工业中还可以进行乳清蛋白的浓缩，牛乳中低聚糖的回收等。

久米仁司等进行了脱脂牛奶的处理，包括除去其中的食盐和对牛奶的浓缩。食盐截留率约为60%。研究了透过流速、压力、溶液浓度对浓缩的影响，并考虑到膜的洗净处理，还对使用纳滤和反渗透进行比较。结果表明，用纳滤能有效地除去杂味而且不破坏牛奶的风味、营养价值，综合评价高于任何一种其他处理方法。

5. 乳清脱盐

膜分离技术很早就在乳品工业中得到应用，其中反渗透（纳滤）主要用于乳清脱盐。纳滤膜能够截留较大分子量的物质，透过分子量较小的物质（如盐类）。用纳滤法对乳清浓缩脱盐时，乳糖等被截留并返回系统中，稀释后继续浓缩脱盐，盐类在透过液中被排掉，如此循环直至乳清中含盐量降到要求。实践证明，纳滤法对乳清中乳糖的截留率达99.8%，能将乳糖从4.2%浓缩到29.5%，而盐类的脱除率达60%～90%。

6. 低聚糖的分离和精制

天然低聚糖通常是从菊芋或大豆中提取，大豆低聚糖从大豆乳清中分离得到。因为大豆乳清废水中也含有一定量的低聚糖，Matsubara等研究从大豆废水中提取低聚糖，他们用超滤分离取出大分子蛋白，反渗透除盐和纳滤精制低聚糖，大大提高了经济效益。

合成低聚糖则通过蔗糖的酶化反应来制取。为得到高纯度低聚糖，需除去原料蔗糖和另一产物葡萄糖。但低聚糖与蔗糖的分子量相差很小，分离很困难，通常采用高效液相色谱法（HPLC）分离。HPLC法不仅处理量小，耗资大，并且需大量的水稀释，因而后面浓缩需要的能耗也很高。采用纳滤膜技术来处理可以达到HPLC法同样的效果，甚至在很高的浓度区域实现三糖以上的低聚糖同葡萄糖、蔗糖的分离和精制，而且大大降低了操作成本。

此外，反渗透技术还用于茶汁的浓缩，低乙醇啤酒的制作以及糖汁的浓缩等。

（四）电渗析在食品中的应用

1. 苦咸水及海水淡化

电渗析脱盐成本与原水含盐量有密切关系，原水浓度的增加使生产单位体积淡水的耗电量增加，单位膜面积上的产水量减少，生产成本提高。电渗析脱盐的最佳浓度范围是每升几百至几千毫克，一般苦咸水大多在此范围之内，而海水含盐量是苦咸水的 $10\sim20$ 倍，因此电渗析脱盐主要用于苦咸水淡化，但是电渗析海水淡化的价格与其他方法相比仍具有一定的吸引力。

2. 纯水制备

制备纯水的传统方法是采用离子交换法，原水中盐含量越低越适合于离子交换法，原水浓度高时可采用电渗析做离子交换的前处理，以大大减轻后面离子交换的负荷，延长使用周期。根据不同原水水质和对产水的水质要求，将几种方法结合起来使用，可以充分发挥二者的特长。常见的方法有以下几种：

（1）原水—预处理—电渗析系统

自来水—过滤—电渗析：一级过滤采用砂滤器或滤筒式过滤器，二级过滤用滤筒式过滤器、微孔管过滤器等。

自来水—过滤—活性炭—电渗析：原水中含有悬浮物外，还有有机物采用此方法。

自来水—曝气、加石灰或通氧—过滤—电渗析：原水中含有铁、锰或硫化物时采用此方法。

（2）原水—预处理—电渗析系统—离子交换系统　这种系统主要用于制取纯水和高纯水。电渗析首先把原水中大部分盐分脱除，然后经离子交换进一步除盐，最终出水含盐量达到要求。

（3）有机酸脱盐、氨基酸纯化、乳清脱盐、果汁脱酸。

（五）渗透在食品中的应用

目前渗透蒸发膜分离技术已在无水乙醇的生产中实现了工业化。与传统的恒沸精馏制备无水乙醇相比，可大大降低运行费用，且不受气-液平衡的限制。

1. 在果蔬汁中的应用

果蔬汁通常需要高倍浓缩，为保持天然风味的芳香族分不受损失，果蔬汁浓缩过程往往在低温条件下进行。渗透蒸发过程能够在室温下使果蔬汁高倍浓缩，并保持天然风味。大量研究表明，渗透蒸发用于葡萄汁、胡萝卜汁、梨汁、西瓜汁等的浓缩过程，不仅在技术上合理，而且经济可行。

该流程首先通过微滤过程对果蔬汁进行预处理，以去除其中的固体颗粒，然后采用反渗透对其实现初步浓缩，最后采用渗透蒸发对其实现高倍浓缩。在高倍浓缩时，渗透蒸发的透水率显著高于反渗透，而且对果蔬汁中的各种糖、有机酸和矿物质的截留率为 100%。

2. 用于低度酒的制备

经过发酵直接产生的酒精饮料的酒精体积分数一般在 $11\%\sim15\%$，要制备低浓度酒精（酒精体积分数 6％左右），而又要保持原酒的口味和芳香，渗透蒸发被证明是一个比较合适的加工的选择。采用渗透蒸发制备的低浓度酒的过程中不仅能制备低浓度酒，而且还可以回收一部分食用酒精。

第二节　超临界流体萃取技术

超临界流体萃取（supercritical fluid extraction，SFE），也叫气体萃取、流体萃取、稠密气体萃取或蒸馏萃取。

超临界流体萃取作为一种分离过程，是基于一种溶剂对固体和液体的萃取能力和选择性，在超临界状态下较之在常温常压下可得到极大的提高。它利用超临界流体（super critical fluid，SCF），即温度和压力略超过或靠近超临界温度（T_c）和临界压力（p_c）、介于气体和液体之间的流体，作为萃取剂，从固体或液体中萃取出某种高沸点或热敏性成分，以达到分离和纯化的目的。

作为一个分离过程，超临界流体萃取介于蒸馏和液-液萃取过程之间。蒸馏是物质在流动的气体中，利用不同的蒸汽压进行蒸发分离；液-液萃取是利用溶质在不同的溶液中溶解能力的差异进行分离；超临界流体萃取是利用临界或超临界状态的流体，依靠被萃取的物质在不同的蒸汽压力下所具有的不同化学亲和力和溶解能力进行分离、纯化的单元操作，即此过程同时利用了蒸馏和萃取现象——蒸汽压和相分离均在起作用。

对超临界流体萃取的溶解度现象早在 1879 年就被英国两位研究者 Hannay和 Hogarth 发现，他们观察到，一些高沸点的物质，如氧化钴、碘化钾和溴化钾等会在超临界状态下的乙醇中溶解，但当系统压力下降时，无机盐又会沉淀出来。由于混合物在高压下的相平衡现象很复杂，也难于建立实验装置和进行实验测定，当时人们仅是从理论角度对临界点的特殊现象进行了研究，并未找到它的工业应用。直到 20 世纪 70 年代，德国的 Zosel 博士发现了 SCF 的工业开发价值，将超临界二氧化碳萃取工艺成功地应用于咖啡豆脱咖啡因的工业化生产。由于超临界二氧化碳（SC-CO₂）脱咖啡因工艺明显优于传统的有机溶剂萃取工艺，自此以后，超临界萃取被视为环境友好且高效节能的新的化工分离技术在很多领域得到广泛重视和开发。1978 年 1 月在西德 Essen 举行了首次 SCFE 技术研讨会，可称为现代 SCFE 技术开发的里程碑。我国的科技人员自 20 世纪 80 年代初就开始了对超临界流体技术的开发与研究，20 世纪 90 年代后又在引进基础上研制出了国产中试、小试设备，直至工业化生产设备。据不完全统计，目前我国中试、小试装置已达百余套，已建成 100L 以上的工业规模的超临界萃取装置 10多台套，最大达到 500L；生产产品有沙棘籽油、小麦胚芽油、蛋黄磷脂、辣椒红色素、青蒿素等。

一、超临界流体萃取技术概述

(一)超临界流体萃取的基本原理

1. 纯溶剂(如图 2-10 所示)

纯物质的临界温度(T_c)是指该物质处于无论多高的压力下均不能被液化时的最高温度,与该温度相对应的压力称为临界压力(P_c)。超临界点时的流体密度称为超临界密度(ρ_c),其倒数为超临界比容(V_c)。超临界区域是在压温图中,高于临界温度和临界压力的区域称为超临界区。超临界流体是处于超临界状态时,气液界面消失,体系性质均一,既不是气体也不是液体,呈流体状态。

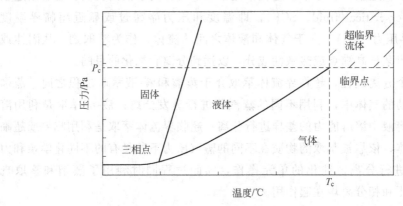

图 2-10 纯物质温压图(CO_2)

例如水的温度超过 374.4℃,水分子有足够的能量来抵抗压力的升高,使分子之间保持一定的距离,即使密度与液态水接近,也不会液化。这个温度称为水的临界温度,与临界温度相对应的压力称为临界压力(22.2MPa)。水的临界温度和临界压力就构成了水的临界点。

2. 超临界流体的特性

超临界流体是处在高于其临界温度和压力条件下的流体(气体或液体),用它作为萃取剂时常表现出十几倍甚至几十倍于通常条件下的萃取能力和良好的选择性。除此之外,它所具有的某些传递性质也使它成为理想的萃取剂。

(1)超临界流体的溶解度 超临界流体萃取分离过程就是利用超临界流体的溶解能力与其密度的关系,即利用压力和温度对超临界流体溶解能力的影响而进行的。

当气体处于超临界状态时,成为性质介于液体和气体之间的单一相态,具有和液体相近的密度,黏度虽高于气体但明显低于液体,扩散系数为液体的 10~

100 倍；因此对物料有较好的渗透性和较强的溶解能力，能够将物料中某些成分提取出来。

溶质在一种溶剂中的溶解度取决于两种分子之间的作用力，这种溶剂-溶质之间的相互作用随着分子的靠近而强烈地增加，也就是随着流体相密度的增加而强烈的增加。

物质在超临界流体中的溶解度 C 与超临界流体的密度 ρ 之间的关系可以用下式表示：

$$\ln C = m \ln \rho + b$$

式中，m 为正数；b 为常数。m 和 b 值与萃取剂及溶质的化学性质有关。选用的超临界流体与被萃取物质的化学性质越相似，溶解能力越强。

（2）超临界流体的传递性　超临界流体显示出在传递性质上的独特性，产生了异常的质量传递性能。如前所述，溶剂的密度对于溶解度而言是一个非常重要的性质。但是，作为传递性质，必须对热和质量传递提供推动力。黏度、热传导性和质量扩散度等都对超临界流体特性有很大的影响。

超临界流体与其他流体的传递性质的比较见表 2-1。由表可见，超临界流体的密度近似于液相的密度，溶解能力也基本上相同，而黏度却接近普通气体，自扩散能力比液体约大 100 倍。此外，传递性质值的范围，在气体和液体之间，例如在超临界流体中的扩散系数比在液相中要高出 $10 \sim 100$ 倍，但是黏度却比其小 $10 \sim 100$ 倍，这就是说超临界流体是一种低黏度、高扩散系数易流动的相，所以能又快又深地渗透到包含有被萃取物质的固相中去，使扩散传递更加容易并能减少泵送所需的能量。同时，超临界流体能溶于液相，从而降低了与之相平衡的液相黏度和表面张力，并且提高了平衡液相的扩散系数，有利于传质。

表 2-1　超临界流体的特性

流动相	密度/(g/mL)	扩散系数/(cm²/s)	黏度/[g/(cm·s)]
气体	$10 \sim 3$	$0.01 \sim 1$	10^{-4}
超临界流体	$0.2 \sim 0.9$	$10^{-4} \sim 10^{-3}$	$10^{-4} \sim 10^{-3}$
液体	$0.8 \sim 1.0$	10^{-5}	10^{-2}

3. 超临界流体萃取过程

在超临界状态下，将超临界流体与待分离的物质接触，使其有选择性地依次把极性大小、沸点高低和分子量大小的成分萃取出来。并且超临界流体的密度和介电常数随着密闭体系压力的增加而增加，极性增大，利用程序升压可将不同极性的成分进行分步提取。当然，对应各压力范围所得到的萃取物不可能是单一的，但可以通过控制条件得到最佳比例的混合成分，然后借助减压、升温的方法使超临界流体变成普通气体，被萃取物质则自动完全或基本析出，从而达到分离提纯的目的，并将萃取分离两过程合为一体。

4. 超临界流体的选择

超临界流体萃取过程能否有效地分离产物或除去杂质，关键是超临界流体萃取中使用的流体必须具有良好的选择性。

并非所有溶剂都适宜用作超临界流体萃取。提高溶剂选择性的基本原则有：操作温度应和超临界流体的临界温度相接近；超临界流体的化学性质应和待分离溶质的化学性质相接近。

超临界流体的选择是超临界流体萃取的主要关键。应按照分离对象与目的不同，选定超临界流体萃取中使用的溶剂，它可以分为非极性和极性溶剂两类。表2-2 给出了一些常用超临界萃取剂的临界温度和临界压力。

表 2-2 常用超临界萃取剂的临界性质

萃取剂	临界温度/℃	临界压力/MPa	临界密度/(g/mL)
CO_2	31.06	7.38	0.448
甲烷	−83.0	4.6	0.16
丙烷	97.0	4.26	0.220
二氯二氟甲烷	111.7	3.99	0.558
甲醇	240.5	7.99	0.272
乙醚	193.6	3.68	0.267

超临界流体必须具备的条件有：萃取剂需具有化学稳定性，对设备没有腐蚀性；临界温度不能太低或太高，最好在室温附近或操作温度附近；操作温度应低于被萃取溶质的分解温度或变质温度；临界压力不能太高，可节约压缩动力费；选择性要好，容易得到高纯度制品；溶解度要高，可以减少溶剂的循环量；萃取溶剂要容易获取，价格要便宜。

其中最理想的溶剂是二氧化碳，它几乎满足上述所有要求。它的临界压力为7.38MPa，临界温度为31.06℃。目前几乎所有的超临界流体萃取操作均以二氧化碳为溶剂。它的主要特点是：①易挥发，易与溶质分离；②黏度低，扩散系数高，有很高的传质速率；③只有相对分子质量低于500的化合物才易溶于二氧化碳；④中低相对分子质量的卤化碳、醛、酮、酯、醇、醚易溶于二氧化碳；⑤极性有机物中只有低相对分子质量者才溶于二氧化碳；⑥脂肪酸和甘油三酯不易溶于二氧化碳，但单酯化作用可增加溶解度；⑦同系物中溶解度随相对分子质量的增加而降低；⑧生物碱、类胡萝卜素、氨基酸、水果酸、氯仿和大多数无机盐不溶于二氧化碳。

5. 夹带剂的使用

单一组分的超临界溶剂有较大的局限性，其缺点包括：有些物质在纯超临界流体中溶解度很低，如超临界 CO_2 只能有效地萃取亲脂性物质，对糖、氨基酸等极性物质，在合理的温度与压力下几乎不能萃取；选择性不高，导致分离效果不好；溶质溶解度对温度、压力的变化不够敏感，使溶质与超临界流体分离时耗费的能量增加。针对上述问题，在纯流体中加入少量与被萃取物亲和力强的组分，以提高其对被萃取组分的选择性和溶解度，添加的这类物质称为夹带剂，也称改性剂或共溶剂。

夹带剂可分为非极性夹带剂和极性夹带剂两类。二者所起作用的机理也各不相同。由于极性夹带剂与极性溶质分子间的极性力、形成氢键或其他特定的化学作用力，可使某些溶质的溶解度和选择性都有很大的改善。

夹带剂的作用主要有两点，一是可大大地增加被分离组分在超临界流体中的溶解度；二是在加入与溶质起特定作用的适宜夹带剂时，可使该溶质的选择性（或分离因子）大大提高。一般来说，少量夹带剂的加入对溶剂气体的密度影响不大，而影响溶解度与选择性的决定因素是夹带剂与溶质分子间的范德华力或夹带剂与溶质特定的分子间作用力，如形成氢键及其他化学作用力等。另外，在溶剂的临界点附近，溶质的溶解度对温度、压力的变化最为敏感，加入夹带剂后，混合溶剂的临界点相应改变，如能更接近萃取温度，则可增加溶解度对温度、压力的敏感程度。

夹带剂的选择应考虑三个方面：一是在萃取段需要夹带剂与溶质的相互作用能改善溶质的溶解度和选择性；二是在溶剂分离阶段，夹带剂与超临界溶剂应能较易分离，同时夹带剂应与目标产物也能容易分离；三是在食品、医药工业中应用还应考虑夹带剂的毒性等问题。使用夹带剂的超临界流体萃取过程拓宽了该技术的应用范围。当然，使用夹带剂时溶质分离和溶剂的回收均不如使用单一超临界流体的工艺过程简单，故在超临界萃取时，只要可能，应尽量避免使用夹带剂。

（二）超临界流体萃取的过程系统

超临界流体萃取过程分萃取和分离两个阶段，根据分离条件的不同，超临界流体萃取过程分等温变压法、等压变温法以及吸附法等。

1. 等温变压法（图 2-11）

该方法的特点是在同一温度下进行超临界流体的萃取和分离。萃取完后，萃取了溶质的超临界流体通过膨胀阀进入分离系统，此时，压力下降，超临界流体的密度也下降，对溶质的溶解度跟着下降，于是溶质析出得以分离。释放了溶质后的萃取剂经压缩机加压后再循环使用。此种方法是超临界流体萃取中应用最方便的一种。过程中只需补充适量的萃取剂，就可以不断循环。由于该方法的温度不高，有利于热敏性、易氧化等物质的萃取。

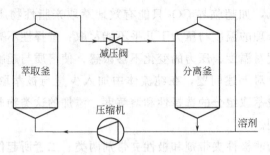

图 2-11   等温变压法

2. 等压变温法 (图 2-12)

该方法的特点是在同一压力下进行超临界流体的萃取和分离。萃取完后,超临界流体经加热器适当升温后进入分离系统,因在低温区 (仍在临界温度以上),温度升高降低了液体密度,而溶质蒸汽压增加不多,即超临界流体的溶质的溶解能力降低,从而使溶质析出得以分离。作为萃取剂的气体经冷却器降温升压后循环使用。该方法压缩能耗较少,但由于分离和萃取采用同一特定高压,分离系统的投资相对增加,且由于分离中要提高温度,对热敏性物质会有一定的影响,在实际科研和生产较少应用。

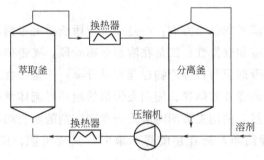

图 2-12   等压变温法

3. 恒温恒压法 (或称吸附法) (图 2-13)

该方法的特点是超临界流体的萃取和分离在同样温度和压力下进行。将萃取

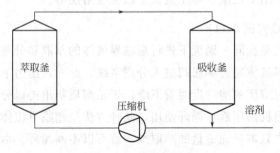

图 2-13   恒温恒压法

了溶质的超临界流体再通过一种吸附分离器（其中装有吸附溶质而不吸附萃取剂的吸附剂，如离子交换树脂、活性炭等），溶质便与萃取剂即超临界流体分离。该方法中超临界流体始终处于恒定的超临界状态，十分节能。但若采用较贵的吸附剂，则要在生产中增加吸附剂再生系统。

等温法和等压法流程适用于被萃取物为需要精制的产品。吸附萃取流程适用于萃取除去杂质的情况。即采用超临界流体将物质中的杂质萃取，然后将被吸附剂吸附除去，于是萃取器中留下的萃取剩余物则为提纯产品。

4. 添加惰性气体的方法

该方法的特点是在分离时加入惰性气体如 Ar 等，从而使溶质在超临界流体中溶解度显著下降。整个过程是在等温等压下进行，因此节约大量能量。

（三）影响萃取效率的因素

在应用 SFE 时，必须对影响其萃取效率的各种因素加以考虑，既优化操作条件，才能使萃取处于最佳状态。到目前为止，经研究发现的各种因素有萃取压力、温度、时间和样品颗粒大小以及流体速度、萃取物收集方法和夹带剂的应用等。

1. 超临界流体的选择

用作超临界萃取剂的流体很多，二氧化碳、乙烷、乙烯、丙烯、甲醇、乙醇、苯、水、氨等。这些流体有的价格昂贵；有的临界温度高且在常压下是液体，不宜于分离；有的气体有毒有害，不适合提取食品或医药的有效成分，且容易造成环境污染。二氧化碳萃取温度低，临界温度为 31.06℃，临界压力为 7.38MPa，可以有效地防止热敏性成分的氧化和逸散，完整保留生物活性，而且能把高沸点、低挥发、易热解的物质在其沸点温度以下萃取出来。

2. 萃取压力和温度的选择

一般来说，超临界流体的密度在相当程度上与它的溶解能力密切相关，超临界流体的密度可通过压力和温度的变化在大范围内发生相应的变换。根据实验证明，萃取效率主要取决于压力的变化。溶解度随压力的增大而增加，使单位时间内的萃取量增大，但压力不是随意增大和随意选择的，操作压力的增加会导致设备投资的大幅增加，另外压力相对高时，萃取物中色素等无用成分含量也会增加，影响品质。

温度是影响萃取率的另一个重要因素，一方面温度提高，分子热运动速度增加，互相碰撞的概率提高，二氧化碳的溶解能力增加；另一方面温度提高二氧化碳密度降低，携带物质的能力降低。

3. 原料粒度

原料颗粒愈小，溶质从原料向 SCF 传输的路径愈短，与 SCF 的接触的表面积愈大，萃取愈快，愈完全，粒度也不宜太小，否则容易造成过滤网堵塞而破坏设备。

4. 流体的流速

CO_2 的流速可以明显地影响超临界萃取动力学过程。在较低的 CO_2 流速下，可以很容易达到平衡溶解度，但由于黏度一定时传质系数的限制，故萃取率不高；而当 CO_2 的流速增加时，超临界 CO_2 通过样品的速度加快，与样品接触作用增强，传质系数和接触面积都相应的增加，促进了超临界 CO_2 的溶解能力。但是 CO_2 的流速过高时，流体停留时间短，不能与样品充分作用，萃取平衡来不及到达，使所测得的得率不高。同时，大流速的 CO_2 会增加其用量，能耗较多，而小流速所需时间太长。

二、超临界流体萃取技术在食品中的应用

近 20 年来，超临界流体萃取技术在发达国家的研究有很大的进展。例如德国、美国等国的咖啡厂用该技术进行脱咖啡因；澳大利亚等国用该技术萃取啤酒花；欧洲一些公司也用该技术从植物中萃取香精油等风味物质，从各种动植物中萃取各种脂肪酸，从奶油和鸡蛋中取出胆固醇，从天然产物中萃取药用成分等。

（一）天然香料的提取

植物中的挥发性芳香成分由精油和某些特殊香味的成分构成。精油分离一般使用水蒸气蒸馏，精油和香味成分从植物组织中提取使用溶剂浸提法。但传统的提取方法使部分不稳定的香气成分受热变质，溶剂残留以及低沸点头香成分的损失将影响产品的香气。超临界流体 CO_2 萃取技术可大量保存热不稳定及易氧化的成分，植物精油在超临界 CO_2 流体中溶解度很大，而且超临界流体对固体颗粒的渗透性很强，因此利用此技术提取天然香料的收率高、产品质量好、提取速度快。

超临界流体 CO_2 萃取技术生产天然辛香料的植物原料很多，如啤酒花、生姜、大蒜、洋葱、山苍子、辣根、香荚兰、木香、辛夷、砂仁和八角茴香等。从墨红花、桂花等中用超临界 CO_2 提取的精油（或浸膏）香气与鲜花相近。

（二）食用植物油脂的提取

国内外生产植物油的方法主要为压榨法和己烷溶剂萃取法。压榨法收率较低，溶剂萃取法存在己烷易燃及其残留物的安全性问题。美国农业部（USDA）的北部研究中心用超临界 CO_2 提取大豆油时，发现在 80℃、60MPa 时，CO_2 可以和油脂形成混溶状态，使油脂在 CO_2 中的溶解度急速增加，可在短时间内完成大豆油脂的提取。这一发现也适用于从其他植物种子（如葵花籽、红花籽、花

生、小麦胚芽、棕榈果等）中提取种子油。研究表明，用超临界 CO_2 萃取的油不仅磷含量低，着色度也低，且无臭味，最大的特点是没有溶剂残留，使油的质量明显提高。同时，这种方法比传统的压榨法所得油的回收率高。我国已有超临界 CO_2 萃取小麦胚芽油和棕榈果油的工业化加工产品，它们的附加值较高，适宜采用 SFE 技术。

（三）超临界 CO_2 萃取大豆磷脂和蛋黄磷脂

天然磷脂具有降低血清总胆固醇和甘油三酯，调节血脂，预防动脉粥样硬化，防止由高脂血症引起的心脑血管疾病等作用。磷脂在发达国家是不限量的食品添加剂。在我国，随着人民生活水平的提高，磷脂需求量越来越大。

磷脂可由大豆制得。例如，在大豆油的脱胶阶段得到的粗磷脂是黑色、黏稠度高的物质，磷脂含量 60％以上。一般通过有机溶剂萃取可除掉其中的油而得到含量为 95％左右的磷脂。但进一步提纯成更高纯度的粉末磷脂（如 97％以上）会由于高温干燥易使磷脂降解而面临困难，目前国外文献中有采用超临界萃取工艺将副产品粗磷脂进一步提纯的专利报道。

蛋黄中含有的磷脂远高于大豆，因而从蛋黄粉中获得医药级纯度的高质量磷脂是目前磷脂的又一重要来源。利用超临界 CO_2 在一定温度条件下萃取，可以去除蛋黄粉中的甘油三酯和胆固醇等物质，从而制得主要含磷脂和蛋白质的高级营养保健品。进一步得到高纯度的蛋黄磷脂需要使用夹带剂或结合有机溶剂萃取法。

（四）啤酒花有效成分的提取

啤酒花在啤酒酿造中是不可缺少的添加物，它能赋予啤酒特有的苦味和香味，并有益于啤酒的稳定。传统方法生产的啤酒花浸膏不含或仅含少量的香精油，破坏了啤酒的风味，而且残存的有机溶剂对人体有害。超临界萃取技术为酒花浸膏的生产开辟了广阔的前景。美国从啤酒花中萃取啤酒花油，已形成生产规模。

（五）利用超临界 CO_2 从咖啡豆中脱除咖啡因

因咖啡是西方国家最畅行的饮料，但咖啡豆中所含咖啡因（含量变化值为 0.9％～2.6％，平均值为 1％）属于兴奋剂，多饮对人体有害，尤其对患心脏病或失眠病者影响更大，因此市场对不同程度的脱咖啡因的咖啡有一定需求。

工业上传统的方法是用二氯乙烷来提取，但二氯乙烷不仅提取咖啡因，也提取掉咖啡中的芳香物质，而且残存的二氯乙烷不易除净，影响咖啡质量。联邦德国 Max-plank 煤炭研究所的 Zesst 博士开发的用超临界二氧化碳从咖啡豆中萃取咖啡因的专题技术，现已由 Hag 公司实现了工业化生产，并被世界各国普遍采用。这一技术的最大优点是取代了原来在产品中仍残留对人体有害的微量卤代烃溶剂，咖啡因的含量可从原来的1%左右降低至0.02%，而且CO_2的良好的选择性可以保留咖啡中的芳香物质。日本 Furukawa 等采用超临界CO_2流体萃取黑茶，加上20%乙醇在40℃、0.304MPa下，可获得脱咖啡因率达90%以上的茶叶饮料。

另外，用超临界CO_2萃取技术也可以脱除蛋黄等中的胆固醇，能获得低尼古丁含量却又保留原烟草香气的烟草叶。

（六）动植物生理活性成分的提取

一些生理活性物质易受常规分离条件的影响而失去生理活性功效。超临界流体萃取由于分离条件十分温和，而在这个领域有十分广阔的前景。鱼油中含有大量的 EPA 和 DHA 这类具有生理活性的不饱和脂肪酸，由于多不饱和脂肪酸分子结构的特点，EPA 和 DHA 极易被氧化，易受光热破坏，传统的分离方法很难解决高浓度的 EPA、DHA 提取问题。超临界CO_2萃取可将 EPA 和 DHA 从鱼油中分离。刘伟民等用超临界CO_2连续浓缩鱼油 EPA 和 DHA，得到 EPA＋DHA 的浓度为83%，回收率达到84%。

过去十几年中，超临界流体萃取技术在许多领域取得了长足的进展。在工业应用方面，与常规的溶剂萃取相比有明显的优点。但目前我国的超临界流体萃取技术的研究和应用状况不容乐观。

超临界流体萃取的工业应用也存在着以下主要问题：

（1）超临界流体萃取技术的普适性欠佳　由于CO_2的非极性和低相对分子质量的特点，超临界流体萃取技术主要适合那些非极性或弱极性、相对分子质量小的物质（如油脂、挥发油等）的萃取。对于极性强、分子量较大的物质（如多糖类、皂苷类、黄酮类等）的萃取，则有难度，要加提携剂或较高压力下分段进行萃取。不过，目前已有报道应用全氟聚醚碳酸铵（PEPE）使超临界流体萃取技术扩展到水溶性体系，使难以提取的强极性化合物如蛋白等可由超临界流体萃取技术萃取。

（2）萃取过程中的装卸料不易实现连续化　生产中草药原料多为固体（切制成片状或捣碎成粒状等），装卸料多采用间歇式。同时萃取产物的收集必须在无菌箱中进行，为防止交叉污染，更换产品时，装置的清洗尤为重要，也较为困难，故存在萃取装置的转产问题。所以，在萃取过程中，装卸料的连续化生产成为有待解决的问题。

（3）设备造价昂贵，一次性投资大　建一套500L×3的国外进口超临界装置大约4000万～5000万元人民币，建一套1500L×3的超临界装置大约8000万～1亿元人民币，实际投资还要更高。这导致产品成本较高，工业化普及困难。

（4）装置腐蚀问题应引起重视　提携剂使用范围越来越宽，不锈钢设备的腐蚀常为局部腐蚀。当处于钝态和活态边缘，在含有卤素离子的提携剂中可能产生孔蚀。在含有对应力腐蚀敏感离子（如 Cl^-、OH^- 等）的提携剂中，受应力的部分（如焊缝附板）则易产生应力腐蚀。

第三节 分子蒸馏技术

一、概述

蒸馏是将固体与液体混合物或液体与液体混合物进行分离的最基本方法。常规蒸馏是指将液相加热至沸腾后再将气相冷凝，从而实现混合物的分离，其实质是利用了不同物质间的沸点差来完成的。尽管这种手段在工业上普遍应用，但对于许多热敏性物系而言，这种方法并不适用。原因在于热敏性物质在沸腾过程中会出现热分解，而这种热分解的速度又是随着温度的升高呈指数升高，随停留时间的增大呈线性增大的。因此，要解决好热敏性物系的分离问题，首先就必须从降低蒸发过程的分离温度和缩短物料的受热时间开始。

物料的沸点依赖于操作压力，为此，人们开发了各种类型的真空蒸馏设备，试图通过降低过程的操作压力来降低物料的沸点，从而达到降低分离温度的目的。如间歇真空蒸馏，将物料放置在一加热釜中蒸发，并在釜外冷凝器后配置上真空系统，由于操作压力的降低，物料的沸点随之下降，从而使操作温度降低。但这种类型的蒸馏，由于其气相必须由釜内移至外部冷凝器冷凝，其蒸发面上的实际操作压力必须大到足以克服气相的管道阻力才行。因此，这种蒸馏的操作压力的降低是有限度的。但是，由于薄膜蒸发器仍属于常规蒸馏，不管空载真空度多高，其操作时都必须要达到物料的沸点，其蒸发的气相也必须靠一定压力由蒸发器内部移至外部冷凝器，因此其蒸发面上的实际操作压力仍然比较高，因而，对于许多热敏性、高沸点物系的分离，薄膜蒸发器仍然无能为力。所以，长期以来，人们一直在寻求着一种更为温和的蒸馏分离手段。正是在这种背景下，分子蒸馏技术得以开发，并得到广泛应用。该项技术突破了传统蒸馏利用沸点差分离的原理，而是利用分子运动平均自由程的差别实现物质的分离，从而使物料在远离沸点下进行蒸馏分离成为可能。目前，该项高新技术已经成功地应用于食品、医药、化工等诸多领域。

二、分子蒸馏技术的基本原理及特点

（一）分子蒸馏技术的基本原理

1. 分子运动自由程

分子碰撞：分子与分子之间存在着相互作用力，当两分子离得较远时，分子之间的作用力表现为吸引力，但当两分子接近到一定程度后，分子之间的作用力会改变为排斥力，并随其接近距离的减小，排斥力迅速增加。当两分子接近到一定程度时，排斥力的作用使两分子分开。这种由接近而至排斥分离的过程．就是分子的碰撞过程。

分子有效直径：分子在碰撞过程中，两分子质心的最短距离（即发生斥离的质心距离）称为分子有效直径。

分子运动自由程：一个分子在相邻两次分子碰撞之间所经过的路程。

2. 分子运动平均自由程

任一分子在运动过程中都在不断变化自由程，而在一定的外界条件下，不同物质的分子其自由程各不相同。在某时间间隔内自由程的平均值称为平均自由程。

由热力学原理推导出分子运动平均自由程的计算公式为：

$$\lambda_m = \frac{k}{\sqrt{2\pi}} \cdot \frac{T}{d^2 P} \tag{2-1}$$

式中　λ_m——平均自由程，cm；

d——分子有效直径，m；

P——分子所处空间压力，kPa；

T——分子所处的环境温度，K；

k——玻尔兹曼常数。

由公式可知，温度、压力及分子有效直径是影响分子运动平均自由程的主要因素。当压力一定时，一定物质的分子运动平均自由程随温度增加而增加。当温度一定时，平均自由程 λ_m 与压力 P 成反比，压力越小（真空度越高），λ_m 越大，即分子间碰撞机会越少、不同物质因其有效直径不同，因而分子平均自由程不同。以常温空气为例，其有效直径 $d_{空气}$ 为 3.11×10^{-10} m，当 P 为 0.133kPa 时，λ_m 为 0.0056cm；当 P 为 0.0133kPa 时，λ_m 为 0.056cm；当 P 为 0.00133kPa 时，λ_m 为 0.56cm；当 P 为 0.000133kPa 时，λ_m 为 5.6cm；当 P 为 0.0000133kPa 时，λ_m 为 56cm。

3. 分子蒸馏基本原理

根据分子运动理论，液体混合物受热后分子运动会加剧，当接受到足够能量时，就会从液面逸出成为气相分子。随着液面上方气相分子的增加，有一部分气相分子就会返回液相。在外界条件保持恒定的情况下，最终会达到分子运动的动态平衡，从宏观上看即达到了平衡。

根据分子运动平均自由程公式，不同种类的分子，由于其分子有效直径不同，故其平均自由程也不同，即从统计学观点看，不同种类分子逸出液面后不与其他分子碰撞的飞行距离（自由程）是不同的，即轻分子的分子运动平均自由程大，而重分子的分子运动平均自由程小。

分子蒸馏的分离作用就是依据液体分子受热会从液面逸出，而不同种类分子逸出后，在气相中其运动平均自由程不同这一性质来实现的。

简单来说，分子蒸馏的原理是借助于在一定温度和真空度下不同物质的分子运动平均自由程差异，在离受热液面小于轻分子平均自由程而大于重分子平均自由程处设置一个冷凝面，使气相轻分子不断冷凝而打破动态平衡，使气相重分子达不到冷凝面很快与液相重分子趋于动态平衡，从而实现液体混合物中轻重分子的分离。分子蒸馏原理如图 2-14 所示。

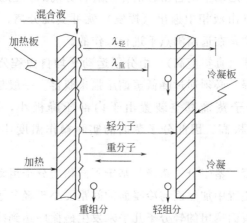

图 2-14 分子蒸馏原理

由分子蒸馏原理可知，分子蒸馏应满足的两个条件：①轻、重分子的平均自由程必须要有差异，且差异越大越好；②蒸发面与冷凝面间距必须小于轻分子的平均自由程。

4. 分子蒸馏过程（五部曲）

（1）物料在加热面上的液膜形成 通过机械方式在蒸馏器加热面上产生快速移动、厚度均匀的薄膜。

（2）分子在液膜表面上的自由蒸发 蒸发速率随温度的升高而增高，但分离效率并非随着温度的升高而增大，分子蒸馏操作温度以被分离目的产品的热稳定性为前提，分子在高真空及远低于沸点的温度下进行蒸发。

（3）分子从蒸发面向冷凝面飞射，在飞射过程中可能与残存的空气分子碰撞，也可能相互碰撞，但只要真空度合适，使蒸发分子的平均自由程大于或等于蒸发面与冷凝面之间的距离即可。

（4）分子在冷凝面上冷凝，只要保证冷热两面间有足够的温度差（70～100℃），冷凝表面的形状合理且光滑，则理论上可认为冷凝过程瞬间完成。

(5) 馏出物和残留物的收集 由于重力作用，馏出物在冷凝器底部收集，没有蒸发的重组分和返回到加热面上的极少轻组分残留物由于重力或离心力作用，滑落到加热器底部或转盘外缘。

(二) 分子蒸馏技术的特点

1. 分子蒸馏的优点

分子蒸馏是一种非平衡状态下的蒸馏，由其原理来看，它又根本区别于常规蒸馏，因此，它具备许多常规蒸馏无法比拟的优点。

(1) 操作温度低 常规蒸馏是靠不同物质的沸点差进行分离的，而分子蒸馏是靠不同物质的分子运动平均自由程的差别进行分离的，也就是说后者在分离过程中，蒸汽分子一旦由液相中逸出 (挥发) 就可实现分离，而并非达到沸腾状态。因此，分子蒸馏是在远离沸点下进行操作的。

(2) 蒸汽压强低 (真空度高) 由分子运动平均自由程公式可知，要想获得足够大的平均自由程，必须通过降低蒸馏压强来获得。一般常规真空蒸馏其真空度仅达 5kPa，而分子蒸馏真空装置由于内部压降极小，真空度可达 $0.1\sim100Pa$。由于真空度极高，因此分子蒸馏的实际操作温度比常规真空蒸馏可低 $50\sim100℃$。

(3) 受热时间短 鉴于分子蒸馏是基于不同物质分子运动平均自由程的差别而实现分离，因而装置中加热面与冷凝面的间距要小于轻分子的运动平均自由程 (即间距很小)，由液面逸出的轻分子几乎未发生碰撞即达到冷凝面，所以受热时间很短。另外，若采用较先进的分子蒸馏器结构，使混合液的液面形成薄膜状，这时液面与加热面的面积几乎相等，那么，物料在设备中的停留时间很短，因此蒸余物料的受热时间也很短。假定真空蒸馏需受热数十分钟，则分子蒸馏受热仅为几秒或几十秒。

(4) 分离程度及产品收率高 分子蒸馏常常用来分离常规蒸馏难以分离的物质，而且就两种方法均能分的物质而言，分子蒸馏的分离程度更高。从两种方法相同条件下的挥发度不同可以看出这一点。

分子蒸馏的挥发度由式 (2-2) 表示：

$$\alpha_r = \frac{p_1}{p_2}\sqrt{\frac{M_2}{M_1}} \tag{2-2}$$

式中　M_1——轻组分相对分子质量；

　　　M_2——重组分相对分子质量；

　　　p_1——轻组分饱和蒸气压，Pa；

　　　p_2——重组分饱和蒸气压，Pa；

　　　α_r——相对挥发度。

而常规蒸馏的相对挥发度由式（2-3）表示：

$$\alpha = \frac{p_1}{p_2}$$
(2-3)

由于 $M_2 > M_1$，因此 $\alpha_r > \alpha$。

这就表明分子蒸馏较常规蒸馏更容易分离物质，且随着 M_2、M_1 的差别增大而增大，分离度就越高。

（5）常规蒸馏的蒸发与冷凝是可逆过程，液相和气相之间达到了动态平衡；分子蒸馏中，从加热面逸出的分子直接飞射到冷凝面上，理论上没有返回到加热面的可能性，所以分子蒸馏是不可逆过程。

（6）常规蒸馏有鼓泡、沸腾等现象；而分子蒸馏是在液膜表面上的自由蒸发，没有鼓泡现象，即分子蒸馏是不沸腾下的蒸发过程。

分子蒸馏的优点决定了它在实际应用中较传统技术有以下明显的优势。

① 由于分子蒸馏真空度高，操作温度低且受热时间短，对于高沸点和热敏性及易氧化物料的分离，有常规方法不可比拟的优点，能极好地保证物料的天然品质，可被广泛应用于天然物质的提取。

② 分子蒸馏不仅能有效去除液体中的低分子物质（如有机溶剂、臭味等），而且有选择地蒸出目的产物，去除其他杂质，因此被视为天然品质的保护者和回归者。

③ 分子蒸馏能实现传统分离方法无法实现的物理过程，因此，在一些高价值物料的分离上被广泛作为脱臭、脱色及提纯的手段。利用这些特点，可使分子蒸馏在工业化生产上得到极为广泛的应用。

2. 分子蒸馏的缺点

尽管分子蒸馏技术作为一种新型分离技术具有上述优点，但在理论研究和实际应用过程中仍存在一些问题，主要体现在以下几点。

（1）理论研究较少　国内在分子蒸馏技术和装备方面的研究起步比较晚，对其相关的基础理论研究非常少，应用研究在 20 世纪 90 年代才得到较大发展，因此，很难准确地了解分子蒸馏器内的真实状况，分子蒸馏器的最佳设计也存在一定困难。今后加强基础理论方面的研究是分子蒸馏技术发展的一个重要方向。

（2）生产能力小　物料在蒸发壁面上呈膜状流动，受热面积与蒸发壁面几乎相等，传热效率较高。但由于蒸发表面积受设备结构的限制，远远小于常规精馏塔受热面积；且分子蒸馏在远低于常压沸点条件下操作，汽化量相对于常规蒸馏沸腾状态时少得多。相同生产能力下，分子蒸馏设备体积比常规蒸馏设备大很多。因此，高真空条件下分子蒸馏处理量比较小，难以满足工业上实际生产的需要。

（3）设备结构复杂、制造技术要求高　由于要求物料呈膜状在高真空下蒸馏，而且冷凝面与加热面之间间距小，故设备多，结构复杂、制造技术要求高。

（4）设备投资大　分子蒸发器是分子蒸馏技术的核心，对设备密封性和真空系统要求比较高，设备投资相对较大，适合于高附加值物系的分离；但相对于产品的产值而言，仍然具有投资价值。

三、分子蒸馏设备

分子蒸馏设备是一种根据不同物质分子运动平均自由程的不同来实现分离的设备。分子蒸馏技术作为一种最温和的蒸馏分离手段，操作温度低、受热时间短，可解决常规蒸馏无法解决的难题，特别适合对高沸点、热敏性物料进行有效的分离。随着分子蒸馏技术的发展，对分离装置不断改进、完善，对应用领域不断探索、扩展，特别是从 20 世纪 80 年代末以来，随着人们对天然物质的青睐以及回归自然潮流的兴起，分子蒸馏技术得到了迅速的发展。

（一）分子蒸馏装置的组成单元

1. 蒸发系统

以分子蒸馏蒸发器为核心设备，向物料提供加热能源蒸发表面。目前热源可以是多种类型，设备有蒸汽加热、电加热、导热油加热及微波加热等。

常用的有刮膜式分子蒸馏器和离心式分子蒸馏器。可以是单极，也可以是两级或多级。

2. 物料输入、输出系统

以计量泵、级间输料泵和物料输出泵等组成，主要完成系统的连续进料与排料功能。

3. 脱气系统

在物料进入蒸馏器之前将所溶解的易挥发组分尽量排出，避免易挥发组分进入高真空状态下的分子蒸馏器内而导致物料爆沸，影响蒸馏过程的顺利进行。

4. 加热及冷凝系统

目前有电加热、导热油加热及微波加热等。主要是提供水冷却的冷凝器。

蒸发表面与冷凝表面之间的距离必须介于轻重分子平均自由程间，才能完成分子蒸馏的全过程。

5. 真空获得系统

分子蒸馏是在极高的真空下操作，因此，该系统也是全套装置的关键之一。真空系统的组合方式多种多样，具体的选择需要根据物料特点确定。一般情况下主要设备用冷阱、油扩散泵和旋片式真空泵组成。

6. 控制系统

通过自动控制或电脑控制，即对系统中以上五部分的技术参数实现全机控制，以达到最高的分离效率、分离精度和最低的能耗。

(二) 分子蒸馏器

分子蒸馏器是整个系统的核心设备。常用的分子蒸馏器有静止式、旋转式、降膜式、刮膜式和离心式等，其中刮膜式和离心式是工业生产最常用的两种分子蒸馏器。

1. 静止式分子蒸馏器

静止式分子蒸馏器出现早，结构简单，特点是有一个静止不动的水平蒸发表面。按其形状不同，可分为釜式、盘式等。静止式分子蒸馏设备一般用于实验室及小量生产，工业上已不采用（如图 2-15 所示）。

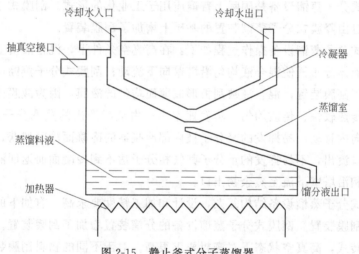

图 2-15　静止釜式分子蒸馏器

2. 自由降膜式分子蒸馏器

自由降膜式分子蒸馏器也是较早出现的一种结构简单的分子蒸馏设备。其过程是：混合液由上部入口进料，经液体分布器使混合液均匀地沿塔壁向下流动，形成薄膜。液膜被加热后，由液相溢出的蒸汽分子进入气相，并沿径向向内移动。易挥发物质（轻分子）走向内部冷凝器的冷凝面而被冷凝，沿冷凝面下流至蒸出物出口；不易挥发物质返回液相，并达到两相平衡（如图 2-16 所示）。

自由降膜式分子蒸馏器液膜厚度小，蒸馏物料可沿蒸发表面流动，停留时间短，热分解的危险性较小，蒸馏过程可以连续进行，生产能力大。但是蒸发面上的物料易受流量和黏度的影响而难以形成均匀的液膜，液体流动时常发生翻滚现象，产生的雾沫也常溅到冷凝面上，影响分离效果。这种形式目前较少用。

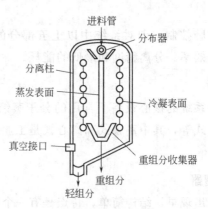

图 2-16　自由降膜式分子蒸馏器

3. 刮膜式分子蒸馏器

刮膜式分子蒸馏设备是国际上普遍应用于工业化的形式。刮膜式分子蒸馏的特点是在自由降膜式分子蒸馏装置的基础上增加了刮膜装置。

刮膜式分子蒸馏设备操作过程如下：在高真空条件下，混合液由上部入口进料，经过液体分布器使混合液均匀沿塔壁向下流动；刮膜式分子蒸馏设备在蒸发面上设置了刮膜装置，混合液被刮板形成薄而均匀的液膜，因为液膜比较薄，所以液膜的传热较快、传质均匀，蒸发速率高；由液相逸出的蒸汽分子进入气相，并沿径向向内移动；易挥发的轻分子被内部冷凝器的冷凝面冷凝捕获，沿冷凝面馏出物出口流出，不易挥发的重分子其气相分子达不到冷凝面而返回液相，蒸馏剩下的液相沿塔壁下流至蒸余物出口。

刮膜式分子蒸馏设备结构复杂，设计和加工精度要求高。有如下的特点：

（1）刮膜装置　刮膜式分子蒸馏设备的分馏装置增加了刮膜装置。由于刮膜装置为旋转式，高真空状态下对密封要求很高。对于不同的物料刮膜装置要采用不同的设计形式。

（2）蒸发面与冷凝面的间隙　刮膜式分子蒸馏设备蒸发面与冷凝面的间距很小，要严格控制转轴的径向跳动量，使转子在蒸发面与冷凝面之间平稳地带动刮板转动。对于蒸发筒体，膜式分子蒸馏设备的蒸发筒体镜面需要抛光，以适宜高黏性物料，保证不结垢、不结焦。蒸发器筒体要有较高的总传热系数。

（3）机械密封　刮膜式分子蒸馏设备的机械密封要耐高温以保证蒸发器内绝对真空度。目前，刮膜式分子蒸馏设备刮膜装置的驱动普遍采用了全密封的磁驱动。

4. 离心式分子蒸馏装置

离心式是目前较为理想的一种分子蒸馏设备，待分离料液由进料口送至高速旋转的转盘上，在高速旋转的离心力作用下逐渐扩散成均匀的薄膜，一面向外运动，一面蒸发汽化。蒸发器下面装有加热器。受热后轻组分飞逸至冷凝面上冷凝，冷凝液汇集至馏分接口，重组分由残液接口排出。不凝性气体由真空接口抽走，由于蒸发器的离心作用，料液薄膜会沿着蒸发面自由向外移动，因而传质速率较高，料液在蒸发面停留的时间较短（如图 2-17 所示）。

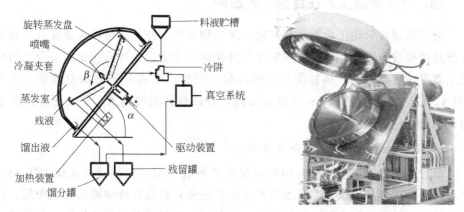

图 2-17　离心式分子蒸馏器

与上述几种分子蒸馏器相比，离心式分子蒸馏器在性能上的主要优点是：液体物料加热时间非常短；可以得到极薄的均匀液膜；几乎没有压力损失；蒸发效率、热效率及分离度高；很少有发泡的危险；可处理高黏度的液体。

离心式分子蒸馏釜主要的问题是加工制造困难，蒸发面积小，处理能力不够大，并且由于没有刮片构件，对于易结焦的物料不太适合。此外，因为有较高速的机械运转结构，需要较高的真空密封技术，结构复杂，设备的制造成本高。为提高分离效率，往往需要采用多级串联使用，相对投资比较大。

（三）分子蒸馏器的选用原则

不同的分子蒸馏器有不同的性能和特点，必须根据食品工业中不同产品的特殊要求以及生产成本等综合因素进行合理的配制和选用，基本原则如下：

（1）选择合适的真空泵组及密封结构，以保证足够快地达到所需的真空度。

（2）选择合适的脱气设备。由于任何液体都含有或多或少的气体，未经充分脱气的液体如直接加入蒸馏釜，会影响系统的真空度，而且可能从液体中剧烈析出气体，产生飞沫，影响分子蒸馏器的正常运转。

（3）正确选择蒸发面与冷凝面的形状、距离及相对位置，以保证从设备的蒸馏空间内顺利地排出残余气体。蒸发面与冷凝面之间的距离过小时，一方面不利于抽除残气，另一方面蒸馏液的雾沫也容易溅到冷凝面上，从而降低了分离效果。因此，蒸发面与冷凝面的间距一般为 1～2cm，个别甚至可达 5～6cm。

（4）对于热敏性物质的分离，由于要求被加工物料在蒸馏温度下停留较短的时间，可采用离心式分子蒸馏器。

（5）根据实际需要，综合考虑被分离物料的纯度要求和生产成本，选择单级式或多级式分子蒸馏器。

四、分子蒸馏技术在食品中的应用

分子蒸馏技术在工业上主要应用于天然物质中高沸点热敏性有效成分的提取及产品的脱溶、脱臭、脱色、脱单体与纯化等各个方面。目前在食品工业上的应用主要有如下几方面：单甘酯的分离纯化；天然维生素 E 的提取及精制；天然DHA、EPA 的提取精制；α-亚麻油提纯；高碳脂肪酸的精制；小麦胚芽油的精制；辣椒红色素的精制。

（一）单甘酯的生产、分离及纯化

单甘酯是食品工业中最常用的和最重要的乳化剂，其耗量占乳化剂的 65％左右，可防止食品、饮料的油水分离及沉淀现象；还具有抗淀粉老化的作用，使面包、蛋糕等延长保存期，保持松软；另外对油脂的结晶起调整作用，尤其是对人造奶油、起酥油等油脂产品能起到改善塑性及延展性、防止析油分层现象的发生。

单甘酯的生产工艺路线一般是先通过酯化或酯交换反应来合成单甘酯（反应产物中单甘酯占 40％～50％，其余为二甘酯、三甘酯以及为反应的过量甘油），然后对单甘酯粗品进行提纯精制。目前将 50％左右的单甘酯粗品提纯精制为90％以上纯度的纯单甘酯的方法有 SFE 和分子蒸馏方法。

目前国际市场对单甘酯的需求是 50％以上的高纯度单甘酯。由于油脂的沸点高，要得到高纯度的单甘酯必须采用分子蒸馏技术才能进行。分子蒸馏单甘酯的生产工艺流程为：氢化动植物油脂与甘油进行酯交换，反应混合物经过滤后被送入分子蒸馏器，第一级 140℃、500Pa 真空条件下脱水、脱气，除出部分甘油；第二级 175℃、75Pa 真空条件下除出剩余甘油和游离脂肪酸；第三级 200～210℃、0.5Pa 真空条件下蒸馏出单甘酯，蒸余物为二甘酯和三甘酯；最后将90％以上的液态单甘酯打入喷雾系统进行制粉。

（二）天然维生素 E 的提取

从天然物质中提取天然维生素 E 的方法有萃取法、皂化法、酶法、分子蒸馏法等，但是不论哪种方法，其关键技术在于后提纯，要求得率高、保持其有效成分。天然维生素 E 的分子量较大、沸点高、耐热性差、易氧化，如果采用常规蒸馏则产品质量差。

利用离心式分子蒸馏器，以大豆脱臭馏出物（维生素 E 质量分数为 8％～20％）为原料，先用甲醇对馏出物进行甲酯化，分离出甾醇结晶后，于蒸馏压力

在 0.133～1.33Pa 的高真空度下进行分子蒸馏，可以得到浓缩的脂肪酸甲酯和维生素 E。采用多级蒸馏的方法，可以得到纯度在 70% 以上的维生素 E 浓缩物，回收率达 50%～60%。利用分子蒸馏反复进行操作，可进一步提高产品纯度，维生素 E 的纯度最高可达 98%。

（三）从鱼油中提取 DHA、EPA

二十碳五烯酸（EPA）和二十二碳六烯酸（DHA）具有很高的药用和营养价值。分离 EPA 和 DHA 的方法有高效液相层析法、尿素配位法、真空精馏法、超临界萃取法和分子蒸馏法。前两种方法要用大量的溶剂并产生副产品，又由于 EPA 和 DHA 有多个不饱和双键，而真空精馏法操作温度较高会导致鱼油中不饱和脂肪酸分解、聚合或异构化。因此，分子蒸馏法是分离 EPA 和 DHA 可选用的方法，其生产工艺过程如下所示：

粗鱼油—酯化—粗鱼油乙酯—洗涤（水相）—薄膜蒸发器（脱水、脱臭）—分子蒸馏（鱼油乙酯副产品）—分子蒸馏（30%～50% 产品）—分子蒸馏（50%～70% 产品）—分子蒸馏（渣可利用）≥80% 产品。

用分子蒸馏法从鱼油中提取不饱和脂肪酸时，饱和脂肪酸和单不饱和脂肪酸首先蒸出，而双键较多的不饱和脂肪酸最后蒸出，产品中 EPA 和 DHA 总量可达 80%，不仅工序简单、效率高、可以连续化生产，最主要的是能保证 DHA、EPA 的天然品质，避免其氧化、降解及聚合；而且可彻底去除原料鱼油中的有害物质及易使产品变质的诱发因子，从而保证了产品质量的稳定性。

（四）天然辣椒红色素的提取

天然食用色素以其安全、无毒和有营养的特点，越来越受到人们的青睐。辣椒红色素是从辣椒果皮中提取出的一种优良的天然类胡萝卜色素，因其具有良好的乳化分散性、耐光、耐碱、耐热和耐氧化性而广泛应用于食品、医药及化妆品等产品中，辣椒红色素对人体安全、无毒，具有一定营养价值。

传统的辣椒红色素提取方法是化学溶剂法或油溶法，其主要缺点是产品中存在各种杂质，尤其是焦油味、辣味等，若将其进一步精制，一般方法是采用强碱、强酸或盐类进行洗涤，其工艺复杂、成本较高，且易带入重金属离子，同时，色调容易遭到破坏。由于在提取过程中加入了有机溶剂，用普通的真空精馏对其进行脱溶剂处理后，辣椒红色素中仍残存有 1%～2% 的溶剂，不能满足产品的卫生标准。分子蒸馏法提取辣椒红色素可取得令人满意的效果，不但使产品色泽鲜艳、热稳定性好，而且脱辣味效果极好，且同时还能得到辣素副产品。用分子蒸馏技术对辣椒红色素进行处理后，产品中基本无残留溶剂，符合产品质量要求。

（五）食用植物油的提取和精炼

目前，已经可以运用分子蒸馏技术从葵花籽、黄豆、花生、米糠、可可豆等中提取食用植物油。提取出的油脂活性成分含量高，氧化稳定性强，磷含量低，着色度低，无臭味。分子蒸馏法比传统的压榨法制得的食用植物油的回收率高，且不存在溶剂萃取法的溶剂分离回收问题。因加热接触时间短，能将油的热分解作用降至最低限度，能分别制取游离脂肪酸和维生素E含量高的功能食用油，而且能有效除去油内农药、氯化物等有害成分。如小麦胚芽油的制取。

小麦胚芽是小麦制粉时的副产品，小麦胚芽油是以小麦胚芽为原料制取的一种谷物胚芽油，富含维生素E、亚油酸、二十八碳醇等生理活性组分，是宝贵的功能食品，具有很高的营养价值。传统的提取小麦胚芽油的制取法有压榨法、溶剂萃取法，近年来又有超临界萃取法、分子蒸馏法等。压榨法的出油率较低，精炼后的小麦胚芽油（精油）无色、无味，且维生素E的含量低；而溶剂法有残留溶剂存在。

近年来，分子蒸馏法制备小麦胚芽油得到了一定的应用。采用脱胶及脱色进行前处理，然后运用分子蒸馏脱除游离脂肪酸并纯化，最终得到高含量维生素E的小麦胚芽油。

分子蒸馏技术是一项全新的现代化高新分离技术，其克服了传统分离提取方法的种种缺陷，避免了传统分离提取方法易引起环境污染的潜在危险。分子蒸馏技术的特点就是其加工温度不高、无毒、无害、无残留物、无污染、分离效率高，尽量保持食品的纯天然性。在提倡崇尚自然、回归自然，天然绿色食品越来越受青睐的当今社会，分子蒸馏技术在食品工业上的应用也不断会拓宽和发展，特别是食品油脂、食品添加剂、保健食品方面的应用也将有更广阔的发展前景。

第三章
食品微胶囊技术

食品成分种类多，性质复杂，功能各异，它们和人们的日常生活及健康息息相关，这些物质在生产、贮运及使用过程中，往往存在如稳定性差，对光、热敏感，易氧化不易贮存，处于液态不利于贮藏、运输，以及不易被人们接受的不良风味与色泽，挥发性强、溶解性或分散性欠佳等缺点，因此极大地限制了其生产及使用。一直以来人们迫切希望寻找到一种能很好地保护这些物质的方法，使用微胶囊包埋技术可以较好地解决上述问题。

微胶囊技术的研究大约始于 20 世纪 30 年代，由大西洋海岸渔业公司（Atlantic CoastFishers）提出制备鱼肝油-明胶微囊的方法。20 世纪 40 年代末美国学者 Wurseter 利用机械方法将悬浮在空气中的细粉物质包裹，并成功用于药物包衣，至今仍把空气悬浮法称 Wurseter 法。1950 年通用邓洛普公司（General Dunloberge）提出双层锐孔技术制备海藻酸钠微胶囊的专利。1953 年美国 NCR 公司 Green 利用物理化学原理发明了相分离复合凝聚法制备含油的明胶微囊，并用于制备无碳复写纸，实现工业化生产，这是微胶囊第一次应用于商业中。20 世纪 60 年代兴起了利用高分子聚合反应的化学方法制备微胶囊，其中以界面聚合反应最为成功。到 20 世纪 70 年代，微胶囊技术的工艺日益成熟，应用范围逐渐扩大，新的技术不断出现，例如混合胶的微囊、双层微囊、三层微囊等。20 世纪 80 年代 Lim 和 Sim 教授发明了由海藻酸钙-聚赖氨酸-海藻酸钙（APA）构成的"三明治"式结构微胶囊技术。1990 年，Wheatley 等获得了以脂质体包埋活性物质的专利；1991 年，Devissaguet 等获得了制备纳米胶囊的专利。

目前，微胶囊技术在国外发展迅速，美国对它的研究一直处于领先地位。在美国约有 60% 的食品采用这种技术。我国的研究起步较晚，在 20 世纪 80 代中期引进了这一概念，虽然在微胶囊技术应用方面也有许多发展，但同国外相比，我国仍处于起步阶段，进口微胶囊在生产中仍占主导地位。

微胶囊技术应用于食品工业始于 20 世纪 50 年代末，此技术可对一些食品配料或添加剂进行包裹，解决了食品工业中许多传统工艺无法解决的难题，推动了食品工业由低级的农产品初加工向高级产品的转变，为食品工业开发应用高新技术展现了美好前景。

第一节　微胶囊的定义及分类

一、定义

微胶囊是指一种里面包埋有液体、固体或气体组分，而外面为聚合物壁壳的微型容器或包装体。微胶囊技术是把分散的固体物质颗粒、液体或气体等微量物质完全包裹在聚合物薄膜中，形成具有半透性或密封的微小粒子的技术。简单地说是一种贮存固体、液体、气体的微型包装技术。被包覆的物料称为芯材、囊心、内核、填充物；微胶囊外部的包覆膜称为壁材、囊壁、包膜、壳体。

微胶囊粒子的大小和形状因制备工艺不同而有很大差异，通常制备的微胶囊粒子大小一般在 $2\sim1000\mu m$ 范围，有时甚至扩大到数毫米，但多数分布在 $5\sim200\mu m$ 范围。当微胶囊粒径小于 $5\mu m$ 时，因布朗运动加剧而不容易收集；当粒径大于 $300\mu m$ 时，其表面摩擦系数会突然下降而失去微胶囊作用。囊壁较薄，厚度一般在 $0.2\mu m$ 至几微米，通常不超过 $10\mu m$，超薄壁微胶囊膜壁厚度为 $0.01\mu m$。囊心占微胶囊总质量的 $20\%\sim95\%$。

微胶囊形状和结构受被包埋物料结构、性质及胶囊化方法影响。一般为球体、粒状、肾形、谷粒形、絮状和块。微胶囊内部装载的囊心可以是单一的固体、液体或气体（如单核），也可以是固液、液液、固固或者气液混合体等多种组分（多核、多核-无定形等）。外部包囊的囊壁可以是单层结构，也可以是双层或多层结构，可形成微胶囊簇和复合微胶囊（如图 3-1 所示）。

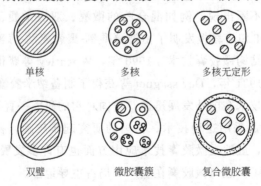

单核　　　　　多核　　　　　多核无定形

双壁　　　　微胶囊簇　　　复合微胶囊

图 3-1　微胶囊的形状

二、分类

1. 缓释型微胶囊

该微胶囊的壳相当于一个半透膜，在一定条件下可允许芯材物质透过，以延长芯材物质的作用时间。根据壳材的来源不同，可分为天然高分子缓释材料（明胶和羧甲基纤维素）及合成高分子缓释材料。而对于合成高分子缓释材料，按其生物降解性能的不同，又可分为生物降解型和非生物降解型两大类。

2. 压敏型微胶囊

此种微胶囊包裹了一些待反应的芯材物质，当作用于微胶囊的压力超过一定极限后，胶囊壳破裂而流出芯材物质，由于环境的变化，芯材物质产生化学反应而显出颜色或是发生别的现象。

3. 热敏型微胶囊

由于温度升高使壳材软化或破裂释放出芯材物质，有时是芯材物质由于温度的改变而发生分子重排或几何异构而产生颜色的变化。

4. 光敏型微胶囊

壳材破裂后，芯材中的光敏物质选择性吸收特定波长的光，发生感光或分子量跃迁而产生相应的反应或变化。

5. 膨胀型微胶囊

壳材为热塑性的高气密性物质，而芯材为易挥发的低沸点溶剂，当温度升高到高于溶剂的沸点后，溶剂蒸发而使胶囊膨胀，冷却后胶囊依旧维持膨胀前的状态。

三、微胶囊的作用

微胶囊具有改善和提高物质性能的能力，确切地说，微胶囊能够以微细状态保存物质，而在需要时可以方便地释放。微胶囊可转变物质的颜色、形状、质量、体积、溶解性、压敏性、酸敏性以及光敏性。微胶囊技术对食品工业的贡献主要包括以下几点。

1. 改变物料的状态、质量、体积和性能

这是在食品工业中应用最早、最广泛的微胶囊功能。将不易加工贮存的气体、液体原料固体化，从而提高其溶解性、流动性和贮藏稳定性，如粉末香精、粉末食用油脂等。液态物质微胶囊化而成的细粉状产物称拟固体，在使用上具有固体特性，但仍然保留液体内核，能够使液态物质在需要的时间破囊而出，使用方便而精确，运输、贮存、使用都得到简化，例如：将液体油脂作为芯材，选择

适当的壁材，运用微胶囊技术就可产生出固体粉末油脂，非常方便地添加于各种食品原料中。

2. 保护敏感成分，增强稳定性，掩盖不良气味的释放

微胶囊可防止某些不稳定的食品辅料挥发、氧化、变质，提高敏感性物质对环境因素的耐受力，使其免受外界不良因素如紫外辐射、氧气、温度、湿度、pH 值等因素的影响，有利于保持物料特性和营养，减少敏感性物料与外界环境的接触时间，提高其贮藏加工时的稳定性并延长产品的货架寿命。例如大蒜所含挥发性油中的大蒜辣素和大蒜新素在光线、温度的影响下易于氧化，并对消化道黏膜有刺激性。将大蒜挥发油制成大蒜素微胶囊后可提高其抗氧化能力，增加贮藏稳定性，并掩盖强烈的刺激性辣味，而其生理活性不变。胶囊化还可以抑制香辛香料等风味物质的挥发，延长其风味滞留期，减少其在加工、保藏中的损失，降低了成本。

3. 隔离活性成分，使易于反应的物质处于同一物系而相互稳定

运用微胶囊技术，将可能互相反应的组分分别制成微胶囊产品，使它们稳定在一个体系中，各种有效成分有序释放，分别在相应的时刻发生作用，以提高和增进食品的风味和营养。例如：有些粉状食品对酸味剂十分敏感。因为酸味剂吸潮会引起产品结块，并且酸味剂所在部位 pH 值变化很大，导致周围色泽变化，使整包产品外观不雅。将酸味剂微胶囊化以后，可延缓对敏感成分的接触和延长食品保存期限。

4. 改变物料密度

根据需要使物料经微胶囊化后重量增加，下沉性提高；或者制成含空气的胶囊而使物料密度下降，让高密度固体物质能漂浮在水面上。这一技术对生产高档水产品饵料十分有用。

5. 控制囊心的释放时机

释放是微胶囊的重要功能之一。一般来说，微胶囊的体积小，比表面积大，有利于囊心释放。但有时又希望它缓慢释放，例如微胶囊乙醇保鲜剂，在封闭包装中缓缓释放乙醇以防止霉菌。因此改变壁材时，就可以使囊心物质在一定条件下即刻释放出来，有的就可以特定的速度在一定时间段内逐渐释放出来，有的则随着条件的改变而吸收或释放某种物质，以达到调节的目的。如可使一些营养素在胃或肠中释放，有效利用营养成分。控制囊心的释放还包括风味物质的释放，减少其在加工过程中的损失，降低生产成本。如焙烤制品和糖果用香精经微胶囊化处理，在生产加工过程中的香气损失可减少一半以上。

利用这一功能，还可以起到隔离活性成分和缓释的作用。

6. 隔离组分，降低食品添加剂的毒理作用

利用控制释放的特点，可通过适当的设计，控制芯材的生物可利用性，尤其对化学合成添加剂，对其进行包埋，对于减少其毒理作用显得尤为重要。

第二节　微胶囊技术的原理

一、微胶囊的芯材、壁材及其性能

(一) 微胶囊的芯材

芯材可以是单一的固体、液体或气体，也可以是固液、液液、固固或气液混合体等。在食品工业上，"气体"芯材可理解成香精、香料等易挥发的配料或添加剂。作为芯材的物质很多，已经使用或试图使用的芯材有以下几种：生物活性物质有膳食纤维、活性多糖、超氧化物歧化酶（SOD）、硒化物和免疫球蛋白等；氨基酸有赖氨酸、精氨酸、组氨酸和胱氨酸等；维生素 A、维生素 B_1、维生素 B_2、维生素 C 和维生素 E 等；矿物元素硫酸亚铁等；食用油脂有米糠油、玉米油、麦胚油、月见草油和鱼油等；微生物细胞有乳酸菌、黑曲霉和酵母菌等；甜味剂有甜味素（aspartame）、甜菊苷、甘草甜素和二氢查尔酮等；酸味剂如柠檬酸、酒石酸、乳酸、磷酸和醋酸等；防腐剂如山梨酸和苯甲酸钠等；酶制剂有蛋白酶、淀粉酶、果胶酶和维生素酶等；香精香油、橘子香精、柠檬香精、樱桃香精、薄荷油和冬青油等。

(二) 微胶囊的壁材及其性能

微胶囊的壁材一般为成膜物质，既有天然多聚物，也有合成多聚物。对一种微胶囊产品来说，合适的壁材非常重要，选择适当的壁材是微胶囊化工艺成功的关键，壁材在很大程度上决定工艺和产品的性质。理想的壁材应具备以下性质：具有高度的水溶性、良好的乳化性、良好的成膜性和易干燥性，并且不易吸潮，还要求高浓度的壁材溶液具备较低的黏度；在食品加工、贮存中，将芯材密封在其结构之内，与外界环境相隔绝；不与芯材发生反应，油溶性的芯材需选水溶性的壁材，水溶性的芯材则选油溶性的壁材，如果芯材为生物活性物质，还要考查壁材与芯材的相容性；在适当条件下溶解且释放芯材；良好的操作性，如溶于水或乙醇等食品工业中允许采用的溶剂；高浓度下具备良好的流变性质；壁材来源广泛、易得，而且价格比较便宜。

用于微胶囊壁材的物质有很多，主要分为天然高分子材料、半合成高分子材料、合成高分子材料及无机材料。合成材料一般化学稳定性和成膜性能好，应用较多的主要是乳酸/乙醇酸共聚物，它是目前唯一获得美国食品药品管理局批准可用于人体的一类控释制剂材料；半合成高分子材料是将天然材料与合成高分子材料混合作为微胶囊材料，既利用合成材料弥补天然材料强度上的不足，又利用天然材料弥补合成材料生物相容性上较差的缺点。而天然材料一般无毒、免疫原性低、生物相容性好、可降解且产物无毒副作用，是最常用的微胶囊制备材料。

天然高分子壁材主要包括有：植物胶类，如阿拉伯树胶、琼脂、琼脂糖、褐藻酸钠、角叉胶、黄原胶等；碳水化合物类，如麦芽糊精、环糊精、变性淀粉、玉米糖浆、葡萄糖硫酸酯等；蛋白质类，如明胶、酪蛋白、纤维蛋白原、血红蛋白、血清蛋白、玉米蛋白、鸡蛋蛋白等；脂类，如蜡、石蜡、蜂蜡、浊蜡、硬脂酸、硬化油类、甘油酸酯、松香等；其他材料，如虫胶等。天然高分子材料具有安全、成膜性能好的特点。

1. 蛋白质类

在大多数油脂的微胶囊化工艺中都要用蛋白质做壁材。蛋白质分子带有许多双亲基团，当蛋白质分子与油滴接触时能强烈地吸附在油滴上，疏水基吸附于油滴表面，而亲水基则深入水相。用蛋白质做壁材时，一般要考虑到蛋白质的等电点，如果乳液的 pH 值接近蛋白质的等电点，必然发生蛋白溶解度降低、蛋白乳化性能下降，以及蛋白质之间的作用力增加，最终降低蛋白质的成膜性。用于壁材制作的蛋白质有以下四种：

（1）明胶　明胶（gelatin）是一种水溶性蛋白的混合物，是由构成各种动物的皮、骨等结缔组织的主要成分——胶原经过部分水解的产物。明胶蛋白成膜性良好，胶凝后的明胶溶液具有承受一定压力的能力，因此用明胶为壁材制成的微胶囊具有好的弹性和抗挤压性能。

明胶中蛋白质的含量占 82% 以上，组成明胶的蛋白质含有 18 种氨基酸，其中 7 种为人体所必需。明胶可溶于热水，形成可逆性凝胶，不溶于冷水，但可缓慢吸水膨胀软化，明胶可吸收相当于其质量 5~10 倍的水。明胶溶液还具有凝胶的热可逆性，在小于 1% 的浓度下，遇冷可凝结成冻，受热又能转变为胶液，一般熔点为 27~31℃，低于人体温度，因而明胶微胶囊制品具有入口即化的优点。

明胶的获得有酸法或碱法两种方法，酸法水解所得产品为 A 型，等电点在 8.8~9.1 之间，碱法水解所得产品为 B 型，其等电点在 4.8~5.1 之间。实际应用中，可利用热的明胶水溶液加到石油醚的冷溶液中明胶就会凝聚，以及明胶加热到 80℃ 会发生凝聚的性质，采用锐孔-凝固浴法包埋脂溶性物质；还可利用明胶不溶于乙醇、丙酮、聚乙二醇，以及加盐时盐析出来的性质，采用凝聚法制备微胶囊。

（2）乳清蛋白　乳清蛋白是干酪生产过程中的副产品，经过浓缩精制而得的一类蛋白质，主要分为乳清浓缩蛋白（WPC）和乳清分离蛋白（WPI）两大类。乳清蛋白虽具有稳定乳状液的表面活性，但其稳定油滴的能力较差，不太适合单独作为包埋大豆油的壁材。在实际应用过程中，乳清蛋白常与碳水化合物复配使用。碳水化合物的加入会显著改善以乳蛋白为壁材的油脂微胶囊的包埋效率或氧化稳定性。

（3）酪蛋白及其盐类（酪蛋白酸钠）　牛乳中所含的酪蛋白多以胶束的形式存在，以碱性物质处理酪蛋白可将其转变成溶解性良好的蛋白类亲水胶体。酪蛋白的等电点为 pH4.6，在制备时首先制成 O/W 型乳液，然后通过调节乳液的 pH 值，使酪蛋白在囊心表面凝聚而形成微胶囊，这种方法叫调节 pH 值的单凝聚法。

而酪蛋白酸钠也是制作壁材的最重要的一种酪蛋白盐类。环境条件的改变会对酪蛋白酸钠的乳化性造成较大影响，其在等电点时乳化性最差，在碱性环境下乳化性随 pH 值上升而提高；又因为其耐热性较好，在加热到 130℃ 以上才会被破坏，因此，在一定的 pH 值下对其进行加热处理可改善其乳化性。Faldt 等指出，酪蛋白酸钠是较乳清蛋白更优越的微胶囊壁材，而在喷雾干燥过程中，酪蛋白酸钠与乳糖的组配会显著提高油脂微胶囊的性能。

（4）大豆蛋白　大豆蛋白是一种分子量极大的球状蛋白，在制备 O/W 乳状液时能定向吸附到油/水界面形成较强的界面膜，但乳化油滴过程中其球状结构的受热展开导致其在水相的溶解度大大下降。因此以其为主要壁材的微胶囊产品溶解性能欠佳。人们在大豆蛋白功能性质的长期研究中发现采用酶法改性可以解决大豆蛋白溶解性，即通过酶水解打断大豆蛋白质的分子主链，一方面减小分子的大小，另一方面由于肽键的断裂，使体系的亲水基团大大增加，从而使大豆分离蛋白溶解性大幅度上升，在 pH＞8.0 后可完全溶于水中，而且尚有一定的乳化能力。因此用它来作为水溶性微胶囊化产品的壁材有一定的可能性。

不同种类的蛋白质在实际应用过程中会表现出很大的性能差异，例如有人以麦芽糊精分别组配 3 种蛋白质（酪蛋白酸钠、明胶、大豆蛋白）制备磷脂乳状液，并对其进行喷雾干燥微胶囊化。结果表明，乳状液的油相上浮稳定性随麦芽糊精与蛋白质比例的增加而降低，其中以酪蛋白酸钠为乳化剂的乳状液稳定性最佳，因为其与麦芽糊精具有更好的亲和力；在优化的喷雾干燥条件下，所制备的微胶囊产品中主要成分已被有效包埋入壁材。

2. 碳水化合物类壁材

（1）环糊精　环糊精（cyclodextrin CD）是最常用的食品微胶囊壁材之一，它是直链淀粉在芽孢杆菌产生的环糊精葡萄糖基转移酶作用下生成的一系列环状低聚糖的总称，通常含有 6～12 个 D-吡喃葡萄糖单元。其中最常见的是 α-环糊精（α-cyclodextrin）、β-环糊精（β-cyclodextrin）、γ-环糊精（γ-cyclodextrin），分别由 6 个、7 个、8 个葡萄糖单元的分子构成。环糊精分子结构如图 3-2 所示，分子呈上宽下窄、两端开口、中空的筒状物，是一个无还原基的闭合环形分子，中心部分为疏水基，而葡萄糖单体的氢原子朝向环糊精的空腔，形成疏水性，能与有机分子形成包结络合物。有机化合物分子的疏水性愈强，其复合物的结合能力愈大，在干燥无水状态时非常稳定，只有在 200℃下才能分解，而且耐酸、耐碱、不易受酶分解。葡萄糖单体的羟基指向环糊精的外侧，使环糊精具有水溶性。

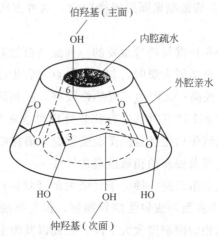

图 3-2　环糊精的立体结构

　　α-环糊精、β-环糊精、γ-环糊精的圆筒直径分别是 47～53nm、60～65nm 和 75～83nm。圆筒的结构使它具有容纳其他形状和大小适合的疏水性物质的分子或基团而嵌入洞中，形成包合物的特性（如图 3-3 所示）。环糊精在包合物中作为"主分子"，在其圆筒内将其他物质的分子作为"客分子"包合起来，通过微弱的范德华力将填充进空洞的客分子组合成单分子包合物，故人们形象地称之为"分子囊"，也有称为"超微囊"。但是要形成良好的络合物，必须使环糊精空腔壁与客体分子相互匹配，因此不同大小的芯材分子应选择不同的环糊精。环糊精一个分子就是一个空胶囊，被广泛用于挥发性物质的包埋和缓释作用，特别适用于非极性分子物质。

　　（2）麦芽糊精　麦芽糊精是 DE 值 5～20 的淀粉水解产物。它介于淀粉和淀粉糖之间，是一种价格低廉、口感滑腻、没有任何味道的营养性多糖。麦芽糊精一般为多种 DE 值的混合物。DE 值小的麦芽糊精因含有较大分子多糖而具有较高的黏度和稠度，对蛋白质分子在疏水物料表面上的扩散阻力较大，所以产品的微胶囊化效率低。DE 值为 12 的麦芽糊精微胶囊化效率就最低。随着 DE 值上

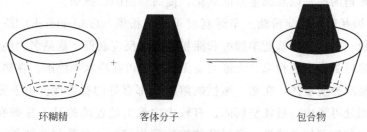

环糊精   客体分子   包合物

图 3-3 环糊精包合物

升，小分子的糖不断增多，对蛋白质分子的扩散阻力不断减少，微胶囊化效率也不断上升。不过，浓度过大时，形成的乳状液粗糙，颗粒较大，虽然蛋白质界面膜可形成得很好，但该微胶囊膜的强度不够，成膜性差，在喷雾干燥时会产生很多裂缝，影响产品的微胶囊化效率，吸湿性增强，发生褐变的机会越大。据研究，DE 值为 20 的麦芽糊精的包埋效率最高。

利用麦芽糊精作微胶囊壁材有以下优点：麦芽糊精不易吸水，包埋的粉状产品不结块，可自由流动；麦芽糊精水溶性好，遇水即可释放出所包埋的芯材物料；麦芽糊精价格低廉；麦芽糊精的成膜能力和保香效果随 DE 值的增加而提高。但是麦芽糊精的乳化稳定性差，需与阿拉伯胶等混合使用。

（3）改性淀粉 天然淀粉的物理性质具有一定的局限性，为了满足某种特定的需要，通常需要经过化学改性，改变其物理性质，从而使淀粉的应用领域不断拓展。变性淀粉是以植物淀粉经化学修饰而得到的具有不同理化性能的产品。

① 微孔淀粉 微孔淀粉也叫多孔淀粉，是指具有生淀粉酶活力的酶在低于淀粉糊化温度下作用于生淀粉颗粒后形成的一种蜂窝状多孔性变性淀粉，其小孔直径为 1μm。小孔布满整个淀粉颗粒表面，由表面向中心深入，孔的容积占颗粒体积的 50% 左右。微孔淀粉是一种新型变性淀粉，具有较大的吸附能力，吸附目的物后对其有保护作用，以及缓慢释放目的物的作用。

微孔淀粉作为新型生物吸附材料，主要是以玉米淀粉、马铃薯淀粉、木薯淀粉等为原料通过淀粉酶的微孔化加工而成。微孔淀粉的质量优劣主要在于微孔的直径大小、微孔的孔腔体积与淀粉总体积的比率、在淀粉表面的分布和淀粉内部微孔的分布。微孔的大小往往决定微孔淀粉的吸附性能与缓释性能；微孔的孔腔体积与淀粉总体积的比率决定微孔淀粉的吸附效率和吸附成本。

微孔淀粉孔的形成取决于淀粉及淀粉酶的来源、品种及酶解条件，控制淀粉水解程度即可调节孔数、孔径、孔深、颗粒坚固性及结构稳定性。微孔淀粉表面以及内部由于具有蜂窝状多孔性的结构，因此具有良好的吸附性能，可以作为一种新型生物吸附材料用于油脂、香精、脂溶性物质、敏感物质微胶囊化，具有缓释功能，可封闭异味、臭味等，在食品工业方面可以包埋脂溶性维生素和香精以有效防止香精的挥发以及维生素的氧化，提高食品的贮藏期。

② 辛烯基琥珀酸淀粉酯　辛烯基琥珀酸淀粉酯（OSA-starch）是一种新型的改性淀粉，是以辛烯基琥珀酸酐和淀粉经酯化反应制得，商品名为纯胶。辛烯基琥珀酸淀粉酯为白色粉末，无毒无臭无异味，可在冷水中溶解，在热水中可加快溶解，呈现透明液体，在酸、碱性的溶液中都有好的稳定性。由于分子量大，在油水界面处可形成一层较坚韧的、有较大内聚力的连续的且不易破裂的液膜，可以稳定水包油型的乳浊液。辛烯基琥珀酸酯化淀粉作为乳化剂制备的乳状液，在常温下可以在较长时间内保持不发生分层、变形，维持较高的乳化稳定性，进而为喷雾干燥法制备食品微胶囊提供适当的壁材。

由于辛烯基琥珀酸淀粉酯具有乳化增稠的双重作用，可以改善物料的质地和结构稳定性，和其他表面活性剂有很好的协同效应，没有配伍禁忌，并且能够防止蛋白质凝聚和冷热引起的变性。因此可作为乳浊液稳定剂、微胶囊壁材包埋风味物质而应用于食品领域。

蔗糖、麦芽糖和乳糖均可作为油脂的微胶囊化壁材，但是它们必须与其他的壁材成分复合使用。

3. 植物胶类

(1) 阿拉伯胶　阿拉伯胶由 98％的多糖和 2％的蛋白质构成，所含蛋白质赋予其乳化性能。阿拉伯胶具有高度的水解性，可配制成 50％的水溶液且仍具有流动性，而且耐酸性强，在 pH 值为 3 时仍很稳定，是一种性能良好呈弱酸性天然阴离子高分子电解质，因此很适于用作微胶囊壁材。

在各种天然植物胶中，天然阿拉伯胶溶液的黏度最低，乳化性最好，其黏度和乳化性受 pH 值影响较大，pH＝6～7 时黏度最大。阿拉伯胶另一个优点是其对乳化的稳定性，因此常作为乳化剂的稳定剂，这对微胶囊液的制备很有利。阿拉伯胶主要应用在风味料的微胶囊化技术中，但阿拉伯胶的来源价格高且供应不稳定。

(2) 海藻酸钠　海藻酸钠是无臭、无味、无毒、白色至浅黄色的不定型粉末，由天然的褐藻类植物经过一定的工艺过程制取海藻酸，再由海藻酸与碱作用而制成。海藻酸钠易溶于冷水，加入温水使之胶化，吸湿性强，持水性能好，在低浓度下也具有较高的黏度，而且易形成透明、高韧性的薄膜。海藻酸钠的黏度会因聚合度、浓度和温度而异。pH 值在 6～11 时稳定性良好，pH＜6 时析出海藻酸钠，不溶于水，pH＞11 时又发生凝聚。黏度在 pH 为 7 时最大。

海藻酸钠与钙、铁、锌等二价以上阳离子接触时会瞬时凝胶化，其中聚古洛糖醛酸链段与钙离子的结合非常强，能形成完全聚合的网状结构。在微胶囊技术中常利用此特性对蛋白质、细胞等物质进行包埋，该制备过程简单，并且避免了高温、有机溶剂等有害的条件，利于被包埋物的活性，并且形成的包囊无毒、有足够韧性强度，并具有半透性。

海藻酸钠作为天然的聚阴离子化合物，分子链上含有大量的羧基，能与带正电荷的高分子化合物，如壳聚糖、聚赖氨酸、聚精氨酸通过静电作用采用界面聚合法的方法形成微囊，其原理是将两种带有不同基团的单体分别溶于两种互不相溶的溶剂中，当一种溶液分散到另一种溶液中时在两种溶液的界面上单体相遇生成一层聚合物膜。

（3）黄原胶　黄原胶是一种微生物多糖，虽然和海藻胶、瓜尔胶、卡拉胶一样不具乳化能力，但它在低浓度时具有较高黏度，在较宽的温度范围（0～100℃）内溶液黏度基本不变，与其他胶体具有协同作用，能改善乳状液的流变性，增加乳化体系的稳定性，具有良好的冻融稳定性。例如在粉末油脂微胶囊制备时，壁材中添加黄原胶，无论是对微胶囊化的产率及效率、产品抗氧化性、芯材的保留率及乳状液稳定性，还是对产品的微观结构，黄原胶都起到了非常有利的作用。

黄原胶是一种亲水胶体，在连续水相中能维持网状结构，起增稠和稳定的作用，同时还可增加体系的黏度。体系的高黏度可对乳液液滴的运动产生阻滞作用，减小液滴碰撞聚合的比率，在干燥时降低了界面膜的干燥速度，使界面膜不易破裂，从而达到使油滴稳定地分散的效果。此外，黄原胶与蛋白质有复合协同作用，从微胶囊产品的微观结构分析，通常乳化液中的蛋白分子在喷雾干燥前以完全水合态吸附在油水界面上，喷雾干燥瞬间脱水时蛋白质容易失水而产生不均衡收缩，以致膜的致密性和强度下降；如果存在黄原胶分子，通过与蛋白质分子结合，使蛋白质保持类似水合态的稳定性，喷雾干燥时会代替蛋白质失水，使蛋白质分子因剧烈失水造成的壁结构缺陷降低，最后产品中的黄原胶分子嵌合于蛋白基质中，壁材的致密性大大提高，所得的微胶囊产品各项性能显著提高。

（4）其他　卡拉胶能与酪蛋白、大豆蛋白、乳清蛋白、明胶等发生协同作用，有利于提高微胶囊壁材的稳定性和致密性。

琼脂是具有聚半乳糖苷结构的多糖，含有约 90% β-D-吡喃半乳糖和 10% β-L-吡喃半乳糖。从不同制法得到的琼脂，有中性和酸性之分，都可用作制备微胶囊，其中酸性琼脂含硫最低、透明性好、结胶强度高。

4. 半合成高分子材料

半合成高分子材料是常用的一些纤维衍生物，它们的特点是毒性低、黏性大、成盐后溶解度增加，但易水解，因此不宜高温处理，且须临用时新鲜配制。常见的半合成高分子材料有羧甲基纤维素钠（CMC）、邻苯二甲酸酯纤维（CAP）、甲基纤维素（MC）、乙基纤维素等。

5. 全合成高分子材料

全合成高分子材料是一类成膜性和化学稳定性均好的包囊材料，最新合成的体内可生物降解的壁材现已引起了高度重视。常见的全合成高分子材料有聚乙二醇（PEG）、聚乙烯乙醇（PVA）、聚酰胺、聚乙烯吡咯烷酮（PVP）等。

二、微胶囊的性质

微胶囊技术是用特殊手段将固体、液体或气体物质包裹在一微小的、半透性或封闭胶囊内的过程。微胶囊可简单地看作由芯材和壁材组成。

（一）粒度分布

微胶囊的粒度不均匀，变化范围也较宽，而工艺参数条件的变化对于最终产品的粒度有直接影响，如乳化条件、反应原料的化学性质、聚合反应的温度、黏度、表面活性剂的浓度和类型、容器及搅拌器的构造、有机相和水相的量等。测定粒度分布的方法有多种，一般用显微镜和计数器等方法。

1. 反应相黏度和设备的影响

在两相悬浮体系中，搅拌状态下液滴的分布在数分钟内可趋于稳定，而液滴粒径的分布主要取决于搅拌状态，搅拌越均匀，液滴和最终产品的粒径分布范围越小。影响平均粒径的相关因素关系如式（3-1）：

$$\overline{d} \propto K \frac{D_v R r_d \varepsilon}{D_s N r_m c_s} \tag{3-1}$$

式中　$\overline{d}$——液滴平均直径；

D_v——容器直径；

D_s——搅拌器直径；

R——液滴相与悬浮介质的体积比；

ε——两相间的表面张力；

r_d——液滴相黏度；

r_m——悬浮相黏度；

N——搅拌速率；

c_s——稳定剂浓度；

K——设备性能的参数。

设备在搅拌时产生的涡流程度高，液滴的均匀性相应的也高，粒径的分布就窄；搅拌容器的有效直径降低，产品的粒径就小。

2. 乳化条件的影响

乳化剂的种类、浓度、机械分散程度对微胶囊产品的平均粒径影响很大，乳化剂浓度提高和机械搅拌速度增加都能使微胶囊粒径的分布范围变窄，但达到一定程度后不再随条件变化而变化。

3. 聚合反应中间体和温度的影响

在聚合阶段反应中间体的化学组成和聚合温度都会严重影响产品平均粒径分布，聚合反应速率因温度提高而加快，生成的囊壁分子量也相应提高，同时提高了包囊材料的黏度。

4. 物料黏度的影响

作为囊芯物料的黏度越高，在分散于介质的过程中越难形成细小的液滴，因此产品的粒径越大。物料的黏度一般随浓度上升而提高，有些物料在浓度达到一定值后，无论乳化条件如何改变都无法降低产品粒径。

包囊材料的黏度越大，形成的液滴直径也越大。在聚合反应生成囊壁的过程中，聚合的分子量越大，黏度越高，并同时影响微胶囊的孔隙率。

悬浮介质黏度的增加有利于提高液滴稳定性，使产品的粒径减小。

（二）微胶囊壁厚度

微胶囊壁厚度与制法有关，采用相分离法制得的微胶囊壳厚为微米级，采用界面聚合法制得的微胶囊技术壳厚则是纳米级。胶囊壳厚除了与微胶囊制法有关外，还与胶囊粒度、胶囊材料含量和密度、反应物的化学结构有关。对界面缩聚法微胶囊切片分析推导得出的微胶囊囊壁厚度与粒径关系的理论公式为：

$$h = \frac{d}{2}\left[1 - \sqrt{\frac{S\rho}{S\rho + WG(2.24 - 0.16d)^{3/4}}}\right] \tag{3-2}$$

式中　h——囊壁厚度；

　　　ρ——囊壁材料密度；

　　　G——裹芯材料密度；

　　　d——胶囊直径；

　　　S——囊芯材料质量；

　　　W——囊壁材料质量。

如果设定所有微胶囊微粒是表面光滑的球状体，则其平均厚度计算公式可简化为：

$$h = \frac{W}{W_w - W} \times \frac{\rho_w}{\rho} \times \frac{d}{6} \tag{3-3}$$

式中　W_w——胶囊质量；

　　　ρ_w——芯材密度。

式（3-3）只适合于囊壁厚度远小于胶囊直径的薄壁微胶囊。如果假设囊壁厚度均匀，则壁厚度和囊芯的关系为：

$$h = \left[\left(\frac{W}{S} + 1 \right)^{1/3} - 1 \right] r_n \tag{3-4}$$

式中 r_n 为囊芯半径。在囊芯和囊壁用料比恒定时，囊壁厚度与囊芯半径成线性正比，与胶囊成分质量比的立方根成正比。

（三）微胶囊壁的渗透性能

微胶囊壳的渗透性是胶囊最重要的性能之一。为防止芯材料流失或防止外界材料的侵袭，应使囊壳有较低的渗透性；而要使芯材能缓慢或可控制释放，则应使囊壳有一定的渗透性。在不同场合下要求微胶囊有不同的渗透性。如香料微胶囊在食品中应用时要求低渗透性，只有在溶解、受压等设定的条件下才释放，而在一些香味包装中应用时，要求有持久缓慢的释放性能。微胶囊的渗透性与囊壳厚度、囊壳材料种类、芯材分子量大小等因素有关。

（四）芯材的释放性能

控释技术首先被应用于制药工业，现已广泛应用于食品中。控释是指一种或多种活性物质成分以一定的速率在指定的时间和位置的释放。微胶囊芯材的释放可分为因瞬间被打破而释放和逐渐从胶囊中缓慢释放两种情况，本章主要是针对后一种释放进行探讨。

1. 微胶囊的释放原理

微胶囊释放原理可分为扩散释放、压力活化释放、熔融活化释放及 pH 敏感释放四种。

（1）活性芯材物质通过囊壁膜的扩散释放　这是一种物理过程，芯材通过囊壁膜上的微孔、裂缝或者半透膜进行扩散而释放出。微胶囊碰到水会逐渐吸胀，水由囊壁膜渗入开始溶解芯材，此时出现了囊壁内外的浓度差，水的继续渗入会使芯材的溶解液透过半透膜扩散到溶剂中，扩散过程持续进行到囊壁内外浓度达到平衡或整个囊壁溶解为止。

（2）用外压或内压使囊膜破裂释放出芯材　此类方法也是使芯材得以释出的一种方法，一般在外部借助各种形式的外力作用使囊膜破裂释放出芯材，在内部是靠芯材的自身动力而释放出来。

（3）用水、溶剂等浸渍或加热等方法使囊膜降解而释放出芯材　这种释放机理对食品工业来说，在许多方面能发挥较好的作用。如对一些用在焙烤食品中的微胶囊化香料或酸味剂来说，就是利用在一定温度下囊壁的熔化而释放出芯材来发挥作用。对于一些本身具有异味的营养物质来说，需制成在口中不溶解而能在肠胃中溶解吸收的胶囊化产品，它主要是靠胃肠液来溶解囊壁释放出芯材。

（4）pH 敏感释放　这种释放是胶囊系统能对 pH 值变化作出反应，当 pH 值变化时胶囊破裂释放出芯材材料。

就机理研究和应用而言，扩散控制型系统是目前研究最多也是最有代表性的一种释放体系。这类释放体系中制剂和基材进行物理结合，释放过程由制剂在基材内的扩散速率控制。

在研究微胶囊释放理论时，常常把微胶囊假设成一个理想模式情况。其囊壁是由高聚物组成的连续均匀成一体的结构，并且在囊芯释放过程中其形状保持不变。囊芯物质释放分为三个过程：外界的分散介质透过微胶囊壁材进入到胶囊内部；囊芯物质分散到进入的介质中形成乳状液；分散囊芯乳状液由微胶囊内部高浓度区扩散到微胶囊外界。

2. 影响微胶囊释放的因素

（1）壁材厚度的影响　微胶囊种类和制作工艺的不同，使制得的微胶囊的大小和囊壁的厚度分布也不同。一般情况下，定量的芯材制成的微胶囊颗粒数目多，胶囊就小，囊壁就薄；反之则厚。即使是同一品种使用同一种工艺，所生产出的胶囊大小及囊壁厚度也不一样，即使是同一个微胶囊上，其壁膜的不同部位也有不同的厚度，这就使得芯材的扩散速率不同，壁厚的扩散速率就慢。

（2）囊壁上孔洞的影响　微胶囊壁不仅厚度不均匀，而且壁膜并非是均匀连续的高聚物结构。囊壁上具有孔洞，芯材可以通过高聚物连续体向外扩散，也可以通过囊壁上的孔洞向外扩散。壁膜的孔隙率大的，芯材从中扩散速率就大。

（3）壁材变形的影响　缓释时，环境中水通过胶囊壁进入到胶囊中，有微胶囊的壁材（如甲基纤维素和酪蛋白）会吸水而膨胀，改变了壁材的孔隙率，甚至吸水膨胀成一种胶状层，阻止了囊芯向外扩散。

（4）囊壁的性质影响　囊壁的结晶度会影响其囊芯的扩散，囊芯一般不能通过紧密排列的结晶区向外扩散，只能通过无定形区向外扩散，因此结晶度高的壁材阻力大。

不同的高聚物壁材包覆同种成分形成的微胶囊释放速率也不同，例如明胶可与负电荷的聚电解质（如褐藻酸钠、果胶、阿拉伯胶）凝聚形成微胶囊壁膜，其中明胶与果胶形成的壁膜释放速率较慢，而明胶与褐藻酸钠形成的壁膜释放速率较快。有些微胶囊的制备中使用了交联使胶囊壁硬化，囊芯只能通过交联的网眼向外扩散，因此，交联度越大对囊芯扩散的阻力也越大。如增塑剂，则囊壁硬度会降低，玻璃化温度下降，使囊芯易于扩散。

（5）芯材性质的影响　易溶于水的芯材会很快进入到水中溶解并在核心内达到其饱和溶解度，通过胶囊壁材迁移到胶囊外的大体积水相时，推动力大；反之，难溶于水的芯材，在微胶囊内的溶解度低，核心内浓度与胶囊外相浓度差别小，从而推动其向外迁移的推动力小。

微胶囊的扩散过程包括两部分：一是微胶囊膜中的传递过程；二是微胶囊内

的传递过程。一般来说，芯材在水中的扩散系数远大于其在微胶囊高聚物壁材中的扩散系数，因此，芯材在壁膜中的扩散速率是芯材释放速率的决定因素。

除了以上因素影响微胶囊释放，在实际应用中，还有壁材中的添加剂的影响，反应过程中 pH 的变化等因素。

三、微胶囊的质量评价

对于微胶囊产品来说，针对不同的芯材，选用不同的壁材和不同的方法所制得的微胶囊的性能可能相差很大，有时对于同种壁材由于胶囊化工艺条件的差异，也会引起产品质量的不一致性。因此，微胶囊的质量评定就显得很重要。

1. 溶出速度

通过微胶囊溶出速度的测定可直接反映芯材的释放速度，溶出速度是评定微胶囊质量的主要指标之一。溶出速度的测定一般是根据具体产品的具体形式来考虑，目前在食品工业中，由于微胶囊应用的时间较短，至今尚没有形成一种专项的方法，只能借助其他行业的类似方法进行。例如美国药典十九版中测定片剂药物中微胶囊产品溶出速度的转篮式释放仪，或国产的片剂仪及烧杯法等。

2. 芯材含量的测定

芯材含量是评定微胶囊产品质量的重要指标之一，所用的方法需视具体产品以及不同的芯材性质作具体选择。如对挥发油类微胶囊的含量测定，通常是以索氏提取法来计算含油量。对其他类型的微胶囊产品也可以采用溶剂提取法或水提取法等来进行。

3. 微胶囊的包埋率和包埋量

包埋率即芯材真正被胶囊化包埋的比例。因为有部分芯材会裸露于表面，也有些胶囊有裂纹。测定方法是先用有机溶剂清洗微胶囊粉末，洗去未被包埋的芯材，再将洗过的胶囊溶于水，再用蒸馏法或有机溶剂萃取法测定释放出的芯材。包埋率越高越好。

包埋量即芯材与壁材的比例。芯材比例大，则生产效率降低，成本低，但其他方面效果下降。

4. 微胶囊尺寸大小的测定

微胶囊的外形一般为圆球形或卵圆形，其大小测定方法可采用显微镜法，观测 625 个微胶囊，分别测定并计算其大小，对于非球形微胶囊，应在显微镜上另加特殊装置。

第三节　微胶囊的制备方法

微胶囊化的基本步骤是先将芯材分散成微粒于微胶囊化介质中；再将成膜材料（壁材）加入该分散体系中；然后通过某种方法，将壁材聚集、沉积、包敷在已分散的芯材周围；最后固化定形（图 3-4）。芯材为固态时，可用磨细后过筛的方法控制其粒度，或者制备成溶液，按液态芯材包埋；液态芯材可用均质、搅拌、超声震动等方法分散成小液滴，均匀分布在分散相中。如果微胶囊化所用的介质为气体则可应用喷雾法、离心力法、重力法或流化床法。在很多实例中，微胶囊的膜壁是不稳定的，需要用化学或物理的方法处理以达到一定的机械强度。

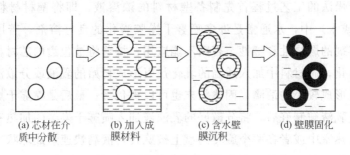

(a) 芯材在介　　(b) 加入成　　(c) 含水壁　　(d) 壁膜固化
质中分散　　　膜材料　　　膜沉积

图 3-4　微胶囊化的基本步骤

微胶囊的制备方法可以分为化学法、物理化学法和物理法三大类（表 3-1）。化学法是建立在化学反应基础上的微胶囊制备技术，主要是利用单体小分子发生聚合反应生成高分子成膜材料并将芯材包裹；物理化学法是通过改变条件，使溶解状态的成膜材料从溶液中聚沉出来，并将囊芯包覆形成微胶囊的方法；物理法是利用物理与机械原理制备微胶囊。

表 3-1　微胶囊的制备方法及壁材应用

分类	具体方法	壁材
化学法	界面聚合法、原位聚合法、分子包囊法、辐射包囊法	聚酰胺、聚氨酯、聚脲、聚酯、乙烯基聚合物、三聚氰酰胺、尿素树脂、海藻酸、明胶
物理法	喷雾干燥法、喷雾凝冻法、空气悬浮法、真空蒸汽沉淀法、静电结合法、多孔离心法	明胶、有机溶剂、可溶的聚合物、聚苯乙烯、聚乙烯、石蜡
物理化学法	水相分离法、油相分离法、囊心交换法、挤压法、锐孔法、粉末床法、熔化分散、复相乳液	聚合物、医药品、氧化铝、农药、炭素、明胶、淀粉、纤维素、聚酰胺、聚氨酯、金属、石蜡

真正可用于食品工业的微胶囊方法则需符合以下条件：能批量连续化生产；生产成本低，能被食品工业接受；有成套相应设备可引用，设备简单；生产中不产生大量污染物，如含化学物或高浓 COD、BOD 的废水；壁材是可食用的，符合食品卫生法和食品添加剂标准；使用微胶囊技术后确实可简化生产工艺，提高

食品质量（外观、口感或延长货架期）。因此，目前能在食品工业中应用的方法只有几种，主要有喷雾干燥法、空气悬浮包衣法、挤压法、超分子包合物形成法、相分离法、锐孔-凝固浴法等，其中应用最多的是喷雾干燥法、挤压法和超分子包合物形成法。

一、喷雾干燥法

喷雾干燥法是工业中应用最广泛的微胶囊化方法，具有操作灵活，成本低廉的特点。喷雾干燥法适用于热敏材料的颗粒化。

（一）喷雾微胶囊造粒的工艺过程及原理

喷雾干燥法的工艺过程首先制备壁材料的浓溶液，即将壁材材料溶于溶液（有机溶剂或水）中，水通常是许多喷雾干燥胶囊化的良好溶剂，若用其他溶剂则要注意溶剂的燃烧性和毒性，否则不能应用；接着将被包囊的芯材料在壁材料的溶液中乳化，芯材料中加入适当的乳化剂以形成初始的乳液或分散液，将芯材料乳化直至形成较小的油滴，固体粉末也可以被包囊；最后是喷雾干燥，当适宜的分散液或乳液被制好后，将分散好的乳浊液加入喷雾干燥器的加热室中，液滴被喷射到加热室中或者在两个旋转的盘上被旋转，液滴快速形成球状，球状液滴表面与热空气接触，产品开始干燥，热空气将壁材料干燥并包裹芯材料形成胶囊，这些胶囊落到喷雾干燥箱体的底部而被收集。物料在喷雾干燥室中的停留时间小于30s。

喷雾干燥胶囊化原理是在喷雾干燥过程中壁材在遇热时形成一种网状结构，起着筛分作用。小分子物质如水，由于体积小，经热或脱水剂的作用，能顺利地通过网状结构，而分子体积较大的芯材则滞留于网内，通过选择不同物质或几种物质的混合作为壁材，可以人为地控制"网"孔的大小，达到包裹不同分子大小物质的目的。根据芯材和壁材的组成可分为三种情况：把脂溶性囊芯或固体分散在水溶性壁材溶液中形成水包油型乳液，为水溶液型；把水溶性囊芯分散在疏水性有机溶液壁材中形成油包水型乳液，为有机溶液型；以其他方法制成的湿微胶囊浓浆液为囊芯，为囊浆型。

喷雾干燥法的芯材通常是香料等风味物质或油类；壁材常选用食品级胶体，如明胶、阿拉伯胶、变性淀粉、蛋白质、纤维酯等。通常，壁材可溶于水，芯材不溶于水，因此，将芯材分散于壁材溶液中时，应适当地加入乳化剂，制备成油水型乳化液。把这种乳化液置于高温的干燥器内，通过喷雾头雾化成微小的液滴，这些小液滴与热空气接触时，溶解壁材的水分受热迅速蒸发，使壁材凝固，从而将芯材包裹起来。这样制备出来的微胶囊颗粒一般呈球形，成品质地疏松，由于油相被包囊在水相中，这种微胶囊产品具有水溶性。

（二）喷雾微胶囊造粒的装置

喷雾微胶囊造粒装置主要由恒流泵、雾化器、空气加热器、干燥室和粉末回收器等 5 个部分组成，其中最重要的是雾化器和干燥室。

1. 雾化器

雾化器是喷雾干燥的关键部分。液体通过雾化器分散成微小液滴，提供了很大的蒸发表面积，有利于达到快速干燥的目的，对于雾化器的要求为：雾滴均匀、雾化器生产能力大、能量消耗低及操作简便等。目前，常用的雾化器有离心式雾化器、压力式雾化器和气流式雾化器三类。

（1）离心式雾化器 离心式雾化器是将料液加到高速旋转的盘或轮中，使之在离心力作用下，从盘或轮的边缘甩出形成料雾。其操作过程是物料送到旋转的转盘上，由于转盘离心力的作用，料液在盘面上形成薄膜，并且以不断增大的速度向盘的边缘运动，离开盘的边缘时液膜会破碎并雾化（见图 3-5）。

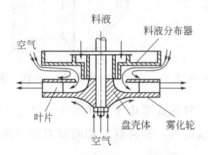

图 3-5 离心雾化器工作原理

离心式雾化器的液滴大小和喷雾均匀性主要取决于转盘的圆周速度和液膜厚度，而液膜厚度与溶液的处理量有关。当盘的圆周速度小于 50m/s 时，雾滴主要由粗雾滴和靠近盘处的细雾滴组成，很不均匀。喷雾的不均匀性随盘速的加快而降低。圆周速度为 60m/s 不会出现不均匀的现象。通常转盘操作的圆周速度为 90～140m/s。

离心雾化器有液料通道大，不易堵塞；对液料的适应性强；高黏度、高浓度的液料均可；操作弹性大，进液量变化±25％时，对产品质量无大影响等优点。但是这种雾化器的结构复杂、造价高，并且动力消耗比压力式大，只适于顺流立式喷雾干燥设备。

（2）压力式雾化器 压力式雾化器主要由液体切向入口、液体旋转室和喷嘴孔组成（见图 3-6）。利用压力泵将料液从喷嘴孔内高压（1960～19600kPa）喷出，从切向入口进入喷嘴的旋转室，液体在旋转室高速旋转。旋转速率愈大，静压强愈低，于是在喷嘴中央形成一股压强等于大气压的空气旋流，而液体则变为绕空气心旋转的环形薄膜。液体静压在喷嘴处转变为液膜向前运动的动能，于是液膜会从喷嘴喷出，然后伸长变薄并逐渐在干燥介质中将料液分散成雾滴。

压力喷嘴式雾化能生产小颗粒状物料，可减少细粉飞扬，提高干粉回收率，且喷嘴制造简单，加工方便，对产品的污染小，在工业上有较广的应用。

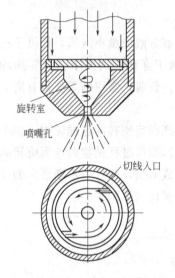

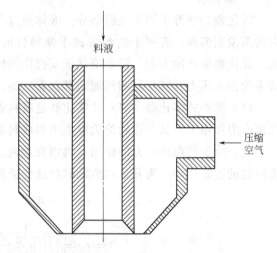

图 3-6　压力式雾化器操作原理　　　　图 3-7　气流式雾化器操作原理

（3）气流式雾化器　气流式雾化器是利用压缩空气（或水蒸气）以高速从喷嘴喷出，借助于空气（或蒸汽）和料液两相间相对速度的不同而产生的摩擦力，把料液分散成雾滴。

气流式雾化器的雾化原理如图 3-7 所示，压缩空气走环隙（即气体通道），中心管走液体（即液体通道）。由于气流的速度很高（一般为 200～400m/s），而液体的速度相对较低（一般不超过 2m/s），故当气流和液流在中心管的端面处相遇后，流动产生的巨大速度差使液体迅速地卷入高速气流中，液体被高速气流所携带并形成许许多多绕其身旋转的小旋涡。由于高速气流强烈的脉动，同时在收缩管壁的撞击下，液体破碎成微细的液滴，于是气液混合形成了雾状。

气流式雾化器的结构一般较为简单，能很方便地产生极细的或较大的雾滴，对低黏度物料和高黏度料液均可雾化，使用范围较广，操作弹性大，动力（压缩空气）消耗比压力式和离心式雾化器大，一般是另外两种的 4～8 倍，常用于干燥小批量的产品。

2. 干燥室

喷雾干燥法进行微胶囊造粒分三步：①利用雾化器对初始溶液进行雾化；②雾化形成的液滴需在干燥室内与干燥介质接触进行蒸发和干燥；③微胶囊粉末进行收集。喷雾干燥室分为箱式和塔式两类。

（三）影响喷雾干燥法微胶囊化的主要因素

1. 物料的浓度和黏度

物料的浓度指喷雾干燥用液的固形物含量，一般为 30%～60%。在适当的范围内增加壁材含量可以大幅度提高包埋率，因为壁材量增加，液滴成膜速度增加，低沸点物质损失减少；若壁材量过高，黏度太大，液滴雾化困难，包埋率反而下降；浓度过低，芯材的某些成分易挥发，而且干燥效率不高。通常只要不出现严重的粘结现象，物料浓度愈高、黏度愈大，愈有利于形成稳定的微胶囊体。

2. 乳化结构

芯材和壁材必须制成稳定的乳状液，才能使非连续相的芯材均匀分布于由壁材构成的连续相内，才能形成稳定的微胶囊结构。

单一乳化剂使用效果不如复配使用效果好。

3. 干燥温度和速率

虽然干燥室温度较高，但液滴内部的湿球温度远低于热空气温度。较高的进风温度能使液滴表面迅速形成一层半透性膜，防止芯材中挥发性成分损失，但温度过高会使物料呈流体状态，造成黏滞。另外，干燥速度也影响到囊壁上孔径大小。

（四）喷雾微胶囊造粒的特点

（1）干燥速率高、时间短　由于物料被雾化成粒径为几十微米的液滴，比表面积很大，有利于进行热交换，可在瞬间（几秒到几十秒）完成干燥。

（2）物料温度较低　乳状液经过高速离心的雾化器形成雾状，雾滴在喷雾干燥室内仅停留几秒钟，虽然在入口温度高达 180～200℃，但是由于液滴在蒸发过程中要吸收带走大量热，使得液滴只有在接近固化时温度才略有上升，喷雾干燥法对耐热性差的物质的影响并不很严重，因此适合于热敏温度的干燥。

（3）产品具有良好的分散性和溶解性　喷雾干燥法最适于亲油性液体物料的微胶囊化，且芯材的疏水性越强，微胶囊化效果越好。该方法包埋的芯材通常是香精油及油树脂等风味物质和几乎所有的油脂；壁材一般为明胶、阿拉伯胶和麦芽糊精、碳水化合物、蛋白质及纤维酯等。产品一般为水溶性胶体作为壁材的微胶囊粉末，产品具有疏松性、分散性和水溶性。

（4）生产过程简单，操作控制方便，适用于连续化生产，喷雾干燥既可以间歇操作，也可以连续操作，生产工艺简单，有利于大规模、连续化生产。

二、喷雾冷却和喷雾冷冻法

这两种方法工艺与喷雾干燥法相似，都是芯材均匀地分散于液化的壁材中，用喷雾方法使液滴雾化并处于某种被控制环境中，达到壁膜快速固化目的。与喷雾干燥的不同的有三点：一是喷雾冷却和喷雾冷冻法是通过加热手段使壁材呈熔融的液体状，而喷雾干燥法是将壁材溶解在某种溶剂中形成溶液；二是干燥室内的温度不同，前两者是通过在干燥室内通入循环冷风，使原来熔融状态的壁材（油脂类或蜡类）冷凝成微胶囊，或利用冷的有机溶剂脱溶剂作用而干燥来完成的，而喷雾干燥法是利用热气流或热空气进行干燥；三是包埋的类型不同，喷雾冷却和冷冻法是通过凝固已加热熔融的壁材（油脂或蜡类）完成微胶囊化的，而喷雾干燥法是通过失水达到壁材形成网络结构来完成微胶囊化的。对于香料等易挥发或对热特别敏感的囊芯适合采用低温下脱除溶剂，使壁材凝聚形成微胶囊的方法。

在喷雾冷却法中，壁材是低熔点的植物油及其衍生物。如熔点处于 $45\sim122℃$ 的脂肪及熔点处于 $45\sim67℃$ 的单甘油酸酯、双甘油酸酯等。

在喷雾冷冻法中，壁材可选熔点从 $32\sim42℃$ 的氢化植物油。通过此法可包埋硫酸亚铁、酸类、维生素类、风味物质及热敏性物质。

喷雾冷却法和喷雾冷冻法微胶囊不溶于水，芯材释放时需在壁材熔点附近。具有缓慢释放的特性，比较适用于保护许多水溶性风味物质。

三、空气悬浮微胶囊化法

空气悬浮成膜法（流化床工艺）是一种最老的微胶囊化的方法之一，该法由美国威斯康星大学药物学教授沃斯特（D. E. Wurster）发明，所以也称 Wurster 法。该方法是将芯材颗粒置于流化床中，冲入空气使芯材随气流做循环运动，溶解或熔融的壁材通过喷头雾化，喷洒在悬浮上升的芯材颗粒上，并沉积于其表面。这样经过反复多次的循环，芯材颗粒表面可以包上厚度适中且均匀的壁材层，从而达到微胶囊化目的。

（一）空气悬浮成膜装置

Wurster 装置主要由三部分组成：一个直立柱、柱体下端的流化床和一个加入壁材溶液的喷雾器（结构如图 3-8 所示）。柱体下半部是上宽下窄的成膜段，囊芯颗粒在流化空气床喷射的气流作用下被吹向柱体的顶端，同时从喷雾器射入的壁材溶液使囊芯表面润湿，由于固体芯材颗粒在湍流中翻滚，所以其表面的各点与壁材接触的概率相近，芯材颗粒表面被均匀地涂膜。在流化床产生的湍流空气中壁材溶液逐渐被干燥，并形成一定厚度的薄膜。柱体上半部是沉降段，由于柱体上部横截面积加大，使空气流速减低，不能继续支持囊芯颗粒保持向上运动，于是在重力作用下向柱体底部沉降，再次进入成膜段，在柱体下部又被包覆之后重新受到气流向上的推动作用，再次悬浮起向上运动。如此上升、下降运动和不断的壁材溶液润湿、包覆和干燥的循环往复，最终达到包覆成一定厚度的薄膜。此时停止喷雾，从底部收集得到微胶囊。

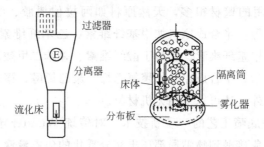

图 3-8　底置喷雾流化床结构

（二）结构特点

（1）物料高度分散　物料在导向筒内处于气流输送状态，分散性好，衣膜的喷涂不至于会产生粘连。

（2）底喷　雾粒与物料同向运行，其到达物料的距离很短，湿分不至于快速蒸发掉，与物料附着良好，并具有极强的铺展性，使得衣膜牢固、连续。

（3）规则流流态化　"喷泉"式流态化中物料具有重现性良好的运行轨迹，这一点是严格包衣操作所不可缺少的，物料与雾粒接触机会均等，包衣均匀。

（4）喷泉流流态化　物料本身形成自转，其表面任一角度与雾粒接触机会均等，对于缓释、控释而言，底喷工艺形成的衣膜连续均匀。

（5）衣膜性能　底喷流化床的"喷泉"规则流使得"完全"包衣变得可行，耗用衣材较省。

（6）设备部件要点　导向筒高度可调，随着物料粒径变大，其高度会有所改变。流化分布板是随物料性质变化的，其开孔率及其分布采取更换方式调节。根据床高度设计合适的导向筒高度；高度太高，碰撞加剧，会产生衣层脱落，太低影响物料由流化区飞向包衣区迁移，包衣不均。

（7）可工业化放大　底喷床可完成 400g 至 500kg 的包衣操作；大生产时，床内设置至 7 个喷头，同时要求具备七个一致的喷泉流。

（8）应用广泛　≥50μm 的粉末包衣，粒丸（≤6mm）掩味、着色、热熔、防潮、抗氧化包衣、粒丸肠溶衣、缓释包衣、控释包衣、悬浮液、溶液涂层放大等。

Wurster 系统所形成的"喷泉"式流态化，使物料具有可述的运行轨迹，雾粒接触每个粒子机会均等，同时粒子表面任一部位亦保证有均等机会与雾粒相遇，所以，物料包衣均匀、衣膜厚度均、包衣增重比低，是目前最为理想的包衣工艺。但是，Wurster 包埋法只能用固体颗粒作芯材。较细的颗粒易被排出空气带走而损失。颗粒在柱中上下左右地运动，发黏胶囊颗粒会彼此碰撞易凝聚，干燥后的胶囊会磨损，胶囊颗粒外观粗糙。

Wurster 法可用的壁材很多，天然原料如阿拉伯树胶、明胶、褐藻胶、虫胶、多糖类、蜡类等；半合成原料如甲基纤维素、乙基纤维素、羟乙基纤维素、羟丙基纤维素、羧甲基纤维素、乙酸丁酸纤维素、邻苯二甲酸乙酸纤维素、邻苯二甲酸羟丙基纤维素；全合成原料如聚氯乙烯、聚乙烯醇、聚偏二氯乙烯、甲基丙烯酸甲酯等。此外，还可以采用无机材料。

WursterHS 是底喷工艺的一项新技术，对传统 Wurster 喷枪系统进行了一些改进，使颗粒避免接触到喷嘴局部还未充分雾化的包衣液滴，和喷嘴局部由于雾化压力产生的负压区域，因此颗粒产生粘结的概率大大降低。与传统 Wurster 系统相比，WursterHS 系统中：①喷液速率提高 3～4 倍，每个喷枪可达 500～600g/min，因而充分利用了流化床的干燥效率，缩短生产周期；②喷枪可以使用较高的雾化压力，以形成非常小的雾化液滴，满足对小于 $100\mu m$ 颗粒的包衣需求；③颗粒避免接触喷嘴局部的压缩空气高速区域，减少包衣初期的表面磨损，有利于保持恒定的比表面积。

四、挤压法与锐孔-凝固法

挤压法与锐孔-凝固法是两种相似的微胶囊造粒方法。两者都是通过模头（锐孔）在压力作用下成型，挤压法形成微胶囊颗粒需经二次成型，即先挤成细丝状然后在固化液中借助力作用打断成颗粒，而锐孔法是微胶囊颗粒经一次成型。

挤压法是一种低温条件下加工生产微胶囊的技术，流程为先将芯材分散到熔融的碳水化合物中，然后将混合液装入密封容器，利用压力作用压迫混合液通过一组膜孔而呈丝状液，挤入凝固液中。当丝状混合液接触凝固液后，液状的壁材会脱水、硬化，将芯材包裹在里面成为丝状固体，然后将丝状固体打碎并从液体中分离出来，干燥而成。由于是低温操作，所以此法特别适用于包埋各种风味物质、香料、维生素 C 和色素等热敏感性物质。

锐孔-凝固浴法是用可溶性高聚物包覆囊芯材料，然后通过注射器等具有锐孔的器具形成微小液滴，进入另一液相池，并在池中发生反应，使高分子材料凝结成固态囊壁，完成微胶囊包埋。与界面聚合法和原位聚合法不同的是，锐孔-凝固浴法不是通过单体聚合反应生成膜材料的，而是在凝固浴中固化形成微胶囊，固化过程可能是化学反应，也可能是物理变化。

海藻酸钠是锐孔-凝固浴法微胶囊造粒最常用的囊壁，$CaCl_2$ 水溶液则是最常用的固化溶液。褐藻酸钠易溶于冷水，而且易形成透明而有很强韧性的薄膜，在凝固浴中遇到钙、镁等金属阳盐时，会迅速转变成褐藻酸盐沉淀，从水中析出。把褐藻酸钠水溶液用滴管或注射器等锐孔装置一滴滴加入到氯化钙溶液中时，液滴表面就会凝固形成一个个胶囊。锐孔-凝固浴法一般是以可溶性高聚物做原料包覆香精，而在凝固浴中固化形成微胶囊的。当遇到赖氨酸、聚精氨酸等阳离子高聚物时，也会从水中凝固。常用的凝固浴是氯化钙，形成的囊壁有足够的韧性强度，并具有半透性，是食品、医药微胶囊的首选。

五、凝聚法

凝聚法也称相分离法，是在不同液相分离过程中实现微胶囊化的过程，即在囊芯物质与包囊材料的混合物中，加入另一种物质或溶剂或采用其他适当的方法，使包囊材料的溶解度降低，使其自溶液中凝聚出来产生一个新的相，故叫做相分离凝聚法。具体过程是在分散有囊芯材料的连续相（a）中加入无机盐、成膜材料的凝聚剂，或改变温度、pH值等方法诱导两种成膜材料间相互结合，或改变温度、pH值在溶液中使壁材溶液产生相分离，形成两个新相，使原来的两相体系转变成三相体系（b），含壁材浓度很高的新相称凝聚胶体相，含壁材很少的称稀释胶体相。凝聚胶体相可以自由流动，并能够稳定地逐步环绕在囊芯微粒周围（c），最后形成微胶囊的壁膜（d）。壁膜形成后还需要通过加热、交联或去除溶剂来进一步固化（e）（如图 3-9 所示）。收集的产品用适当的溶剂洗涤，再通过喷雾干燥或流化床等干燥方法，使之成为可以自由流动的颗粒状产品。此法可制得十分微小的胶囊颗粒（颗粒＜1μm）。

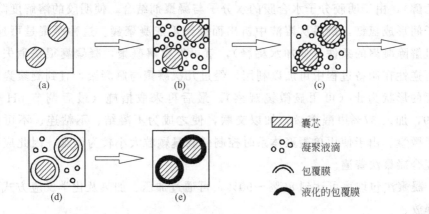

图 3-9　凝聚相分离法制备微胶囊的过程

根据分散介质不同，凝聚相分离技术分为水相分离法和油相分离法两种。在水相分离法中，芯材为疏水性物质，壁材为水溶性聚合物，凝聚时芯材自水相中分离出来，形成微胶囊；在油相分离法中，芯材和壁材的性质相反，芯材为水溶性物质，壁材为疏水性物质，凝聚相自疏水性溶液中分离出来而形成壁膜。而水相分离法又据成膜材料的不同分为复相凝聚法和单相凝聚法。

复凝聚法是使用带相反电荷的两种高分子材料作为复合囊材，在一定条件下交联且与囊心物凝聚成囊的方法。复凝聚法是经典的微囊化方法，适用于难溶性药物的微囊化。可作复合材料的有明胶与阿拉伯胶（或 CMC、CAP 等多糖）、海藻酸盐与聚赖氨酸、海藻酸盐与壳聚糖、海藻酸与清蛋白、清蛋白与阿拉伯胶等。

现以明胶与阿拉伯胶为例，明胶等电点为 pH 值＝4.8，当溶液 pH 值＞4.8时，明胶带负电荷；当 pH 值＜4.8 时，明胶带正电。调整 pH 使明胶溶液成为聚阳离子或聚阴离子胶体。阿拉伯胶属于中性分子，是带负电荷的聚阴离子体，其带电性不受 pH 影响。因此在较稀的明胶＋阿拉伯胶水溶液中，当 pH 值＞4.8 时两者均为聚阴离子体，不发生相互作用；当溶液的 pH 值＜4.8 时，明胶变成了聚阳离子体，而阿拉伯胶是聚阴离子体，于是两者发生相互作用，导致凝聚相生成，即形成微胶囊的壁膜。

单凝聚法与复合凝聚法的差异在于单凝聚法的水相中只含有一种可凝聚的高分子材料，这种高分子既可以是高分子电解质，也可能是高分子非电解质。单凝聚的方法是向高分子溶液中投入凝聚剂，破坏高分子与水的结合，使高分子在水中失去稳定，发生浓缩而聚沉。能使水溶性高分子发生凝聚的作用有盐析作用、等电点沉淀、凝聚剂非水化等。如将药物分散在明胶材料溶液中，然后加入凝聚剂（可以是强亲水性电解质硫酸钠水溶液，或强亲水性的非电解质如乙醇），由于明胶分子水合膜的水分子与凝聚剂结合，使明胶的溶解度降低，分子间形成氢键，最后从溶液中析出而凝聚形成凝聚囊。这种凝聚是可逆的，一旦解除凝聚的条件（如加水稀释），就可发生解凝聚，凝聚囊很快消失。这种可逆性在制备过程中可加以利用，经过几次凝聚与解凝聚，直到凝聚囊形成满意的形状为止（可用显微镜观察）。最后再采取措施（最后调节 pH 值至8～9，加入 37％甲醛溶液）加以交联，使之成为不凝结、不粘连、不可逆的球形微囊。由于使用单凝聚体系时控制微胶囊颗粒大小较为困难，因此应用不如复合凝聚法普遍。

凝聚法包埋率可达到 85％～90％，可通过加压、加热及化学反应方式使芯材释放。

六、分子包囊法

分子包囊法又称包接络合法、分子包埋法，是一种发生在分子水平上的利用具有特殊分子结构的壁材进行包埋而成的微胶囊化法。分子包埋法形成微胶囊的动力主要是分子间非共价键相互作用的力，包括范德华力、氢键、堆砌作用力。

如常用的 β-环糊精进行分子包埋取得了令人满意的效果。β-环糊精是由 7 个吡喃型葡萄糖分子以 α-1,4-糖苷键连接成环状化合物，其外形呈圆台状，亲水性基团分布在表面而形成亲水区，内部的中空部位则分布着疏水性基团（疏水中心），可利用其疏水作用以及空间体积匹配效应，与具有适当大小、形状和疏水性的分子通过非共价键的相互作用形成稳定的包合物，对于香料、色素及维生素等，在分子大小适合时都可与环糊精形成包合物。形成包合物的反应一般只能在水存在时进行，当 β-环糊精溶于水时，其环形中心空洞部分也被水分子占据，当加入非极性外来分子时，由于疏水性的空洞更易与非极性的外来分子结合，这些水分子很快被外来分子置换，形成比较稳定的包合物。

利用 β-环糊精为壁材包结络合形成微胶囊的方法比较简便，通常有三种方式：①在 β-环糊精水溶液中反应。一般在 70℃温度下配制 15％浓度的 β-环糊精水溶液，然后把囊芯加入到水溶液中，在搅拌过程中逐渐降温冷却，使包结形成的微胶囊慢慢从溶液中沉淀析出，经过滤、干燥，得到微胶囊粉末。②直接与 β-环糊精浆液混合。把囊芯材料加入到团体 β-环糊精中，加水调成糊状，搅拌均匀后干燥粉碎。③将囊芯蒸气通入 β-环糊精水溶液中使之反应，可形成微胶囊。

采用该法生产的微胶囊产品，其有效含量一般为 6％～15％（质量分数），在干燥状态下非常稳定。达 200℃时胶囊分解，在湿润时，芯材易释放，这有利于贮藏和使用。

该法无需特殊的设备，成本低，可用于包埋油脂、香料、色素、维生素等，但该法要求芯材分子颗粒大小一定，以适应疏水性中心的空间位置，而且必须是非极性分子，另外，原料价格也较高，这些大大限制了该法在食品工业中的应用。必须注意的是，在美国和西欧，环糊精不作为食品添加剂，而在我国、日本以及东欧等国家，则可应用于食品。

七、聚合法

（一）界面聚合法

界面聚合反应是将两种含有双（多）官能团的单体分别溶解在不相混溶的两种液体中，在两相界面上两种单体接触后发生缩聚反应，几分钟后即可在界面上形成缩聚产物的薄膜或皮层。这种缩聚纤维可以连续抽拉成薄膜或长丝，而在暴露出的新界面上继续进行缩聚反应，直到单体完全耗尽为止。例如在实验室内合成聚酰胺时，将己二胺溶于水（加适量碱以中和副产物 HCl），将己二酰氯溶于氯仿，放在烧杯中，于界面处很快反应成膜，不断将膜拉出，新的聚合物可以在界面处不断形成，并可抽成丝（如图 3-10 所示）。

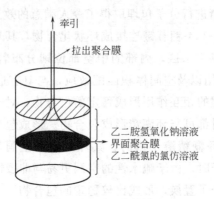

图 3-10 界面聚合抽膜示意

利用界面聚合法可以使疏水材料的溶液或分散液微胶囊化，也可以使亲水材料的水溶液或分散液微胶囊化。制备方法为：单体 A 存在于与水不相混溶的有机溶剂中，称为油相。然后将含单体 A 的油相分散至水相中，使其呈非常微小的油滴。当把可溶于水的单体 B 加入到水相中，搅拌整个体系时，则在水相和油相界面处发生聚合反应，结果在油滴表面上形成了聚合物的薄膜，油被包埋在该薄膜之内，得到含油的微胶囊。反之当把含有单体 B 的水溶液分散到油相中去，使其分散成为非常小的水滴，再将单体 A 加入到油相中去，则可获得含水的微胶囊，由于界面聚合法中连续相与分散相均必须提供活性单体，因此微胶囊化的效率高。将该方法制备出的微囊化乳酸菌产品用于乳酸发酵，其活菌含量会随发酵时间的延长而恢复。藤原正弘等人改进了此方法，称复乳状液法，具体过程是将乳酸菌液与添加了聚甘油脂肪酸酯的氢化油脂混合形成 W/O 型乳状液，再分散于含增稠稳定剂黄原胶的乳酸钙溶液中，最终形成 W/O/W 型双重乳状液，将此乳状液逐滴加到低甲氧基果胶之类的成膜液中，制成内部流动的微胶囊化产品，由于在菌体与外水相之间有一层固化的油脂膜作为屏障，使得产品在低 pH 值的条件下更稳定。

界面聚合法微胶囊化产品很多，例如甘油、水、药用润滑油、胺、酶、血红蛋白等。由于这种方法中所用的壁材均不具有可食性，因此在食品工业中还有待开发。

（二）原位聚合法

原位聚合法是一种与界面聚合密切相关，但又有明显区别的微胶囊制备技术。在界面聚合法制备微胶囊的工艺中，胶囊外壳是通过两类单体的聚合反应形成的，参加反应的单体至少有两种，其中必然存在油溶性和水溶性两类单体，且分别位于芯材液滴的内部和外部，并在芯材液滴的表面进行反应，形成聚合物薄膜。原位聚合法微胶囊化过程中，单体和催化剂全部位于囊芯的内部或外部，而且要求聚合前单体是可溶的，而形成的聚合物是不可溶的，聚合物沉积在囊芯表面并包覆形成微胶囊。

原位聚合法的单体可以是气溶胶、液体、水溶性或油溶性的单体或单体的混合物，亦可以是低分子的聚合物或预聚物。水、有机溶剂或气体均可作为微胶囊化的介质，只要形成的聚合物薄膜不溶于各微胶囊化体系的介质中。以液体为微胶囊化介质时常在分散介质中加入表面活性剂或增稠剂，例如阿拉伯树胶、纤维素衍生物、明胶、水溶性的聚酰胺，或者硅石粉等，使芯材成为稳定的分散状态。在气体介质中微胶囊化时，聚合反应体系一般充满惰性气体或者被抽为真空。

当芯材为固体时，单体和催化剂应处于微胶囊化介质中；当芯材为液体时，单体和催化剂可处于芯材液滴或介质中；但芯材为疏水性液体时，单体一般处于芯材中，并且以水为微胶囊化的介质。如果单体存在于分散相，即存在于囊芯中，聚合反应开始后，聚合物在囊芯中的溶解度逐渐降低，最后不能溶于囊芯而沉积在相界面形成包覆膜，直至单体耗尽，形成微胶囊。如果单体存在于连续相介质中，就需要采取一些措施才能保证形成的高聚物能聚集和包围在囊芯周围，如将催化剂包覆在囊芯表面以使聚合反应在囊芯表面发生，或连续相中加入单体的非溶剂，使单体在溶剂中的溶解度降低而聚集在囊芯表面，促使聚合反应在囊芯表面发生。

原位聚合反应可以是均聚、共聚或缩聚反应，均聚反应指由一种单体加成聚合形成高分子均聚物的反应。共聚反应指由两种以上单体加成聚合形成高分子共聚物的反应。缩聚反应是多官能团的单体或低聚合度的预聚体在低分子量时可溶于水，在酸和碱的催化作用下发生缩聚反应，预聚体分子间进一步脱去小分子（水等）形成交联立体网状结构，成为非水溶性缩聚物，并包覆囊芯形成微胶囊。

八、复相乳液法

复相乳液法又叫干燥浴法，在干燥浴法中用作微胶囊化的介质是水或挥发性油。将壁材与芯材的混合物乳化再以液滴形状分散到介质中，形成双重乳状液，然后通过加热、减压、搅拌、溶剂萃取、冷冻、干燥等方法将壁材中的溶剂去除，从溶液中析出的壁材将囊芯包覆形成囊壁，再与介质分离得到微胶囊产品。根据所用微胶囊化介质的不同，此方法又分为水浴干燥法和油浴干燥法。制备的微胶囊大小一般在数微米至数百微米之间。

水浴干燥法首先形成 W/O 乳状液再分散到水溶性介质中形成（W/O）/W型乳状液，然后去除油相溶剂，使油相聚合物的芯材外硬化成壁，该方法适合于水溶液囊芯的微胶囊。首先将囊壁材料溶解在一种与水不相混溶、沸点比水低的易挥发有机溶剂中，然后把囊芯水溶液分散到该溶液中，加入表面活性剂并均质形成油包水型（W/O）乳液。其次，制备一种含有保护胶体稳定剂的水溶液作为微胶囊化的介质溶液，在搅拌下将油包水乳液加到介质溶液中并分散形成水包（油包水）乳液的复相乳液［（W/O）/W］，最后通过加热、减压、溶剂萃取等方法使壁材溶液中的有机溶剂进入分散介质水中，壁材溶液逐渐浓缩、析出，包覆水溶性囊芯，硬化后完成微胶囊化。

油浴干燥法是先将芯材乳化至聚合物的水溶液形成 O/W 乳液，然后再将其分散到稳定的油性材料如液态石蜡、豆油，形成（O/W）/O 双重乳液，然后再经冷冻或加入干燥粉末将水脱除干燥，从而形成囊壁。

这两种方法制备微胶囊的关键在于保持复相乳液体系的稳定，通常必须加入表面活性剂作乳化剂。水浴干燥法的应用如过氧化氢酶的微胶囊化，油浴干燥法的应用如鱼肝油的微胶囊化。

第四节　微胶囊技术在食品工业中的应用

出于物质胶囊化后有许多独特的性能，可应用于许多特殊的过程，因而引起了各国科技工作者极大的兴趣。随着人们对微胶囊化技术认识的不断加深，新材料新设备的不断开发，微胶囊化技术将会沿着它这一独特的方式活跃于食品工业中。微胶囊在食品工业中的应用有风味料、挥发性物质、微生物类、脂类物质、饮料和粉末状食品等方面。例如将把食品及原料微胶囊化可以把液态食品固体化，使用更方便，质量更可靠；食品添加剂和营养素的微胶囊化可使添加剂和营养素免受环境影响而变质，而且微胶囊的缓释功能使添加剂和营养素的效能发挥更充分。

一、粉末状食品（食品原料）的微胶囊技术

粉末状食品与其他食品相比具有比表面积大，与外界接触多的特点，暴露在空气中极容易吸潮，而且很快就被氧化，变成褐色和黑色，影响产品的色泽和味道，况且有些粉末状食品本身具有独特的气味，难以被人们所接受，这些问题都严重影响了粉末状食品的贮藏稳定性和食用品质。近年来国内外学者纷纷瞄准微胶囊技术来寻求问题的答案，并取得了满意的效果。

（一）粉末油脂

油脂是人们日常生活和食品加工的重要物质，但油脂易氧化变质，氧化后的油脂会产生不良风味，降低本身的营养价值。另外，油脂的流动性差，给调料和汤料在包装和食用时带来很大不便。微胶囊化能够对油脂进行有效的保护，不但降低在保存过程中的氧化耗败，而且取用方便、流动性好且营养价值高。最广泛应用的粉末油脂是人们熟悉的咖啡伴侣，产品的保质期可达一年。此外，深海鱼油、小麦胚芽油、DHA、EPA等含高度不饱和脂肪酸的鱼油极易氧化变质，而且带有特殊腥味或异味。通过微胶囊化使其成为固体粉末，不但能有效降低其氧化变质的可能，而且异味也得以掩蔽。

粉末油脂在国际市场上称为植脂末或奶精粉，具有以下优点：稳定性高，油脂被壁材包埋后，可防止氧气、热、光及化学物质的破坏，抗氧化性提高，不易酸败，不会出现因高温而渗透或因低温结块的现象，可长时间贮存；使用方便，粉末油脂流动性好，可方便称取，亦可与其他物料混合使用；优良的水溶性，粉末油脂的微细颗粒包埋在水溶性的壁材中，易乳化分散于水中，保持稳定的乳化状态，拓宽了使用范围；可进行营养强化，微胶囊化过程中，可以科学地将油脂、生物活性物质、矿物质、维生素和药物有效地匹配，使其效能充分发挥；消化吸收率高，营养成分以微胶囊形式存在，生物消化率、吸收率、生物效价大大提高。

（二）粉末酒类

将酒类微胶囊化，去除酒中最大的组分——水，保留酒中有效成分——醇和酯，制成粉末状微胶囊形式，可以极大地降低酒类产品的贮藏和运输成本，只需在饮用前加水溶解复原即可，非常适合于作为旅行食品等。粉末酒类除了饮用作用外，也可用作食品以及化妆品、饲料的原料，起到着香、矫味、防腐等作用。如酒心巧克力的含酒量仅为1%左右，而且巧克力表面容易起霜，降低了产品品质。使用粉末酒类不仅可使巧克力含酒量达到5%，而且不起霜。在点心及面包中加入1%～5%的粉末酒，不仅能使烘烤后的蛋糕组织细腻，没有鸡蛋腥味，而且有较好的防腐性能。

（三）固体饮料

与液体饮料相比，固体饮料具有如下特点：质量显著减轻，体积显著变小，携带方便；风味好，速溶性好，应用范围广，饮用方便；易于保持卫生；包装简易，运输方便。

近年来固体饮料的发展主要有两个基本方向：一是利用水果和浆果的天然果汁制成，强调天然、营养；另一是配制含气发泡粉，着眼于产气、发泡的新奇感。目前国内市场上比较常见的是果汁饮料粉、奶粉和可可粉，而含气发泡的饮料粉却比较少见，美国、日本出现了以碳酸盐、有机酸为主要原料的固体饮料，用水冲泡时二者反应放出 CO_2。

利用微胶囊技术制备固体饮料，可使产品颗粒均匀一致，具有独特浓郁的香味，在冷热水中均能迅速溶解，色泽与新鲜果汁相似，不易挥发，产品能长期保存。如芦荟中含有多种游离氨基酸和生物活性物质，但新鲜的芦荟液汁中有效成分的性质不稳定，易挥发，而且芦荟汁中有一种令人难以接受的青草味和苦涩味，直接应用于食品不宜被人们接受。采用微胶囊技术将其包埋处理，可减少或消除异味，稳定其性质，并能延长保存期。

二、微胶囊化食品添加剂

（一）天然风味料

随着加工食品及调味食品的发展，对调味料的多样化、专用化、高品质化提出了越来越高的要求。天然调味料目前已广泛应用于方便面、膨化食品、蒸煮袋食品、电子微波炉食品等多个食品加工领域。调味料有从人工合成的强烈、单调的调味料发展到美味而无厌味、美味而不腻的天然调味料的趋势。提高天然调味料的品质，确保天然调味料品质的稳定性，强化天然调味料的风味，是天然调味料急需解决的难题。

微胶囊化风味料是最早应用于食品工业的微胶囊技术，它大大提高了耐氧、光、热的能力，提高了香料和风味料的加工性和稳定性，延长了贮存期，极大地拓宽了香味料的使用范围。例如粉末香精（微胶囊化）现已广泛用于固体饮料、固体汤料、快餐食品和休闲食品中，能起到减少香味损失，延长留香时间的作用。焙烤制品在高温焙烤时香料易被破坏或蒸发，形成微胶囊后香料的损失大为减少，如果制成多层壁膜的微胶囊，而且外层为非水溶性壁材，那么在烘烤的前期香料会受到保护，仅在到达高温时才破裂释放出香料，因而可减少香料的分解损失。糖果食品，特别是口香糖需要耐咀嚼，常使用含溶剂少的高浓度香料微胶囊。固体汤粉调味品中，使用微胶囊形式的固体香辛料可以把葱、蒜等的强刺激气味掩盖起来。若将桂皮醛以脂肪微胶囊化，添加于发酵食品中，既达到保证风味的要求，又不妨碍发酵。

（二）天然色素

一些天然色素在应用中存在溶解性和稳定性差的难题，微胶囊化后不仅可以改变溶解性能，同时也提高了其稳定性。番茄红素经微胶囊化后，在低温（4℃）、避光条件下贮藏，其色素保存率受温度影响较小，保存期明显延长，增加了产品的贮存稳定性，为番茄制品的护色与安全贮藏提供了参考和依据。

色素微胶囊常见的有以下几种：高含量类胡萝卜素微胶囊，如美国专利6663900；高稳定性类胡萝卜素干粉，如美国专利5976575公开的一种制备可分散于水的干燥粉末状类胡萝卜素的方法；以脂肪为壁材的色素微胶囊，如美国专利6245366中除以脂肪为壁材将香精包埋外，还对食品色素进行了包埋；纳米微胶囊，如美国专利5049322公开的制备色素纳米微胶囊的方法。

（三）甜味剂

甜味剂微胶囊化后的吸湿性大为降低，而且微胶囊缓释作用能使甜味持久。

常见的微胶囊化甜味剂有：用于焙烤制品的强力甜味剂微胶囊，如小粒径的阿斯巴甜微胶囊，用于口香糖的强力甜味剂微胶囊，如以聚乙烯乙酸酯为壁材的三氯蔗糖微胶囊；多重包封的强力甜味剂，如美国沃纳兰伯特公司提出的甜味剂释放体系制备方法。

（四）酸味剂

酸味剂虽然有增加风味、延长保质期的作用，但是许多酸味剂直接添加到食品中会与果胶、蛋白质、淀粉、色素等成分作用而使食品的风味损失，色素分解，淀粉食品的货架期缩短，例如茶叶中加入酸味剂后会与茶叶中的单宁起反应，并使茶叶褪色。将酸味剂微胶囊化，可减少酸味剂对敏感成分的接触，从而延长食品货架期，并可通过控制释放，以增进风味；另一方面通过对酸味剂的部分包埋，可以在饮用时感觉爽口，而实际 pH 可达到酸性食品的标准，从而少加防腐剂。如腌制肉品中添加微胶囊化乳酸和柠檬酸，通过控制烟熏温度，逐步释放出酸，从而保证了产品质量。免除发酵工序，使制造时间缩短。富马酸微胶囊化能进一步延迟其在面团制备过程中与面粉反应。目前，微胶囊酸味剂已广泛用于固体饮料、点心粉、布丁粉及馅饼充填物中。

（五）防腐剂

为防止食品被细菌污染，往往在食品中添加防腐剂，但是一些常用的化学防腐剂对人体不利，许多国家的食品卫生法规中对防腐剂的用量有严格的限制。将防腐剂微胶囊化可控制释放，延长防腐作用时间，减少防腐剂作用量和毒性，提高防腐剂稳定性和溶解性，同时也能掩盖一些防腐剂的异味。

有以下两类微胶囊食品防腐剂：

（1）囊化的低醇类杀菌防腐剂是将低度乙醇以改性淀粉制成微胶囊粉末，在应用中利用其在密封的包装容器中缓慢气化放出的乙醇蒸气来达到杀菌的目的。

（2）对现有食品防腐剂进行包埋，利用其在食品中缓慢释放的特点而制成长效制剂，达到减少添加量的目的。如山梨酸的酸性对食品性能会有影响，而且长期暴露在空气中易于氧化变色。采用硬化油脂为壁材形成微胶囊后，既可避免山梨酸与食品直接接触，又可利用微胶囊的缓释作用，缓慢释放出防腐剂起到杀菌作用。

除此之外，微胶囊化的天然防腐剂也受到大家的青睐。食品抗氧化剂的主要功能是防止或减慢食品发生氧化作用，避免发生品质劣变，一般作为一种添加剂掺入食品，使其先于食品与氧气发生反应，从而有效防止食品中脂类物质的氧化。例如天然食品抗氧化剂茶多酚，茶多酚易溶于水而难溶于油的特点限制了其的使用范围。微胶囊技术既可提高茶多酚的稳定性，以免遭外界因素的破坏，又使其适用于油溶性食品的抗氧化。溶菌酶作为一种天然防腐剂，由于易与奶酪中的酪蛋白结合，从而降低杀菌作用。采用脂质体包埋后，不仅能阻止溶菌酶与奶酪中酪蛋白结合，而且可使其定向到有腐败的微生物处，从而极大地提高杀菌作用。

三、微胶囊化营养素及营养强化剂

（一）大豆磷脂的微胶囊化

大豆磷脂具有降低胆固醇、预防动脉硬化的作用，对高血压、脑中风、心脏病有很强的预防和控制作用。但大豆磷脂分子中含有大量的不饱和脂肪酸、磷脂酰基，易受温度、水分、光照、氧气影响，从而使大豆卵磷脂变质，吸水吸湿发生溶胀，难以使用。大豆磷脂微胶囊化可把功能性大豆磷脂作为芯材包埋，从而克服磷脂产品易吸潮、易被氧气氧化、不易溶解、黏结、不易分散的缺点，添加到食品中。

具体操作步骤为：称取100g粉末状大豆磷脂，加入1000mL温水搅拌乳化后，在40℃水浴恒温下加入100g微孔淀粉在搅拌下进行吸附，然后缓慢加入10%明胶溶液400mL，定容至1500mL，充分混合均匀。喷雾干燥工艺条件为：进料温度50~60℃，进风温度160℃左右，出风温度90℃左右。

（二）微胶囊化天然维生素E

维生素E是一种强有效的自由基清除剂，能保护机体细胞膜及生命大分子免遭自由基的攻击，在延缓衰老、防治心血管疾病、抗肿瘤方面具有良好的效果。近来还发现维生素E可抑制眼睛晶状体内的过氧化脂反应，使末梢血管扩张，改善血液循环。但是天然维生素E属油溶性的热敏性物质，难以与水溶性物质混溶，难以均匀地添加于食品中，而且暴露在空气中已被氧化变质。经过微胶囊化后的维生素E既能保持天然维生素E的固有特性，又能弥补其易氧化和不易用于水溶性产品等不足之处。

利用喷雾干燥法生产天然维生素E微胶囊。原料配比为：天然维生素E30%~40%，壁材（明胶32%、酪蛋白钠16%、糊精35%、乳糖17%）55%~65%，乳化剂4%~5%，稳定剂0.5%~1.2%，芯材与壁材之比为0.6:1；最佳均质压力为 35～40MPa，最佳喷雾干燥条件为进料温度 50～60℃，进风温度 190℃，出风温度 75℃，产品包埋率为 95.4%。

（三）微胶囊化微量元素

铁盐是重要的营养强化剂，主要使用硫酸亚铁、柠檬酸亚铁和富马酸亚铁。但是亚铁盐特别是硫酸亚铁异味非常严重，难以直接入口，而且硫酸亚铁对胃壁有较强的刺激作用，一般需要用硬化油脂包埋成微胶囊后食用。锌元素有提高味觉灵敏度，促进体内酶反应进行，帮助伤口愈合的作用，也有促进儿童生长发育、提高智力等作用，但锌盐有苦味和收敛作用，而且锌盐容易潮解，因此也需要包埋成微胶囊。

（四）微胶囊化双歧杆菌

双歧杆菌是肠内最有益的菌群，双歧杆菌数量的减少及消失是"不健康"状态的标志，双歧杆菌是人体健康的晴雨表。双歧杆菌具有多种功能：如维护肠道正常细菌菌群平衡，抑制病原菌的生长，防止便秘，胃肠障碍等；在肠道内合成维生素、氨基酸和提高机体对钙离子的吸收；防治高血压；改善乳制品的耐乳糖性，提高消化率；增强人体免疫机能等。

双歧杆菌必须到达人体肠道才能发挥生理功能，而其对营养条件要求高、对氧极为敏感、对低 pH 值的抵抗力差以及胃酸的杀菌作用等使得产品中绝大多数活菌被杀死，采用微胶囊技术可以保护双歧杆菌以抵抗不利的环境。采用双层包裹法，用棕榈油作内层壁材将双歧杆菌包裹起来，再用大分子明胶溶液包裹制成双层微囊，用此工艺制备的双歧杆菌微胶囊在冷藏和室温的条件下分别保存 7 个月，存活率比对照分别提高 33.6% 和 47.68%。制成的双歧杆菌微胶囊活菌数高、保存性好，可到达人体肠道，发挥相应的生理功能，真正起到有益于健康的作用，可广泛应用于各种功能性乳制品的开发。

微胶囊在食品中还有很多其他应用。例如微胶囊技术在饮料方面的应用主要表现在：①应用微胶囊技术对饮料中的敏感物质进行包埋，防止敏感物质在饮料加工过程中的损失和破坏，如茶叶中含有维生素 C、维生素 B、茶多酚以及茶中的芳香物质和色素物质等多种对外界因素（光、热、氧气、酸、碱等）敏感的物质，因此在茶饮料生产中，要对茶叶的敏感物质进行有选择地包埋，避免茶饮料在萃取、杀菌和贮藏中发生不利的反应，最大限度地保持茶饮料原有的色泽和风味。梅丛笑等的研究表明，β-CD 对绿茶茶汤中的茶多酚和叶绿素皆有显著的包埋作用，可使沉淀量分别减少 58.61% 和 11.59%。②β-环糊精具有无味、无毒、化学稳定性好、吸附能力强、在体内易水解等优点，对茶饮料中的组分进行包埋处理以后，可大大提高茶叶敏感物质对外界环境的抵抗力，因而在茶饮料生产中得到广泛的应用。

　　微胶囊化技术是 21 世纪重点研究开发的高新技术，应用于食品工业上极大地推动了其由低级产业向高级产业的转变。微胶囊化技术以及理论研究还需进一步深入，开发安全无毒副作用、易降解的壁材，发展脂质体和多层复合微囊化新技术，尽可能降低微胶囊的生产成本，微胶囊芯材的控制释放机制及其测定方法，尽可能实现工业化等方面将是近期研究发展的重点，相信微胶囊技术将成为食品科学界强有力的工具。

第四章
食品微波技术

第一节 概 述

随着科技的发展和社会的需求，人们更加关注节能、有效的食品高新技术，微波技术在食品工业上的应用是科学发展与人类社会进步的必然产物，目前在国内外已发展成为一项极有前途的新技术。通过微波工业与食品工业技术人员的共同努力，进一步完善微波食品加工理论，开发新型微波加工设备，建立微波食品加工工艺，微波技术在食品加工中的应用将日趋深入与广泛。食品加工的生产效率、工艺水平和食品质量与安全性将会得到进一步提高。

一、微波技术的发展历史

微波技术的发展可追溯到第二次世界大战中雷达的发明，1945 年，美国雷声公司（Raytheon）工作人员泊西·斯潘塞在进行雷达试验时，偶然发现衣袋里的糖果因受泄漏的微波的作用而发热融化，进而经过一系列实验研究之后，申请了世界上第一个微波应用于食品加工的专利，从此揭开了微波能技术在食品工业中应用历史的第一页。此后，1947 年雷声公司的马文·贝克根据微波加热原理，研制了第一台用于加热食品的大型微波炉，当时称之为雷达炉。人们开始认识微波具有在食品内部迅速生热并产生均匀温度的特点，不仅相继开发了各种家用微波炉，同时开始将其应用于工业加热技术上。

1965 年美国 CrydryCo. 公司研制成功第一台用于干燥马铃薯片的隧道式工业微波干燥设备，并在 Seyfen Foods（美国赛菲特）食品公司投入使用，并通过了美国食品与药品管理局的鉴定，从此微波在工业上的应用引起了人们的广泛关注。微波能技术在美国、日本、加拿大、欧洲等地异军突起，在解决食品工业的多种加热技术、脱水干燥、烘烤、烹制、灭菌、杀虫、解冻等问题方面获得了成功应用。

　　我国的微波技术应用也正是从食品工业开始的。1975年第一台隧道式微波加热器设备在上海儿童食品厂投入使用，主要用来干燥乳儿糕，使产品干燥时间从原蒸汽干燥6～8h缩短到9min，并解决了破碎、哈败、霉变等问题，节约劳动力50%，实现了生产自动化；新疆八一糖厂自1978年先后建成31条方糖微波干燥生产线，产品经压制成型后送入隧道式微波干燥机干燥，进而冷却包装，避免了传统工艺中糖块破碎和粘连现象，加工时间由原来9h缩短至15min；1978年左右在江苏洋白酒厂、江苏高沟酒厂、江苏汤沟酒厂、北京牛栏山酒厂等全国20多家酒厂，利用微波与酒中各种成分间的特殊作用，只需经过几分钟的处理，就可达到相当自然存放了3～12个月的效果；1982年南京老山营养食品厂，在生产天然花粉中采用2450MHz 10kW微波设备；1989年甘肃武威无壳瓜子公司采用915MHz和2450MHz两机最佳组合应用于瓜子的干燥、喷香、焙炒自动生产线；1996年江苏省徐州维维集团采用915MHz 40kW共12条生产线，用于花生米干燥。

　　此外，江西南康、黑龙江同江食品厂用微波干燥豆腐皮，每生产周期仅需几分钟，产品复水性强，可保存半年以上；南京、山东临沂等地将微波用于牛肉干和猪肉干的生产；吉林集安、辽宁辽中用微波炉生产山楂粉，并将微波用于板鸭、魔芋片、麦乳精、茶叶、人参、鲍鱼、紫菜、果脯、花粉、木耳、果胶、甘鳝醇和对虾饲料的干燥生产。通过这一新技术，可提高产品质量、提高劳动生产率、改善劳动环境。

二、微波技术的概念

　　微波是指波长在1mm～1m（其相应的频率为300～300000MHz）的电磁波。微波技术是利用电磁波把能量传播到被加热物体内部，使热量达到生产所需要求的一种新技术。常用的微波频率有915MHz和2450MHz。

　　微波与无线电波、电视信号、雷达通讯、红外线、可见光等一样，均属电磁波。各种电磁波辐射，只是在波长或频率与用途有所区别而已。

第二节　微波加热的原理及特点

一、微波的特性

1. 微波的电物理学性质及产生
微波是一种频率非常高的电磁波，又称为超高频波，频率大约从300MHz

到 300000MHz，之所以称为微波，是因为其波长在 1mm～1m，比普通的无线电波波长更微小。微波频率比一般的无线电波频率高，通常也称为"超高频电磁波"。微波的组成中有电（E）和磁（H）两部分，两者呈 90°角。在微波烹煮中，电的成分起主要作用，而磁的成分对加热有屏蔽作用，E 和 H 的高度代表着波的强弱。在食品加工中，常用的频率为 2450MHz 和 915MHz，相应的波长分别为 12.25cm 和 32.8cm。

微波可由磁控管产生，磁控管将 50～60Hz 的低频电能转化成电磁场，场中形成许多正负电荷中心，其方向每秒钟可变化数十亿次。微波能量对食品物体是瞬间穿透式加热，与传统的体表受热、由表及里的加热方式相比，速度要快 10～20 倍。

食品物料中含有的水分子是一种电偶极子，微波进入物料后，和水分子的正电荷区和负电荷区发生作用，在电场中不同电荷区域以及偶极子之间的相互吸引和排斥，导致相邻水分子之间的氢键破裂，形成"分子摩擦"，生产热量。食品物料中可溶性盐的正负离子在电场作用下不断迁移，并破坏水分子的氢键，在此过程中产生一部分附加热量。

2. 加热模式

微波本身并不生热，它只是在被物体吸收后才会发热。众所周知，物质的基本化学组成是原子和分子，多数分子是电中性的，它们可被电离后带电极化。极化的分子（极化分子）形成正、负两极，在电场中会产生定向排列，如金属在磁铁上一样。

传统加热方式是根据热传导、对流和辐射原理使热量从外部传至物料内部，热量总是由表及里传递进行加热物料，即热源→器皿→样品模式。此模式加热的物料中不可避免地存在温度梯度，故加热的物料不均匀，致使物料出现局部过热，影响加热技术。

微波加热是一种全新的热能技术。微波加热不需要外部热源，而是向被加热材料内部辐射微波电磁场，推动其偶极子（一端带正电，另一端带负电的分子）运动，使之相互碰撞、摩擦而生热，即热源→样品→器皿模式。

与传统加热方式不同，它是通过被加热体内部偶极分子高频往复运动，产生"内摩擦热"而使被加热物料温度升高，不须任何热传导过程，就能使物料内外部同时加热、同时升温，加热速度快且均匀，仅需传统加热方式的能耗的几分之一或几十分之一就可达到加热目的。需要明确的是，食品对能量的吸收和转移是由所使用的微波能源与食品本身相互作用决定的。微波的能量和食品活性结构相作用而被吸收，并随着在食品内穿透深度的增加而减弱。微波加热通常采用 915MHz 和 2450MHz，前者的能量穿透作用是后者的 2～3 倍，但在较高温度下差别会缩小。总之，用微波处理的食品的厚度必须要在能量穿透深度范围内，才能获得均匀的加热。

3. 微生物的杀灭

在 20 世纪 60 年代，人们就做过微波加热和传统加热对营养细胞及孢子杀灭的比较，发现两种过程的存活参数相近，存在同样的时间/温度关系。但近来有人分别用微波加热法和传统加热法处理含有金黄色葡萄球菌营养细胞的培养物，以及含有嗜热脂肪芽孢杆菌孢子的培养物，在"非致死温度"下，两种方法的细胞存活性和比酶活性显示出差别，科学家们就这项研究推测，微波灭活可能是由于一种未知的"非热效应"，即细胞内的传导性比培养物好，细菌细胞可以选择性吸收微波能量从而遭到破坏。而目前公认的微波能量对微生物的杀灭机理还是经典的热致死，即蛋白质和核酸的热变性。

4. 人体的安全性

人体组织和器官的水分和盐含量都很高，对微波辐射敏感，并且人体的一些器官，如眼睛、耳朵和睾丸等血液循环不畅，不能快速耗散热量，易受到热的危害。已有报道，微波可以使晶状体蛋白变性，形成延迟性白内障；导致耳鸣和精子被灭活。

美国国家标准研究所（ANSI）颁布一项标准：在正常情况下，人体全身长时间接受微波照射的安全剂量为 $10mW/cm^2$。健康和安全法辐射控制款限制家用和工业用微波炉的泄漏剂量，在距炉表面 5cm 处不得超过 $1mW/cm^2$，工业生产的安全泄漏剂量为 $5.0mW/cm^2$。前苏联的安全标准比 ANSI 的要大 2 个数量级，是针对工厂的工人长期接触微波产生恶心、眩晕等不适反应研究制订的，这个剂量的生物学电性研究表明对分子或细胞没有任何预料中的非热效应，这就更说明微波不会产生对人体有害的特殊物质。

而针对于微波炉，1971 年 10 月，美国制订出微波泄漏的标准，泄漏的允许值定为微波炉门前 5cm 处，出厂前 $1mW/cm^2$，使用时 $5mW/cm^2$。长时间暴露在微波功率密度超过 $100mW/cm^2$ 时，所造成的危害仅仅是发热。而微波遵循倒数平方的规律，即微波辐射泄漏的损失与离开微波源距离的平方成反比。例如，一个微波炉距离门 5cm 处的泄漏量为 $100mW/cm^2$，那么，在距离 0.5m 处只有 $1mW/cm^2$。为了防止微波在炉门口处泄漏，门上都装有防护金属网，而且炉门一般采用双锁装置，以防止一只锁损坏时，仍然有另一只锁可以使用。因此，使用者对微波产生恐惧心理是多余的。

二、微波加热原理

通常，一些介质材料由极性分子和非极性分子组成，这些分子呈杂乱无规律的运动状态。在微波电磁场的作用下，这使本来作杂乱运动无规律排列的分子变成有序排列的极化分子，改变了其原有的分子结构，并随着微波场极性的迅速改变而引起分子运动发生了巨变如高速运动，往复振动，彼此间频繁碰撞、摩擦、挤压而使微波能动能转化为热能，产生大量摩擦热，以热的形式在物料内表现出来，从而导致物料在短时间内迅速升高温度、加热或熟化。例如：采用的微波频率2450MHz，就会出现每秒24亿5千瓦次交变，分子间就会产生激烈的摩擦。在这一微观过程中，微波能量转化为介质内的热量，使介质温度呈现为宏观上的升高。另一方面将引起蛋白质分子变性，由于它们是凝聚态介质，分子间的强作用力加强了微波能的能量转化，从而使体内蛋白质、核酸等物质同时受到无极性热运动和极性转变两方面的作用。

由此可见微波加热是介质材料自身损耗电磁能量而加热。微波加热的一个基本条件是：物料本身要吸收微波。水是吸收微波很好的介质，所以凡是含水的物质必定会吸收微波。对于金属材料，电磁场不能透入内部而是被反射出来，所以金属材料不能用微波加热。

有一部分介质虽然是非极性分子组成，但也能在不同程度上吸收微波，其原理可解释为这种物质分子在微波场下发生弹性变形而生热。另一类介质，它们基本上不吸收或很少吸收微波，如聚四氟乙烯、聚丙烯、聚乙烯、聚砜塑料和玻璃、陶瓷等，它们能透过微波，而不吸收微波，这类材料可以作为加热用的容器或支撑物，或叫微波密封材料。

在微波加热中，介质发热程度与微波频率、电磁场强度、介质自身的介电常数和介质损耗正切值等参数有关。

三、微波杀菌原理及工艺特点

杀菌是食品加工的一个重要操作单元。常用的巴氏杀菌并不能将食品中一些耐热的芽孢杆菌全部杀灭，而目前使用最多的杀菌方法是热力杀菌，它是通过传导、对流等传热方法将热量传递给食品，使之温度升高，达到预定杀菌温度并保持一定杀菌时间从而达到杀菌目的，同时加热也会不同程度地破坏食品中的营养成分和食品的天然特性。微波技术是一种较为理想的杀菌途径，具有快速、高效、安全、保鲜等优点。

（一）微波杀菌原理

微波辐射对生物体的作用具有双向性，如果微波剂量超过生物体耐热阈值，将对生物体造成伤害；但如果低于阈值，微波辐射对生物体的生理活动却能起到激活、催化作用。微波杀菌的物理环境有两个：一是热力的温度场，另一为电磁力的、频率很高的电磁场。

微波与生物体的相互作用是一个很复杂的过程。微波能量对微生物的杀灭机理包括热效应和非热效应（生物学效应）。微波对微生物的热效应是使蛋白质变性，使微生物失去营养、繁殖和生存的条件而死亡；非热效应是微波电场改变细胞膜断面的电位分布，影响细胞周围电子和离子浓度，从而改变细胞膜的通透性能，微生物因此营养不良，不能正常新陈代谢，微生物结构功能紊乱，生长发育受到抑制而死亡。此外，决定微生物正常生长和稳定遗传繁殖的核糖核酸（RNA）及脱氧核糖核酸（DNA），是由若干氢键紧密连接而成的卷曲形大分子；足够强的微波场可以导致氢键松弛、断裂和重组，从而诱发遗传基因突变或染色体畸变，甚至断裂。微波杀菌正是利用了电磁场的热效应和非热效应（生物效应）对生物的破坏作用，因此，微波杀菌温度低于常规方法，一般情况下，常规方法杀菌温度要 $120\sim130℃$，时间约 1h，而微波杀菌温度仅要 $70\sim105℃$，时间约 $90\sim180s$。

1. 微波的热效应理论

微波是由交变的电场产生交变的磁场。热效应理论认为，微波所具有的高频特性导致微波进入介质内部时，物料内部如水、蛋白质、核酸等分子，随着电磁场的频率不断改变极性方向，使分子来回剧烈转动、相互摩擦。由于电磁场频率很高（极性分子在 1s 内发生 $180℃$ 来回转动数十亿次），微波能以热的形式表现出来，产生"内热"，从而导致物料温度急剧升高，使微生物体内的蛋白质、核酸等分子结构改性或者失活，从而杀灭微生物。例如：当食品处于微波场中，由于磁场作用，使原来食品中一端带正电、一端带负电的排列无序的极性分子变成有序排列，即带正电的一极朝电场的负极，而带负电的一极朝电场的正极，电场极性的改变导致偶极子朝向的改变。极性改变的速度越快，偶极子转变得也越快，在快速转变的过程中，分子之间互相摩擦产生热量。这就是微波效应杀虫灭菌的机理。

2. 微波的非热效应理论

许多研究报告表明，微波与一般加热灭菌方法相比，在一定温度下细菌死亡时间缩短或在相同条件下灭菌致死温度降低。这个事实是无法仅用热致死理论来解释的。1966 年，Olsen 等揭示了微波对镰刀霉芽孢的非热效应。他们指出，微生物在微波场中比其他介质更易受微波的作用，因此提出了微波杀菌机理的非热效应理论。从生物物理角度来解释微波的非热杀菌机理较易为大多数人接受。

（1）从生物物理学角度来看，组成微生物的蛋白质、核酸等生物大分子和作为极性分子的水在高频率、强电场强度的微波场中将被极化，并随着微波场极性的迅速改变而引起蛋白质等极性分子基团电性质变化。它们同样能将微波能转换成热能而使自身温度升高，电性、能量的变化将引起蛋白质等生物大分子变性。

（2）从能量角度考虑，尽管微波量子能量不能破坏生物体内的共价键，但对氢键、范德华力、疏水键、盐键等赖以维持核酸、蛋白质等生物大分子高级结构的次级键具有一定的破坏作用，这些次级键是维持核酸、蛋白质空间构象，生物膜结构的作用力。这些次级键一旦遭到破坏，将危及生物大分子的空间结构，影响其正常生理功能。

（3）从细胞生物学角度分析，微波对微生物（以细菌为例）也具有生物学效应。一是细菌细胞壁的主要成分不是纤维素，而是肽聚糖（N-乙酰葡萄糖胺与N-乙酰胞壁酸通过1,4糖苷键连接而成）。特别是革兰阴性菌细菌壁内蛋白质含量较高，在微波场中细胞壁发生机械性损伤，使细胞质外漏，影响其正常生理活动。

（4）在此基础上，科研人员们纷纷开展类似研究，出现了不同的解释模型。其主要模型如下。

① 细胞膜离子通道解释模型　该理论指出，细胞膜是由磷脂和蛋白质组成的具有选择性的半透性膜，它是细菌细胞与外界环境进行物质、能量、信息交换的场所。微生物细胞内外存在着离子浓度梯度差，如细胞内是高 K^+、低 Na^+，而外界环境则是高 Na^+、低 K^+，这种离子梯度是由分布在细胞膜上的 Na^+、K^+ 泵逆浓度梯度主动运输来维持的，其他的离子如 Ca^{2+}，细胞内外也存在着明显的离子浓度梯度差，由 Ca^{2+} 泵来维持。这些生物离子泵在高频率的微波场中，将不能正常发挥其生理功能。按照细胞离子通道学说，细胞与外界联系进行一系列复杂的生理、生物化学过程是依靠细胞膜内外电位差（约 0.03～0.10V）控制的，即膜电位的改变能激活（开放）或关闭与外界联系的通道。微生物处于如此高的频率和强电场强度的微波场中，正常细胞膜电位很可能改变，其正常的生理活动功能亦将改变，以致危及微生物的存活。

② 蛋白质变性解释模型　微生物由蛋白质、核酸物质和水等极性分子组成，这些极性分子在高频率、强电场强度的微波场中将随着微波场极性的迅速改变而引起蛋白质分子基团等急剧旋转，往复振动，一方面相互间形成摩擦转成热量而自身升温；另一方面在一定微波场力作用下化学键受到破坏而引起蛋白质分子变性，即使得生物体因蛋白质变性而失活并使细胞中核糖核酸（RNA）和脱氧核糖核酸（DNA）的若干氢键松弛、断裂或重组，可以诱发基因突变或染色体畸变，甚至打乱重组，从而使生命过程受到改变，延缓或中断细胞的稳定遗传和增殖，干扰或破坏其正常的代谢，抑制或致死微生物正常生理活动功能，最终达到杀菌的目的。

③ 酶失活解释模型　细菌细胞内的酶在高频率、强电场强度的微波场中，其功能可能紊乱或失活，特别是那些以金属离子为辅助因子的金属酶，在微波场的作用下，金属离子所处的环境可能发生变化，影响这些酶的活性。

(5) 其他作用机理 细胞内没有核膜和细胞核，只有拟核区；在拟核区内，其遗传物质的载体——染色体是裸露的环状 DNA，没有或结合极少量组蛋白，其 DNA 双螺旋结构中 A＝T，C 与 G 碱基对间的氢键易受到微波的冲击而破坏。

此外，还有研究者认为，微波对化学反应的非热作用导致了对生物体的"非热效应"。根据这一说法，微波改变了化学反应的活化能，使得反应呈现加速和减速两种结果。由于生命过程实际上是一个动态的代谢平衡过程，时刻发生着新陈代谢（生物化学反应），因此，电磁波对生化过程的影响将改变其反应速率和平衡常数，致使这样一种动态的代谢平衡过程发生紊乱，使生物体的生命受损。非热效应能量不是来自电磁波，而是来自于生物体的新陈代谢（如 ATP 的合成与分解）。

（二）微波杀菌工艺特点

与微波加热干燥一样，由于微波能透射入物料，故微波杀菌时对物料也是整体进行的。与常规加热杀菌相比，微波杀菌作用表现具有下列同时性：

（1）物料各部位杀菌的同时性 微波能对物料的表面和内部进行同时的杀菌。物料各部位杀菌的同时性，为缩短总杀菌时间，提高杀菌质量提供了有利条件，能避免因长时间加热杀菌影响食品品质。特别是对不宜在较高温度或较长加热时间情况下进行杀菌的食品，例如，有易挥发香辛成分的姜粉、含水分较多的鲜嫩海蜇等。对于既要保持色泽、香味和口感不变等质量要求又需杀菌的物料，使用微波杀菌可取得良好效果。

（2）杀菌时间上的同时性 能保证对物料杀菌工艺条件实施一致，无前后滞后、顾此失彼。

四、微波加热的特点

传统加热方式是通过辐射、对流及传导由表及里进行加热，为避免温度梯度过大，加热速度往往不能太快，也不能对处于同一反应装置内混合物料的各组分进行选择性加热。而微波加热是使被加热物体本身成为发热体，食品与微波相互作用而瞬时穿透式加热，微波从四面八方穿透食品物料，被加热的食品物料直接吸收微波能而立即生热，内外同时加热，物料温度同时上升。它无需预热，热效率高，使整个食品物料表里同时产生一系列热和非热生化作用来达到某种处理目的，因而加热速度快，内外受热均匀。而且内部温度反比外部温度高，因此温度梯度、湿度梯度与水分的扩散方向是一致的，有利于水分的扩散和蒸发，可节省大量能源。与传统加热方式相比，微波加热有以下特点。

1. 加热速度快

因为微波可以透入食品物料内部，干燥速度快，干燥时间短，仅需传统加热方法的 1/100～1/10（几分之一或几十分之一）的时间，因而提高了生产率，加速了资金周转。

2. 样品加热均匀，温度梯度小

在传统加热过程中，热由试样表面传入内部，由于表面温度高于中心温度，因而会产生很大的温度梯度，限制了升温速度，可能导致亚微组织和性能的不均匀。

微波加热的最大特点是，微波是在被加热物内部产生的，热源来自物体内部，加热均匀，不会造成"外焦里不熟"的夹生现象，有利于提高产品质量，同时由于"里外同时加热"大大缩短了加热时间，加热效率高，有利于提高产品产量。微波加热的惯性很小，可以实现温度升降的快速控制，有利于连续生产的自动控制。而在微波加热过程中热是由材料内部透过材料表面向周围空间进行，表面温度低于中心温度，试样整体加热，温度梯度小。

3. 低温灭菌，保持营养

微波加热灭菌是通过热效应和非热效应（生物效应）共同作用灭菌，因而与常规热力灭菌比较，具有低温、短时灭菌特点。所以不仅安全，而且能保持食品营养成分不被破坏和流失，有利于保持产品的原有品质，色、香、味、营养素损失较少，对维生素 C、氨基酸的保持极为有利。有实验表明：晒干的鲜菜其叶绿素、维生素等营养成分仅剩 3%，阴干则可保持 17%，热风快速干燥可保留到 40%，微波干燥则能保留 60%～90%，微波升华干燥则可保留新鲜时的 97%。

4. 微波对物质具有选择性加热的特点

由于物质吸收微波能的能力取决于自身的介电特性，因此可对混合物料中的各个组分进行选择性加热。一般说介电常数大的介质很容易用微波加热，介电常数太小的介质就很难用微波加热。例如物料中水比干物质吸收微波的能力强，故水受热高于干物质，这有利于水分温度上升，促使水分蒸发，也有利于干物质发生过热现象，这对减少营养和风味破坏极为有利。选择性加热的特点有：自动平衡吸收微波，避免物料加热干燥时发生焦化。

5. 节能高效

微波对不同物质有不同的作用，微波加热时，被加热物一般都是放在金属制造的加热室内，加热室对微波来说是个封闭的空腔，微波不能外泄；外部散热损失少，只能被加热物体吸收，加热室的空气与相应的容器都不会发热，没有额外的热能损耗，所以热效率极高；同时，工作场所的环境也不会因此升高，环境条件明显改善。所以节能、省电，一般可节省 30%～50%。

6. 易于控制，实现自动化生产

微波加热干燥设备只要操作控制旋钮即可瞬间达到升降开停的目的。因为在加热时，只有物体本身升温，炉体、炉膛内空气均无余热，因此热惯性极小，没有热量损失，应用微机控制可对产品质量自动监测，特别适宜于加热过程和加热工艺规范的自动化控制。

7. 改善劳动条件，节省占地面积

微波加热设备无余热、无样品污染问题，容易满足食品卫生要求，本身又不发热、不辐射热量，所以大大改善了劳动条件；一般工业加热设备比较大，占地多，而微波加热占地面积小且设备结构紧凑，节省厂房面积。

五、微波与物料的关系

(一) 微波对物料的穿透作用

微波是电磁波，它具有电磁波的诸如反射、穿透、干涉、衍射、偏振以及伴随着电磁波进行能量传输等波动特性，微波在传输过程中具有以下四个特性。

(1) 直线特性　微波像可见光一样进行直线传播。

(2) 反射特性　微波遇到金属之类的物体会像镜子一样产生反射，其反射方向符合光的反射规律。如铜、银、铝之类的金属，微波不能进入，只能在其表面反射，因此在微波加热系统中常利用导体反射微波的这种特殊形式来传播微波能量。

(3) 吸收特性　微波在类似水等极性介质中间传播时，大量的微波能很容易被吸收而变成热能，对物料进行加热，因此微波技术可以得到充分应用并大大加快化学反应速度。

(4) 穿透特性　微波可以穿透玻璃、陶瓷、聚乙烯、纸质等绝缘物体，这些物质介质损耗小、分散系数低，微波在此中间传播时，只能有少量的微波辐射能被吸收，因此能量损耗很少，介质热传递通常导致反应器具温度升高。

(二) 微波对介质的穿透性质

微波进入物料后，微波能被物料吸收使其转变为热能，场强和功率就不断衰减。不同的物料对微波能的吸收衰减能力是不同的，这随物料的介电特性而定。衰减状态决定着微波对介质的穿透能力。

1. 穿透深度 (D_E)

微波功率从材料表面衰减至表面值的 $1/e$（大约 37%，$e = 2.718282$）时的距离。公式如下：

$$D_E = \lambda / (\pi \varepsilon_r^{1/2} \tan\delta) \tag{4-1}$$

式中　λ——微波波长；

ε_r——介电常数，反映食品贮藏电能的能力；

$\tan\delta$——介电损耗角正切，以热的形式耗散电能的能力。

2. 半功率穿透深度（$D_{1/2}$）

微波功率透入材料后，功率衰减一半的距离。公式如下：

$$D_{1/2} = 3\gamma / (8.686\pi\varepsilon_\gamma^{1/2}\tan\delta) \tag{4-2}$$

由于一般物体的 $\pi\tan\delta \approx 1$，微波渗透深度与所使用的波长是同一数量级的。由此可知，目前远红外线加热常用的波长仅为十几个纳米，因此，与红外线、远红外线加热相比，微波对介质材料的穿进能力要强得多。

在 2450MHz 时，微波对水的渗透深度为 2.3cm。在 915MHz 时增加到 20cm；2450MHz 时，微波在空气中的渗透深度为 12.2cm；915MHz 时为 33.0cm。

此外，微波的穿透深度与物料的温度也有关系。

3. 物料吸收微波的规律

不同的物料吸收微波能的程度不一样，物料吸收微波能的程度可用介电常数、介质损耗角正切 $\tan\delta$ 来描述。介电常数是介质阻止微波能量通过的能力度量，介质损耗角正切 $\tan\delta$ 等于介电常数 ε_γ 与介电损耗因子 ε 之比，是介质消耗微波能量的效率，物质吸收微波能的能力随 $\tan\delta$ 增大而增加。

对于一定的干燥介质，其吸收微波的功率由下式表述：

$$P_m = 5.66 \times 10^{-11}\varepsilon_r\tan\delta f E^2 \tag{4-3}$$

式中　P_m——功率密度，W/m³；

　　　ε_r——介质的介电常数；

　$\tan\delta$——介质损耗；

　　　f——微波频率，Hz；

　　　E——电场强度，V/cm。

由式（4-3）可知，物料吸收微波的功率与频率和电场强度成正比，对一定的物料，其 ε_γ 介电常数和介质损耗角正切一定，为了提高物料吸收微波功率的能力，可以提高电场强度和工作频率，但是电场强度的提高有局限性，因为电场强度过高，电极间将会出现击穿现象，而提高频率可很好地解决这一放电问题。当 f 和 E 一定时，介电常数和介质损耗角正切 $\tan\delta$ 决定物料吸收微波的大小，在微波加热干燥中，因为水的介质损耗因素比其他物质的值大，物料中的水能强烈地吸收微波，它吸收的热量大于物料，水分容易蒸发。例如当 $f = 3000$Hz，$T = 25$℃时，介电常数达 76.7，而食品中蛋白质、淀粉等固态材料介电常数为 2～3，显然物料中的水接收微波的能力远大于蛋白质、淀粉，可在极短时间内达到沸点，水分蒸发，猛烈汽化。

4. 物料吸收微波的温度变化

物料吸收微波后，物料温度会升高，其升高的程度用下式表示：

$$\Delta T = 5.66 \times 10^{-11} \varepsilon\gamma\tan\delta f E^2 / \rho c \tag{4-4}$$

（三）影响微波加热的因素

用微波对物料进行加热时，会受到设备和被加热物料的许多特性的影响，在产品开发设计和生产过程中，对这些影响因素必须加以认真的考虑。从上面几个计算式可知，影响微波加热的因素有微波频率、电场强度、物料本身的介电常数和介质损耗角正切、物料密度、比热容。此外还有加热速度、载荷、水分含量、温度、物料的几何特性和盐含量等。

1. 频率

频率的一个重要作用是影响微波对物料的穿透深度。当微波进入物料时，其表面的能量密度通常是最大的，随着微波的渗透，其能量密度呈指数衰减，因而当微波更深地透射进物料时，它的能量也就逐渐释放给了物料。

由式（4-1）不难看出，频率越高，波长又便越短，其穿透深度越小。2450MHz 的加热速度比 915MHz 快，但 915MHz 的穿透深度比 2450MHz 大，因此对较厚的物料，要达到均匀加热，应选用较小的频率；对较薄的物料，可选用较高频率以提高加热速度。

另外，频率还要影响介质损耗系数，室温下纯水在 2450MHz 时的介质损耗系数约为 915MHz 的 3 倍。0.1mol 的氯化钠溶液在 2450MHz 时的介质损耗系数大于 915MHz 时的 2 倍。

2. 电场强度

功率大，场强大，加热速度快。然而加热快也有不利的一面，烧煮、烘烤及其他的食物加工过程包含着十分复杂的物理化学变化，这些变化常以一定的顺序并在恰当的时间内发生。用微波加热可能会因加热太快而使食物的变比不能与加热速度协调，如在干燥过程中，就可能使得内部蒸汽压力产生的速度比释放的速度更快，从而形成过度膨胀、破裂，甚至产生爆裂；如在烧煮鸡块过程中，只要鸡块内部的温度升到一定值，如 90℃，那么有 40s 或更短的时间就够了。但是，这样的产品是完全不可食用的，它的质构就如一块橡皮似的。最新的微波炉都有慢速加热选择钮，以减慢气体的蒸发，或增加组织结构形成的速度。

3. 物料的介电性质

物质吸收微波的能力，主要由其介质损耗因数（$\varepsilon\gamma\tan\delta$）来决定。介电常数越大，物质吸收微波的能力就越强，相反，介电常数小的物质吸收微波的能力也弱。在一般情况下，水分含量越高，介电常数越大；介电损耗因素通常随水分含量的增加而增加，但当水分含量在 20%～30% 范围内时不再增加，而且在水分含量高的情况下可能减少；混合物的介电常数介于各成分的介电常数之间。例如水的介电常数约为 78，而大部分干物质的介电常数约为 2。

冰的介电常数为 3.2，介质损耗系数为 0.001，而水的介电常数约为冰的 24 倍，介质损耗系数约为冰的 200 倍（在 2450MHz 下）。所以在加热冰冻食品时，如果不把融化的水即时排走，则由于水的介电常数和介质损耗系数都比冰大得多，最后能量有可能主要为水所吸收，而冰得不到加热，在食品解冻时应注意这个问题。

4. 物料的密度

从计算公式（4-4）可见，物料的密度大，其升温速度慢。物料的密度不仅影响微波对物体的加热，而且还影响物料的介电性质。例如，各种不同水分含量的磨碎的土豆粉，其介电常数、介电损耗因素比相同水分含量的土豆片要大得多，因为土豆片的密度比土豆粉低。由于土豆片中存在有许多空隙，空隙中充满了空气，而空气的介电常数是 1.0。在生产实际中，空气就是完全的微波透过体，因而，空气的存在将减少物料的介电常数，物料的密度增加，介电常数也常以近乎线性的关系增加。对于疏松物料，如面包团，因含有空气而成了较好的绝热体。在焙烤过程中，面包团的密度进一步降低，绝热性也就更强，这样，要使热量传递到物料的内部也就十分困难而缓慢。但在微波炉中加热时，由于微波的穿透作用，可以使烘烤面包的时间大为缩短，仅需常用烘烤法所需时间的 1/3。

另外，物料的密度也并不是各处均匀一致的。如带骨的家禽和牛排等，由于骨头对微波的吸收差及对微波的反射作用，使得在骨头附近存在一个冷带。当你以为整只鸡已经烤好而结束加热后，骨头附近的肉还是生的，不能食用。这就需要采用间断加热的方法来解决此问题。

5. 物料的比热容

从温升公式中可以看出，比热容小的物质温度升高的速度快。物料的比热容是决定物料加热的基本特性之一。有些物料的介电损耗因素相当低，但由于其比热容小，在微波场中能很好地被加热，例如油和水，烹调用油的比热容是 2.0kJ/(kg·K)，而水的比热容是 4.2kJ/(kg·K)。因而虽然油的微波吸收特性较水差，但油的受热速度实际上比水的高，这就是油的比热容较水小而造成的结果。

食品往往是多种原材料配制而成的多组分混合体系。不同成分具有不同的比热容，从而会有不同的温升速度；因此，在多组分食品的微波加热研究中，应该很好地对比热容加以控制，以便使各组分的加热速度达到基本同步的要求。如某人打算用微波炉热一下冰冻着的涂果子冻的多福饼时，就会出现这样的情况，果子冻已经沸开并溢出饼外，而饼体仍处于冰冷状态而不能食用。若将高固形物含量的果子冻换成低固形物含量的果子冻，这一情况就不再出现，最终品温基本均匀一致，这是因为低固形物含量的果子冻的比热容较高固形物含量的为高，减慢了果子冻的受热速度。

6. 盐含量

在微波场中，离子对微波能也有强烈的吸收作用，这对加了盐的食物原料特别重要，盐含量的增加，一方面会增加食物的加热速度，另一方面也会影响微波的穿透深度。盐含量越高，穿透深度越小，从而产生表面的强烈加热和中心加热不足的现象。

7. 温度

在微波加热中，物料的温度起着重要的作用。物料的介电损耗随着温度的变化可能增加，也可能减少。由于温度和水分含量在微波加热或干燥过程中是变化的，这种变化可以明显地影响介电常数、介电损耗因素和损耗角正切，因而影响微波加热。

冰冻的影响。水和冰的介电特性存在着巨大的差异（见表4-1），水对微波有强的吸收能力，而冰是高度透过微波的物质，不易加热，所以冷冻对物料的加热有着重要的影响。如果解冻的速度过快，就会导致一部分食物已加热过度，而另一部分食物仍处于冷冻状态。

表4-1　2450MHz水和冰的介电特性

物质	相对介电常数(ε)	损耗角正切($\tan\delta$)	损耗因素
水(25℃)	78	0.16	12.48
冰	3.2	0.009	0.0029

初始温度的影响。用微波对食物进行加热处理时，食物的初始温度也应很好地掌握和控制，以便恰当地选择加热功率和加热时间，获得均匀的最终温度。在通常的加热方式中，加热速度决定于热源和被加热物体的温度差，差异越大，加热越快。被加热物体的温度逐渐升高后，加热速度就减小。而微波加热并非如此，其热量是以始终均一的速度被输入的（在某些场合，由于介电特性受温度的影响，因而加热速度会有些变化），因而初始温度的高低将影响被加热物料的最终温度。换句话说，如果你对微波炉选择了使物料从20℃上升到80℃的工作条件，但初始温度仅为15℃的话，物料的最终温度就只能是75℃，而不能达到预期的80℃的要求，除非增加微波的功率或延长加热时间。

8. 物料的几何特性

个体小的物料比大的容易被加热。如果体积大小一致，则物料就可以在相同的时间内被加热好。此外，物料的体积尺寸，如果相对于波长大得多，确切地说，比穿透深度大得多，将可能出现小热不均匀现象。如加热乳猪时，就会出现外面已经加热好了，而中心温度仍很低，这是因为微波到达中心时，能量已经"损耗"得差不多了。这时，应采用间接式加热，发挥热传导的作用；或选用具有更大穿透力的频率来解决这个问题。如果物料的体积尺寸与波长相当，则中心的温度可能是最高的。因而，如想有利于提高加热速度时，就应使物料的体积尺寸比波长小些。

物料的几何形状对微波加热来说是十分重要的，不管是加热一种物料，还是加热几种物料的混合物，都必须考虑到这一问题，形状越规则，受热越均匀，微波作为电波的一种，其电场也有尖角集中性，也称棱角效应，会使边角处的温升特别快，甚至造成部分烤焦的效果，物料的尖尖角角应尽量避免，以防加热过度。如形状极不规则的话，薄的窄的部位就容易加热过度。例如加热一条鸡大腿，当肌肉集中的地方仍需加热时，而近踝环节处肌肉较少的部位则已加热过度：加热一只整鸡，也存在翅尖或大腿过度加热的问题。解决的办法就是降低加热速度，或用铝箔把易加热过度的部分包起来。

9. 热传导

热传导可能对大块物料的加热有重要的影响。由于穿透深度的关系，大块物料的中心往往加热不足，这就要靠热传导加以弥补。一般来说，加热大块的物料，以选用低功率、长时间的加热条件为好。

10. 载荷

微波炉中的食物分量越多，加热效率越高，所花费的加热时间也越长。对每个微波炉来说，都有一个理想的载荷数量——"载荷因素"。例如，若800g是理想载荷的话，那么，用此炉子加热两份盘装膳食要用1.5～2min的话，加热一份膳食则要用1～1.25min。类似地，加热1份食物要用15s的话，那么载荷增加，加热速度也增加，加热2份食物要用28s、4份用45s、8份用75s等。这样，对那些需连续作业的项目，同时加热几份食物还可以比加热一份食物时减少炉门开启的次数，从而使加热显得更经济合算。

六、微波加热设备

（一）组件功能和结构

微波加热设备主要由电源、微波管、连接波导、加热器及冷却系统等几部分组成（如图4-1所示）。

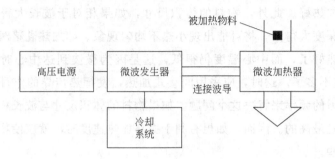

图 4-1　微波加热系统示意

1. 磁控管（微波发生器）

微波发生装置，由电源提供直流高压电流并使输入能量转换成微波能量。有线性束管和交叉场型管等。食品加热采用交叉场型管。产生的微波能量最终由能量输出器——波导管引出。

2. 波导、激励和耦合装置

波导器件就是完成微波传送、相互联结、耦合以及改向等传输任务。波导将电磁场限制在波导的空间中以避免辐射损耗，波导按形状和功能分为直波导、曲波导、弯波导和扭波导，后三种用来改变传输方向。波导中的激励和耦合装置的作用为在波导中建立所需电磁场模式。激励装置也可作为耦合装置。

3. 谐振腔

谐振腔即加热器体，是完成微波能量与介质相互作用的器件，也是加热体系中的关键部件。谐振腔可分为箱型、波导型、辐射型和表面波导型等种类。家用微波炉为批量式箱型，而大输出功率的多为隧道式箱型，即由多个单箱体串联起来。

4. 漏能抑制器

漏能抑制器设在加热器的物料输入、输出处。功能是防止谐振腔中的电磁波外泄而危及人员安全。

5. 其他

微波功率源用来为磁控管提供集中调控好的电源；磁控管冷却系统主要出现在大功率磁控管中，采用冷却水内部循环来解决自身发热的问题，冷却方式主要有风冷和水冷两种方式；加热体系中的水负载是用来吸收由环行器馈送来的多余微波能量，实际上是磁控管的安全装置等。

（二）微波加热设备

微波加热设备根据其结构形式，分为箱式、隧道式、平板式、曲波导式和直波导式等几大类。其中箱式、平板式和隧道式常用。

1. 箱式微波加热器

箱式微波加热器是在微波加热应用中较为普及的一种加热器，属于驻波场谐振腔加热器。用于食品烹调的微波炉，就是典型的箱式微波加热器。箱式微波加热器的结构如图4-2所示。此结构中，被加热物体（食品介质）在谐振腔内各个方面都受热，微波在箱壁上损失极小，未被物料吸收掉的能量在谐振腔内穿透介质到达壁后，由于反射而又重新回到介质中形成多次反复的加热过程。这样，微波就有可能全部用于物料的加热。由于谐振腔是密闭的，微波能量的泄漏很少，不会危及操作人员的安全。

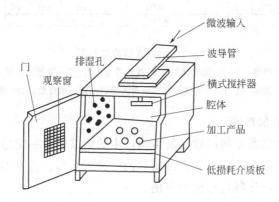

图 4-2　箱式微波加热器

这种微波加热器对加工块状物体较适宜，适用于食品的快速加热、快速烹调以及快速消毒等方面。

2. 隧道式微波加热器

隧道式加热器也称连续式谐振腔加热器，它是一种目前工业干燥常用的装置。被加热的物料通过输送带连续输入，经微波加热后连续输出。隧道式微波加热器可看作数个箱式微波加热器打通后相连的形式。隧道式微波加热器如图4-3所示。

为了防止微波能的辐射，在炉体出口及入口处加上了吸收功率的水负载。这类加热器可应用于奶糕和茶叶加工等方面。

3. 波导型微波加热器

波导型微波加热器即在波导的一端输入微波，在另一端有吸收剩余能量的水负载，这样使微波能在波导内无反射地传输，构成行波场。所以这类加热器又称为行波场波导加热器。这类加热器有开槽波导加热器、V形波导加热器以及直波导加热器等形式。

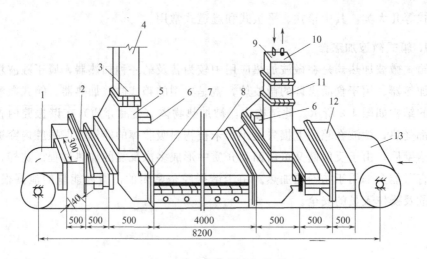

图 4-3 隧道式微波加热器

1—输送带；2—抑制器；3—BJ 标准波导；4—接波导输入口；5—锥形过滤器；6—接排风机；

7—直角弯头；8—主加热器；9—冷水进口；10—热水出口；11—水负载；12—吸收器；13—进料

4. 辐射型微波加热器

辐射型微波加热器是利用微波发生器产生的微波通过一定的转换装置，再经辐射器（又称照射器、天线）等向外辐射的一种加热器。这种加热方法简单，容易实现连续加热，设计制造也比较方便。

5. 慢波型微波加热器（也称表面波加热器）

该加热器是一种微波沿着导体表面传输的加热器。由于它所传送微波的速度比空间传送慢，因此称为慢波加热器。这种加热器的另一特点就是能量集中在电路里很狭窄的区域传送，电场相对集中，加热效率较高。

6. 微波真空干燥箱

微波加热和真空干燥相结合的方法更能加快干燥速度，也是食品工业中常采用的干燥方法。微波真空干燥箱一般为圆筒形，这样箱壁能承受较大的压力而不变形。圆筒形箱体相当于两头短路的圆形波导管，一般采用 2450MHz 的微波源。

第三节 微波辅助萃取

1986 年，匈牙利学者 Ganzler 首次提出微波辅助萃取技术（microwaveassisted extraction，MAE），并从土壤、种子、食品、饲料中成功萃取分离化合物，为有机物的提取分离开辟了一条新的道路。经过近几十年的研究发展，微波辅助萃取技术的应用范围已从最初的环境分析样品的制备扩展到了药品、食品和农业等领域。目前，由于微波辅助萃取技术具有萃取时间短、溶剂用量少、提取率高、产品质量好、成本低等优势，因而受到极大关注。

一、微波萃取的机理

一般认为，微波对化学反应的高效性来自于它对极性物质的热效应：极性分子接受微波辐射能量后，通过分子偶极高速旋转产生内热效应。在微波化学反应中，既存在着热效应，还存在着一些有特殊作用的非热效应。

微波萃取，即微波辅助萃取（MAE），是根据不同物质吸收微波能力的差异使得基体物质的某些区域或萃取体系中的某些组分被选择性加热，从而使得被萃取物质从基体或体系中分离，进入到介电常数较小、微波吸收能力相对差的萃取剂中，达到提取的目的。

微波辅助萃取的机制还不十分清楚，目前主要有两种观点。Pare 提出的细胞壁破裂理论认为，当使用微波透明溶剂（即非极性溶剂）时，溶剂不吸收微波能，而植物组织细胞因含有大量的水，能非常迅速地吸收微波能，使胞内温度迅速升高，细胞膨胀。当胞内压力超过细胞壁的承受能力时，细胞壁破裂，有效成分流出到周围的溶剂中。因微波能只选择性地加热植物细胞，不需耗能加热溶剂，故能大大降低能耗。同时溶剂可以快速冷却流出的有效成分，防止有效成分长时间处于高温下的分解。而另一种观点则认为，应当采用极性溶剂来进行微波辅助萃取。原因是极性溶剂有高的介电常数，能够吸收更多的微波能量，并能将所吸收的能量传递给其他物质分子，加速其热运动，缩短萃取组分的分子由物料内部扩散到萃取溶剂界面的时间，从而使萃取速率提高数倍，同时还降低了萃取温度，所以使用极性溶剂比非极性溶剂好。大部分人认同是第二种观点所阐述的微波萃取机理。

微波应用工程系统采用的微波频率为 915MHz 和 2450MHz，目前国内用于微波萃取的频率大多采用 2450MHz。

二、微波萃取的特点

（1）体现在微波的选择性，因其对极性分子的选择性加热从而对其选择性的溶出。

（2）降低萃取时间，提高萃取速度，传统方法需要几小时至十几小时，超声提取法也需半小时到一小时，微波提取只需几秒到几分钟，提取速率提高了几十倍至几百倍，甚至几千倍。

（3）微波萃取由于受溶剂亲和力的限制较小，可供选择的溶剂较多，同时减少了溶剂的用量。另外，微波提取如果用于大生产，则安全可靠，无污染，属于绿色工程，生产线组成简单并可节省投资。

因此，微波萃取一般适用于热稳定性的物质，对热敏性物质，微波加热易导致它们变性或失活；要求物料有良好的吸水性，否则细胞难以吸收足够的微波能将自身击破，产物也就难以释放出来；微波提取对组分的选择性差。

三、微波辅助萃取技术的影响因素

微波辅助萃取技术的影响因素包括萃取溶剂种类、微波能量（时间和功率）、物料粉碎度、物料溶剂比、萃取次数等。

1. 萃取溶剂的种类

和传统萃取法一样，微波辅助萃取技术要求待萃取物质能溶于萃取溶剂。由于微波加热时只有极性物质能吸收微波能量而升高温度，非极性物质不能吸收微波能量，故不能升高温度。所以使用非极性溶剂时一定要加入一定比例的极性溶剂，同时不同溶剂比时萃取效率也不同。

有人用微波辅助萃取技术从绿茶中提取茶多酚和咖啡因时发现，用丙酮作溶剂时茶多酚的提取率高于以甲醇、水、乙醇为溶剂。用甲醇做溶剂时咖啡因的提取率高于以水、乙醇、丙酮为溶剂。而当以50％的乙醇为溶剂时，茶多酚和咖啡因的提取率均为最高。

2. 萃取温度

用微波萃取可以达到常压下使用同样溶剂所达不到的萃取温度，但温度过高有可能使欲萃取的化合物分解。所以要根据要萃取化合物的热稳定性来选择适宜的萃取温度，达到既可以提高萃取效率，又不至于分解欲萃取化合物的目的。

3. 萃取功率及时间

对高温不稳定和易分解的物质来说，高能量的微波辐射对提取有消极影响。低能量微波仍然可促使分子产生高速偶极旋转，辅以高温和高压迅速克服基质与被分离物间的分子间作用力，使被分离物从基质中解吸出来并快速进入萃取溶剂中。由于被分析物瞬间溶出，避免了长时间高温导致的样品分解，有利于萃取热不稳定物质，保持待萃取物的分子状态，因此特别适合于处理热敏性组分或从天然物质中提取有效成分。

4. 物料粉碎度

从理论上说，药材粉碎度越高，与浸出溶剂的接触面越大，扩散面也越大，故扩散速度越快，萃取效果越好。但粉碎度太高，药材颗粒易粘连，且加大了后续处理如过滤的难度。

5. 物料溶剂比

物料溶剂比是影响提取率的一个重要因素。从传质速率的角度讲，主要表现在影响固相主体和液相主体之间的浓度梯度，即传质推动力。溶剂比小，浓度梯度小，从而传质推动力小。溶剂比的提高必然会在较大的程度上提高传质推动力，但也降低了提取物浓度，提高了生产成本及后续处理的难度，故溶剂比不宜太高。

6. 样品基体的影响

水具有较高的介电常数，能强烈吸收微波而使样品快速加热。所以样品中少量水的存在在某种程度上能促进微波萃取的进程。

7. 样品杯材料

用有机材料作容器往往对被萃取的有机化合物容易产生吸附或污染，而用聚四氟乙烯制成的样品杯在用于微波萃取时，无论是新样品杯，还是用过的样品杯，对回收率均没有明显的影响。所以一般用聚四氟乙烯作为微波萃取的容器材料。

8. 萃取次数

理论上，萃取次数越多，萃取越完全，萃取率越高，成本也越高，对微波辅助萃取也是如此。从溶剂的处理量、成本、工艺操作等方面考虑应选择两次提取为宜。

四、微波萃取的应用

微波萃取广泛用于苷类、黄酮类、萜类、多糖、生物碱等成分的提取。

1. 从新鲜薄荷叶中提取薄荷油

将剪碎的薄荷叶加入盛有正己烷的玻璃杯中，经微波处理，发现与传统的乙醇浸提相比，经微波处理得到的薄荷油几乎不含叶绿素和薄荷酮。

2. 将大功率微波应用在浸取方面

用微波浸取羽扇豆、玉米等中的油脂、棉子酚等有效成分。实验表明，微波浸取最多只需 2min，而传统方法（索氏抽提法）则需 3h 才能提取完全。

3. 用微波法提取美国葵花籽油

人们发现用压榨法所得饼粕中还有大量的油不能压榨出来，而用微波法可将其提取出来。从产品油的油品质量来看，两种方法所得油的色泽、清亮度及成分都相差不大。

微波辐射技术在食品工业的应用研究虽然起步较晚，但已有的研究成果和应用成果已足以显示其优越性：在实验室中已经完成香料、调味品、天然色素、保健食品、饮料制剂等产品微波萃取工艺的研究。微波萃取技术已列为我国 21 世纪食品加工现代化推广技术之一。将来，微波萃取技术在食品中的发展方向有以粮食、蔬菜和水果中有益或有害物质的提取为主。

第四节 微波在食品工业中的应用

一、微波加热对食品营养成分的影响

已有研究报道，微波技术处理食品物料内维生素 B_1、维生素 B_2 及维生素 C 的变化情况，以及微波处理过程中食品物料内维生素 C、维生素 E 及脂肪酸的变化。其研究提出，微波技术处理食品物料中的营养成分会减少，但是与传统的一些加工方法（如热烫、巴氏杀菌等）相比较，物料营养成分仍能有较多保留。

1. 对蛋白质的影响

研究显示，适当的微波处理还能提高大豆蛋白的营养价值。动物试验显示，给小鼠分别喂食经微波处理的大豆和未经微波处理的大豆，发现喂食微波加热大豆的小鼠，其体重增加明显较快，其中又以喂食微波加热 12min 大豆的小鼠体重增加最快，喂食微波加热 15min 大豆的较慢。其原因同样可能归因于美拉德反应中褐色物质的形成。同时，随着加热时间的延长，微波处理大豆使小肠水解蛋白质的活性也随之增加。

微波处理对牛乳中蛋白质含量的影响并不大，对酱油中氨基酸态氮也无破坏分解作用，微波烹调鱼肉过程中，可溶性蛋白通过二硫键构成二聚体或多聚体，出现了 2 种高分子量的新型可溶性蛋白。表 4-2 给出了微波炉处理蹄膀前后必需氨基酸的变化情况。

表 4-2　微波炉处理蹄膀前后必需氨基酸的变化情况

必需氨基酸种类	加热前百分组成/%	加热后百分组成/%
异亮氨酸	4.88	4.7
亮氨酸	8.43	8.36
赖氨酸	9.38	9.23
蛋氨酸＋半胱氨酸	3.49	3.42
苏氨酸	4.75	4.71
色氨酸	1.00	1.00
缬氨酸	5.09	4.97
苯丙氨酸＋酪氨酸	7.88	7.87

2. 对食品中脂肪的影响

适当的微波处理不会破坏脂肪酸的营养价值。但处理时间过长或强度太高，可能引起脂肪酸的过氧化反应。

　　大豆经微波处理后，其总脂类含量明显增加，15种三酰甘油分子依然存在，其脂肪酸组成在数量和质量上也无明显变化。微波加热可显著降低大豆脂肪氧化酶的活性，提取大豆油时，若在碾磨之前先用微波进行预处理，有助于防止大豆中富含的不饱和脂肪酸被脂肪氧化酶所氧化，最终提高大豆油的营养价值。试验表明，大豆经微波加热5min后，其三酰甘油分子的种类没有变化，不饱和脂肪酸也无损耗。但继续加热至8min时，各种脂肪酸成分含量则发生明显变化，含4个以上双键的不饱和脂肪酸种类显著减少，三酰甘油中二烯脂肪酸和三烯脂肪酸含量也明显降低。这样的微波处理分析结果也在鸡脂、牛脂、腊肉、花生油和马铃薯中脂肪酸成分得到了证实。

　　牛乳经微波处理后，其脂肪含量并未明显变化，但脂肪球直径却变小。脂肪球变小，表面积增大、引起脂肪球表面吸附酪蛋白量增加，导致脂肪球密度增加，浮力变小，从而减缓了脂肪分离现象。

3. 对食品中碳水化合物的影响

　　食品中的碳水化合物在微波环境中会发生一系列的反应，如美拉德反应、糖的焦化等。美拉德反应所产生的褐色物质会影响大豆蛋白的消化率；并且，微波加热至8min时，大豆的黑褐色和煳焦味变得明显，说明发生了糖的焦化。

　　微波处理的甘薯中乙醇溶性的碳水化合物总含量、还原糖类及糊精含量均比对流炉处理的甘薯少，而淀粉含量则恰好相反。

4. 对食品中维生素的影响

　　由于微波加热的时间短而效率高，有利于最大限度的保存食品中的维生素，尤其对于热敏性维生素的保存。而维生素保存率又因微波处理时间、食品内部温度、产品类型、微波炉的大小、类型及功率的不同而不同。

　　(1) 维生素C　将蔬菜样品切成食用形状，加入1%食盐、1%味精和10%植物油烹调至食用，再测定其维生素C的含量，结果发现微波烹调蔬菜的维生素C保存率远高于煤气烹调的蔬菜（见表4-3）。

表4-3　微波炉与传统烹调对维生素C的破坏情况

蔬菜	样品维生素C的含量/(mg/100g)(保存率/%)		
	烹调前	微波烹调	煤气烹调
卷心菜	56.50	27.25(48)	22.25(39)
大白菜	57.50	52.50(91)	28.75(50)
青菜	87.50	53.75(61)	30.75(44)
菠菜	56.25	47.50(84)	26.25(47)

无论用哪一种烹调方法，只要烹调时间短而所用水量又少，则其维生素 C 的保存率就高。微波烹调的加热时间短而热效率高，对热敏性维生素 C 的破坏也就相应较小。

（2）维生素 B_1 和维生素 B_6　维生素 B_1 和 B_6 同属于 B 族维生素中的热敏性维生素，在传统的食品加工过程中很容易受到破坏。利用微波技术则能最大限度地减少维生素 B_1 和维生素 B_6 的损耗。

（3）维生素 E　适宜的微波加热能保留大豆种子中的 90％ 的维生素 E，明显优于传统加工方法。随着微波加热时间的延长，植物油中维生素 E 的含量下降，其下降幅度随脂肪酸的种类不同而不同。微波过度加热可使油发生水解作用，使游离脂肪酸含量增大，其容易发生过氧化反应，生成自由基，引起维生素 E 降解，从而导致维生素 E 的损耗增加。游离脂肪酸越多，碳链越短，不饱和程度越高，则维生素 E 的损耗量越大。

另外，微波作用会导致维生素 E 的抗氧化活性降低。主要由于微波导致植物油中饱和脂肪酸的降解及不饱和脂肪酸氧化，从而油脂中自由基和过氧化物增多，易与维生素 E 发生反应，使其失去抗氧化功能。

不论是蔬菜制品、焙烤制品，还是肉制品、预制食品，微波加热的应用与传统方法相比较，在维生素保存方面都显现出了其无可比拟的优越性，最大限度地保存了食品中的维生素（特别是水溶性维生素）。加上微波加热时间短、速度快、均匀性好、易于控制等优点，在现代社会快节奏、高效率的生活模式中，微波技术的应用前景将是非常广阔的。

二、微波在食品工业中的应用

微波技术作为一种现代高新技术在食品中的应用越来越广泛。应用微波技术对食品进行加热杀菌、干燥、烘烤、膨化、升温解冻是微波在食品工业中应用的一个主要方面。它最突出的优点是加热速度快、时间短、均匀、卫生、节能、方便等。

（一）焙烤与膨化

微波加热的特点之一是物料内外同时受热，物料在微波场的作用下，一开始内部就被加热，从而有利于物料内部水分的迅速汽化和迁移，并形成无数的微孔通道，使组织疏松。温升快，失水快，可避免中心夹生表面结焦现象。焙烤过程中或多或少地具有膨化作用，这是微波用作焙烤的优点之一，同时也有专门设计用来进行膨化的微波装置。如风靡欧美的美国爆玉米花，一改过去用压力膨化工艺，而用微波加热法进行膨化制作，已明显取得了成功。

运用微波技术焙烤面包和糕点是当前国际上热门的研究课题之一，微波焙烤可以使面包具有良好的组织形态，但由于表面温度太低不足以发生羰氨反应，也即面包的上色不够，影响外观。目前较普遍的解决方法是采用特殊的包装材料，该材料吸收微波的能力很强，故在微波炉中它能很快升至高温，再给面包表面加热，促进上色。另一种做法是采用一种比较容易发生褐变反应的试剂，就像蛋液一样刷在面包坯表面，使之在微波加热的条件就能发生美拉德反应。

谷类、豆类、薯类淀粉加水然后加热，进行膨化处理，和其他佐料混合成型，预先进行干燥后，与经过加热到适当温度的传热介质混合搅拌，同时进行微波加热，可使之发泡膨胀，快速干燥，就可制成能长期存放的方便食品或点心。切面、荞麦面、挂面、凉面、粉丝、通心面等制作过程中添加鱼肉、畜肉等动物性蛋白质；大豆、小麦等植物性蛋白质，膨化剂，发泡剂及其他佐料揉合成型后，再用微波加热，膨化干燥，就制成快速面。在鱼贝类、禽类等蛋白质原料中，加入淀粉、滋补性物质、食盐佐料、发泡剂搓揉成型后，预先干燥，再用微波加工，利用所产生的二氧化碳和水蒸气进行膨化干燥，由于表层和内层同时加热升温，所以在很短时间内，就可以产生出均匀的蛋白质膨化制品。如日本用鸡颈肉、鸡肝等杂料加淀粉利用微波加热急剧膨化作用，试制高蛋白质淀粉膨化制品为方便盒饭配菜的研究，既物尽其用，又有丰厚的商业利润。同样，茎叶菜类（竹笋、洋葱、包菜、白菜、菠菜），根菜类（萝卜、胡萝卜、藕），瓜菜类（南瓜、茄子），薯类（甘薯、芋头、土豆、山芋、百合），菌类（香菇、蘑菇），藻类（海带、裙带菜）等均可利用微波和加热介质并用方式加热，进行膨化干燥制成方便食品的原料。

坚果类如杏仁（almond），因有坚固的外壳，而很不容易调理和烘烤，也不容易杀菌。以平常方法烘烤所制得的成品，因其硬壳的存在，往往会加热过度，坚果本身变脆，不易切片。若用微波处理加工，除了克服上述缺点外，还可以增加香味，延长货架寿命 1 倍以上。炒货如瓜子、花生等，传统工艺加工时需要烧煤，用转炉加热烘干，污染环境，劳动强度大，能耗高，效率低。而深圳某炒货厂使用 20～40kW、915MHz 型微波干燥机对白瓜子、花生、杏仁、腰果等进行焙炒，可将含水 35％左右的原料经 8～10min 干燥至 5％以下，既改善了环境，又提高了制品的质量，产品已远销海外。

（二）干燥

干燥是微波能应用最广泛的一个领域，如用于干燥面条、调味品、添加剂、瓜子、花生、蔬菜、菇类、肉脯等。微波干燥方法可分为常压微波干燥、微波真空干燥和微波冷冻干燥。

1. 常压微波干燥

美国的低温干燥技术公司从 1965 年起即开始着手常压微波干燥面条实验，

是取得最成功的微波应用例子之一。面条由于内部水分迁移缓慢，所以后续干燥很困难，而用微波干燥就能很好地解决这一问题。湿面条先用热风预干燥，使水分从30％降至18％，然后在重力引导下落入微波干燥室中，用微波-热风结合处理12min，水分就可以达到12％的要求。所用对流热风的温度为82～93℃，相对湿度为15％～20％；最后制品的温度为73.5℃左右。加工时间由原来的8h缩短到1.5h，节能25％，细菌含量仅为原法加工产品的1/15。因制品带有多孔性，所以此种产品较普通法干燥的容易复水。

目前，常压微波干燥基本上可运用于茶叶初制、精制干燥及成品回复干燥等。

2. 微波真空干燥

对于一些热敏性的材料，如果汁，为了保证其品质，宜在低温下干燥，采用微波真空干燥不仅可以降低干燥温度，而且还可大大缩短干燥时间，有利于产品质量的进一步提高。所谓微波真空干燥是以微波加热为加热方式的真空干燥，充分发挥微波加热快和均匀、真空条件下水分汽化点低等特点的干燥技术。在果汁、谷物和种子的干燥中用得较多。已采用微波真空干燥的果汁有橙汁、柠檬汁、草莓汁、木莓汁等，另外还有茶汁和香草提取液。

法国国际微波技术公司设计了微波真空干燥速溶橘粉的装置，真空室的直径为1.5m、长为1.2m，加有2450MHz、48kW的微波能量。它先将含有63％固形物的橘浆抽吸并涂布在宽1.2m的传送带上，堆高3～7mm，在10.67～13.33kPa的低压下输入微波能量，加热40min，可膨化到厚度80～100mm，制成含水量27％的速溶橘粉。产品不仅保持了橘汁原有的色、香、味，而且所保留的维生素C是喷雾干燥法不可能达到的。

微波真空干燥的结果均好于冷冻干燥和喷雾干燥，因为冷冻干燥的时间长，喷雾干燥的温度高。

3. 微波冷冻干燥

利用微波穿透为其提供热能，可使内部冰层得以迅速升华，避免出现制品内外温湿大的负效应，这在干燥后期尤为重要。在冷冻干燥时，为了加速升华，需要加热，有时要利用辐射热，但靠近加热板的外层干燥后，会形成一层硬壳，热阻增大。用微波加热时，可以防止上述结壳现象的发生。同时，微波还可以有选择性地针对冰块加热而已干燥部分却很少吸收微波能。应用微波加热可不管半成品厚度、形态，同时予以干燥。以微波处理5～10cm厚度的制品时，干燥时间可以节省为原来的1/4～1/3。如样品厚度增加至20～30cm时，则可节省1/10～1/5。对于末段干燥，微波加热更加有效。例如含水量为60％的肉片，以辐射法加热者需22h才能干燥完毕，但改用微波加热只需2.5h，两者所耗时间之比为

9：1。当肉片的水分自10％干燥到5％时，辐射法需2h，改用微波只需8min即可，两者的比例为15：1。

(三) 调温和解冻

调温是将冷冻的固态食品的温度升高到冰点以下的过程。微波调温不用打开产品包装，并可在数分钟内完成，而在传统的解冻室中则需要2～5d，从而减少了表面区域的微生物生长和腐败。例如，一般一只冻鸡在室温下要解冻几小时，而在微波中只需几分钟即可。用2450MHz的微波，对－29℃的7.5cm厚鱼肉块进行加热，只需20min（鲱鱼）即可将其解冻。使用微波来解冻可以缩短加工时间，减少细菌总数，减低酶的变化，减少水分与营养成分的损失，保持产品的色泽和鲜度，产品质量好、处理效率高、成本低、耗能少、占地面积少，改善了劳动条件和环境卫生。

欧美国家饮食中动物性食品占较大比重，他们的冷冻业相当发达，冻鱼、冻肉、冻鸡等产量非常大。将冷冻制品—超级市场-微波解冻三者联系起来就显示出了极大的优越性。另外，冷冻工厂用微波来快速解冻可以提高制品的质量，如肉类采用速冻-微波解冻工艺，其品质几乎和新鲜时差不多。零售商店采用微波解冻机，可以按需要即时解冻，方便灵活，可以避免通常的预先解冻好又销售不了而造成的浪费。家庭使用微波炉更是省时，方便。

微波技术也可应用于冷冻馒头。

(四) 杀菌和保鲜

食品的传统杀菌，通常可以采用高温干燥、烫漂、巴氏灭菌、冷冻以及防腐剂等常规技术来实现。但这些设备大都庞大，处理时间长，灭菌不彻底或不易实现自动化生产，同时往往影响食品的原有风味和营养成分。而微波杀菌是使食品中的微生物同时受到微波热效应与非热效应的共同作用，使其体内蛋白质和生理活动物质发生变异而导致微生物生长发育延缓和死亡，达到食品杀菌保鲜的目的。微波杀菌温度为70～90℃，时间约为90～120s。由于微波杀菌时间短、温度低，而广泛用在各类食品上。例如：塑料袋包装鸡肉、鸭肉、鸡爪、叉烧、肉松、熏鱼、牛肉干等的杀菌保鲜。

在蜂王浆、花粉口服液等天然营养食品的加工过程中，为保持各种营养成分不受破坏，通常采用真空冷冻干燥和^{60}Co射线杀菌工艺，处理温度不宜超过60℃，效率低、能耗大、成本高。而运用微波来处理，温升快、时间短、加热均匀，节省电力80％以上，产品质量上乘，且玻璃对微波几乎完全透过，仍可以作为其包装材料。另外，人参、香菇、猴头菌、花粉、天麻、中成药丸等用微波进行干燥杀菌处理，可以有效地保存其中的营养成分及活性物质，这是传统加热方法所不能比拟的。

牛奶生产过程中，消毒杀菌是最重要的处理工艺，传统方法是采用超高温短时巴氏杀菌。其缺点是需要庞大的锅炉和复杂的管道系统，而且耗费能源、占用煤场、劳动强度大，还会带来环境污染等问题。若用微波对牛奶进行杀菌消毒处理，鲜奶在80℃左右处理数秒钟后，杂菌和大肠杆菌数完全达到卫生标准要求，不仅营养成分保持不变，而且经微波作用的脂肪球直径变小，且有均质作用，增加了奶香味，提高了产品的稳定性，有利于营养成分的吸收。

总之，微波加热技术用于食品的杀菌保鲜处理，在改造传统食品加工工艺中已展现出十分诱人的前景。

（五）蒸煮

微波蒸煮过程已成功地用于预煮熏肉、肉饼和家禽。熏肉加工用热空气帮助除去水分，家禽加工则用饱和蒸汽以避免沙门菌的污染。这种工艺可增加产率，缩短制备时间，减少劳动成本，并可获得高质量的产品。据报道，微波加工熏肉，由于不会出现过热损失，产量可提高25%~38%；加工家禽，由于减少了水分损失，产量也可增加10%。

（六）家庭烹调

微波烹调时间的选择至关重要，短时间烹调，减少了高温对营养成分的破坏；微波烹调避免了食物烹调过程中化学污染物的产生，同时也能较好地杀灭食品中的微生物；微波烹调无需预热而立即发挥作用，加热效率高，烹调时间短，节省能源；烹调过程无油烟，清洁安全，是值得推广的家用烹调方式。

（七）其他

果蔬加工中常要进行热烫以钝化酶的活性和杀死部分微生物，热烫处理常采用沸水煮烫的办法，结果致使水溶性营养物质（如维生素C、矿物质等）大量流失。应用微波来处理，可以解决这一问题。目前瑞典、英国等均有微波钝化酶活性的设备在生产线上应用，如处理豌豆、蘑菇、胡萝卜、菠菜、蒜片、桃、马铃薯等果蔬，微波杀酶不仅所需时间短，并能利用各种酶的失活温度的不同，适当控制温度，以达到使有损于食品风味的酶失活，而保留所需要的酶的活性的要求。

豆腐都是制成一大盘后，再切成小块出售。如能将其装于小容器中出售，不但食用方便而且卫生干净。但装于小容器时，要考虑如何在加热凝固手续中不会泄漏等问题。如使用太考究的容器，则不经济。而将豆浆装于塑料杯中，加入凝固剂，以微波加热至80℃左右，然后在保温箱中保温，使其凝固，就可以解决上述问题。

在方便米饭生产过程中，首先要将米煮熟，然后加以干燥，但煮饭时，如水分太多，则米粒表面会有黏性而结团，不易干燥。将米加热煮至半熟（即吸收适当水分）以后，停止加热。此时，因米粒尚不完全胶质化，所以黏性不大，然后改用微波加热煮熟。因此时不再加水煮沸，米粒表面无多余水分，且微波表里同时加热，故虽然米饭煮熟了，也不会粘在一起，很容易干燥。另外，微波还可用于白酒的老熟醇化、烟叶复烤、茶叶再制、控制发酵等。

总之，随着科技的发展和社会的需求，人们更加关注节能、有效的食品高新技术，微波技术在食品工业上的应用是科学发展与人类社会进步的必然产物。

第五章
食品超微粉碎技术

第一节　概　　述

　　超微粉碎是近 20 年迅速发展起来的一项高新技术。粉碎是用机械力的方法克服固体物料内部凝聚力而达到破碎的一种单元操作，有时将大块物料分裂成小块物料的操作称为破碎，它包括粗粉碎和中粉碎；将小块物料分裂成细粉的操作称为磨碎或研磨，它包括微粉碎和超微粉碎，不过习惯上两者又统称为粉碎。现代工程技术的发展，要求许多以粉末状态存在的固体物料具有极细的颗粒、严格的粒度分布、规整的颗粒外形和极低的污染程度，因此，普通的粉碎手段已不能满足生产的需要，于是便出现了超微粉碎技术。

一、概念

　　超微粉碎技术是指利用机械或流体动力的方法克服固体内部凝聚力使之破碎，从而将 3mm 以上的物料颗粒粉碎至 $10\sim25\mu m$ 以下的微细颗粒，从而使产品具有界面活性，呈现出特殊的功能的技术。与传统的粉碎、破碎、碾碎等加工技术相比，超微粉碎产品的粒度更加微小。

　　超微粉碎技术通常又可分为微米级粉碎（$1\sim100\mu m$）、亚微米级粉碎（$0.1\sim1\mu m$）、纳米级粉碎（$0.001\sim0.1\mu m$，即 $1\sim100nm$），在天然动植物资源开发中应用的超细粉碎技术一般达到微米级粉碎即可使其组织细胞壁结构破坏，获得所需的物料特性。此外，超微粉碎可以使有些物料加工过程或工艺产生革命性的变化，如许多可食动植物都可用超细粉碎技术加工成超细粉，甚至动植物的不可食部分也可通过超细化而被人体吸收。

二、作用

　　超微粉碎技术在食品中的应用可以体现在以下几个方面。

1. 可以使食品具有独特的物化性能

由于颗粒的微细化导致表面积和孔隙率的增加，使超细粉体具有良好的分散性、吸附性、溶解性、化学活性、生物活性等，微细化的物粒具有很强的表面吸附力和亲和力，具有很好的固香性、分散性和溶解性。

2. 食品更易消化吸收，改善其口感

经过超微粉碎的食品，由于其粒径非常小，营养物质不必经过较长的路程就能释放出来，并且微粉体由于粒径小而更容易吸附在小肠内壁，加速了营养物质的释放速率，使食品在小肠内有足够的时间被吸收经过颗粒的微粉化使得人们从感觉上消失了不良的颗粒感，从而提高食品的爽口感。

3. 增加食品资源

一些动植物的不可食部分，如骨、壳、纤维等也可以通过超微粉化而被人体食用、吸收和利用，使得食品的范围扩大。

4. 改进或创新食品

日本、美国市售的果味凉茶、冻干水果粉、超低温速冻龟鳖粉等。国内 20 世纪 30 年代将超微粉技术用于花粉的破壁，随后，一些口感好、营养配比合理、易消化的功能性食品应运而生。

5. 超微粉碎可以使有些食品加工过程或工艺产生革命性的变化

如速溶茶生产，传统的方法是通过萃取将茶叶中的有效成分提取出来，然后浓缩、干燥制得粉状速溶茶。现在采用超微粉技术仅需一步工序便得到茶产品，大大简化了生产工艺。

但是对于食物来说，粉碎物的粒度并不是越细越好。若食物的粒度愈细，在人体中存留的时间就愈短，而且相应食物的舌感亦就没有了。一般情况下，食品颗粒的粒径应大于 $25\mu m$，但由于不同的行业、不同的产品对成品粒度的要求不同，因此，在加工时应根据物料特性及其用途不同来确定成品的粒度。

三、原理及特点

超微粉碎是基于微米技术原理，通过对物料的冲击、碰撞、剪切、研磨等手段，施于冲击力、剪切力或几种力的复合作用，部分地破坏物质分子间的内聚力，来达到粉碎的目的。天然植物的机械粉碎过程，就是用机械方法来增加天然植物的表面积，表面积增加了，亦引起自由能的增加，但不稳定，因为自由能有趋向于最小的倾向，故微粉有重新结聚的倾向，使粉碎过程达到一种粉碎与结聚的动态平衡，于是粉碎便停止在一定阶段，不再向下进行，所以要采取措施阻止其结聚，以使粉碎顺利进行。

（1）速度快，时间短，可低温粉碎　超微粉碎技术是采用超声速气流粉碎、冷浆粉碎等方法，与以往的纯机械粉碎方法完全不同。在粉碎过程中不产生局部过热现象，甚至可在低温状态下进行粉碎，速度快，瞬间即可完成，因而最大限度地保留粉体的生物活性成分，以利于制成所需的高质量产品。

（2）粒径细且分布均匀　由于采用超声速气流粉碎，其在原料上的分布是很均匀的。分级系统的设置，既严格限制了大颗粒，又避免了过碎，可得到粒径分布均匀的超细粉，同时很大程度上增加了微粉的比表面积，使吸附性、溶解性等亦相应增大，在制药工业中，超微细粉的新特征是使药物能较好地分散、溶解在胃液里，且与胃黏膜接触面积增大，更易被胃肠道吸收，大大提高了药物的生物利用度。

（3）节省原料，提高利用率　物料经超微粉碎后，近纳米细粒径的超细粉一般可直接用于制剂生产，而常规粉碎的产物仍需一些中间环节，才能达到直接用于生产的要求，这样很可能会造成原料的浪费。因此，该技术尤其适合珍贵稀少原料的粉碎。

（4）减少污染　超微粉碎是在封闭系统下进行粉碎的，既避免了微粉污染周围环境，又可防止空气中的灰尘污染产品，故在食品及医疗保健品中运用该技术，可使微生物含量及灰尘能得以控制。

第二节　超微粉碎的基本理论

一、原料的基本特性

1. 物料粒度

物料颗粒的大小称为粒度，它是粉碎程度的代表性尺寸。对于球形原料来说，其粒度即为直径。对于非球形颗粒，则有以面积、体积或质量为基准的各种名义粒度表示法。

2. 粉碎级别

根据被粉碎物料和成品粒度的大小，粉碎可分为粗粉碎、中粉碎、微粉碎和超微粉碎四种：

（1）粗粉碎　原料粒度在 40～1500mm 范围内，成品粒度约 5～50mm。

（2）中粉碎　原料粒度 10～100mm，成品粒度 5～10mm。

（3）微粉碎（细粉碎）　原料粒度 5～10mm，成品粒度 100μm 以下。

（4）超微粉碎（超细粉碎）　原料粒度 0.5～5mm，成品粒度在 10～25μm

以下。

3. 物料的力学性质

（1）硬度　它是指物料抗变形的阻力。硬度越高，表明物料抵抗弹性变形的能力越大。在进行粉碎时，常常根据测定抗压强度，将抗压强度大于 $2500kg/cm^2$ 者称为坚硬物料，在 $400\sim2500kg/cm^2$ 范围称为中硬物料，小于 $400kg/cm^2$ 的物料称为软物料。

不管何种物料，颗粒愈细，强度愈大，这是因为粒度变细，颗粒宏观和微观裂纹减小，缺陷愈少，抗破坏应力变大，因此粉碎能耗增高。这也是超微粉碎能耗高的原因之一。物料的硬度是确定粉碎作业程序、选择设备类型和尺寸的主要依据。

（2）强度　强度是指物料抵抗破坏的阻力，一般用破坏应力表示，即物料破坏时单位面积上所受的力，用 N/m^2 或 Pa 来表示。一般来说，原子或分子间的作用力随其间距而变化，并在一定距离处保持平衡，而理论强度即是破坏这一平衡所需要的能量，可通过能量计算求得。对完全均质的材料所受应力达到其理论强度时，所有原子或分子间的结合键将同时发生破坏，整个材料将分散为原子或分子单元。然而，实际上，几乎所有材料破坏时都分裂成大小不一的块状，这说明质点间结合的牢固程度并不相同，即存在着某些结合相对薄弱的局部，使得在受力尚未达到理论强度之前，这些薄弱部位已达到其极限强度，材料已发生破坏。因此，材料的实际强度或实测强度往往远低于其理论强度，一般地，实测强度为理论强度的 $1/1000\sim1/100$。

强度高低是材料内部价键结合能的体现，从某种意义上讲，粉碎过程即是通过外部作用力对物料施以能量，当该能量足以超过其结合能时，材料即发生变形破坏以致粉碎。

（3）脆性　脆性与塑性相反。脆性材料抵抗动载荷或冲击的能力较差，采用冲击粉碎的方法可有效使它们产生粉碎。

（4）韧性　它是一种介于柔性和脆性之间的抵抗物料裂缝扩展能力的特性。材料的韧性是指在外力的作用下，塑性变形过程中吸收能量的能力。吸收的能量越大，韧性越好，反之亦然。

与脆性材料相反，韧性材料的抗拉和抗冲击性能较好，但抗压性能较差。韧性材料与脆性材料的有机复合，可使二者互相弥补，相得益彰，从而得到其中任何一种材料单独存在时所不具有的良好的综合力学性能。

二、粉碎机理

（一）粉碎的基本形式

绝大多数固体物质都是借助于化学键将质点联系在一起的，那么它们的变形与破坏也必然与化学键的类型及其力学性质有密切关系。物料粉碎时所受到的作用力包括挤压力、冲击力和剪切力（摩擦力）三种。根据施力种类与方式的不同，物料粉碎的基本方式包括压碎、劈碎、折断、磨碎和冲击破碎等形式（如图5-1所示）。

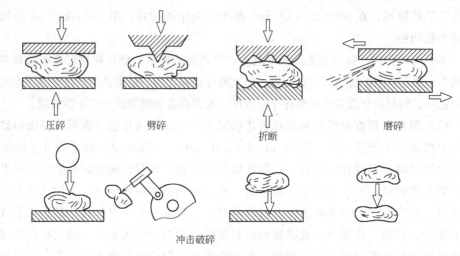

图 5-1　粉碎的基本方法

1. 压碎

压碎是指物料受面平面间缓慢增加的压力作用，使之由弹性变形或塑性变形而至破裂粉碎。物料在两个工作面之间受到相对缓慢的压力而被破碎。因为挤压力作用较缓慢均匀，故物料粉碎过程较均匀，这种粉碎方式多用于脆性大块物料，具有韧性或塑性的物料，则可产生片状，例如轧制麦片、米片以及油料轧片等。

2. 劈碎

劈碎是指物料受楔状工具的作用而被分裂。多用于脆性物料的破碎。

3. 折断（剪碎）

物料在两个工作面之间，如同承受载荷的两支点（或多支点）梁，除了在作用点受劈力外，还发生弯曲折断。多用于硬、脆性大块物料的破碎，例如榨油残渣油饼、玉米穗等的粉碎。

4. 磨碎

磨碎是指物料在两个研磨体之间受到摩擦、剪切作用而被磨削为细粒。与施加强大粉碎力的挤压和冲击粉碎不同，磨碎是靠研磨介质对物料颗粒表面的不断磨蚀而实现粉碎的。这是一种既有挤压又有剪切的复杂过程，多用于小块物料或韧性物料的粉碎。

5. 冲击破碎

击碎是指物料在瞬间受到外来的冲击力而被破碎，这种粉碎过程可在较短时间内发生多次冲击碰撞，每次冲击碰撞的粉碎时间是在瞬间完成的。这种粉碎方式适用于质量较大的脆性物料，且从较大块的破碎到微细粉碎均可以使用，而且可以粉碎多种物料。最典型的锤式粉碎机，在食品工业中用得很多。

粉碎操作中，由于不同的物料往往具有不同的粉碎力学特性，应根据物料的物理性质、块粒大小以及所需的粉碎程度而定采用不同的粉碎方式或两种以上的粉碎方法组合进行。

(二) 物料的粉碎过程

固体物料的粉碎首先是颗粒粒度的变化，而随着粒度细化的量变，然后是一系列颗粒微观上理化特性的质变。固体物料受各种外力作用，当作用力没有超过物料的弹性极限，物料就被迫变形或受到应力；当作用力超过弹性权限时，颗粒就会被粉碎。

在外力反复作用下颗粒内部的晶体结构会出现松弛现象，也即受力而发生变形的颗粒在变形值维持不变的条件下内应力会逐渐消失，储蓄的弹性能量将转化为热量而提高了粉碎区的温度。瞬间作用的剪切应力有助于缩短颗粒流变过程，从而克服这类颗粒的宏观"黏度"，降低粉碎机内温度，加快粉碎过程的进行。通常认为物料受到不同粉碎力作用后，首先要产生相应的变形或应变，并以变形能的形式积蓄于物料内部。当局部积蓄的变形能超过某临界值时，裂解就发生在脆弱的断裂线上。此时，粉碎至少需要两方面的能量：一是裂解发生前的变形能，这部分能量与颗粒的体积有关；二是裂解发生后出现新表面所需的表面能，这部分能量与新出现的表面积的大小有关。

到达临界状态（未裂解）的变形能随颗粒体积的减小而增大。这是因为颗粒越小，颗粒表面或内部存在的结构缺陷可能性就越小，其强度相对提高，受力时颗粒内部应力分布比较均匀，这就使得小颗粒所需的临界应力比大颗粒所需的大，因而消耗的变形能也较大。

在粒度相同的情况下，由于物料的力学性质不同所需的临界变形能也不同。物料受到应力作用时，在弹性极限力以下则发生弹性形变；当作用的力在弹性极限力以上则发生永久变形。但粉碎条件纯粹是偶然的，许多颗粒受到的冲击力不足以使其粉碎，而是在一些特别有力的猛然冲击下才粉碎的。因此，最有效的磨碎机只利用了不到1%的能量去粉碎颗粒和产生新表面。其余的能量则消耗于以下几个方面：①未破碎颗粒的弹性变形；②物料在粉碎室内来回运转；③颗粒之间的摩擦；④颗粒和粉碎机之间的摩擦；⑤发热；⑥振动的噪声；⑦传动机件和电动机的无效能耗。

大部分粉碎为变形粉碎，即通过施力使颗粒变形，当变形量超过颗粒所能承受的极限时，颗粒就破碎。在上述常用的粉碎方法中，根据变形区域的大小，即粉碎材料特性和粉碎时用的力的大小、力的作用面积和作用速度，可分为将颗粒的断裂破碎分为整体变形破碎、局部变形破碎和不变形破碎三种。塑性或韧性材料一般表现整体变形破碎；脆性物料的粉碎多为不变形或微变形破碎；大部分粉碎过程为局部变形破碎。

第三节　超微粉碎设备

超微粒粉碎设备按其作用原理可分为气流式和机械式两大类。机械式又分为球磨机、冲击式微粉碎机、胶体磨和超声波粉碎机等。下面主要介绍一些常用的超微粉碎设备。

一、磨介式粉碎机

磨介式粉碎是借助于运动的研磨介质（磨介）所产生的冲击，以及非冲击式的弯折挤压和剪切等作用力，达到物料颗粒粉碎的过程。磨介式粉碎过程主要为研磨和摩擦，即挤压和剪切。其效果取决于磨介的大小、形状、配比、运动方式、物料的填充率、物料的粉碎力等特性。

磨介式粉碎的典型设备有球磨机、搅拌磨和振动磨等类型。

（一）球磨机

球磨机是用于超微粉碎的传统设备，它主要靠冲击进行破碎，产品粒度可达 $20\sim40\mu m$。球磨机种类很多，规格不一，但就其基本结构而言主要由进料装置、支承装置、回转部分、卸料装置和传动装置五大部分所组成，其工作原理如图 5-2 所示。

球磨机是水平放置在两个大型支承装置上的低速回转的筒体，它依靠电机经减速机驱动筒体以一定的工作转速旋转。筒体内装有直径为 $25\sim150mm$ 的铜球，称为磨介，磨介装入量为筒体有效体积的 $25\%\sim45\%$。筒体内还装有衬板，用以保护筒体并将磨内研磨体提升到一定的高度，然后以一定初始速度的磨介按照抛物线轨迹降落，冲击和研磨从磨机进料端喂入的物料，如此周而复始，使处于研磨介质之间的物料受冲击作用而被粉碎。

球磨机适应性强，对大多数物料都能粉磨；能连续操作，且生产能力可以满足现代工业大规模生产的需要；粉碎比大，一般情况下粉碎粒度在 $100\sim300$ 目，进一步改进设备，使筒体内壁更光滑，磨介直径配比更合理，则粉碎粒度可以达

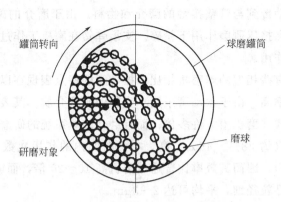

图 5-2　普通球磨机的工作原理

到 1000 目以上，且产品细度易于调节；可以适应不同情况下的操作，例如粉碎与干燥、粉碎与混合同时进行；既可以用于干法粉碎，又可以用于湿法粉碎，湿法粉碎能够得到粒度很细的产品，根据研究，欲获得超微粉碎产品，浆料浓度应控制在 60% 以下；球磨机结构简单，机械可靠性强，磨损零件容易检查和更换，工艺成熟，可标准化；且有很好的密封性，可以负压操作，从而可避免粉尘飞扬，改善了劳动条件，防止了对空气和环境的污染。但球磨机磨机筒体转速较低，单位电耗大，操作时噪声大，并伴有较强的振动。

（二）振动磨

振动磨的粉碎原理是利用球形或棒形研磨介质作高频振动时产生的冲击、摩擦和剪切等作用来实现对物料颗粒的超微粉碎，并同时起到混合分散作用。振动磨是进行高频振动式超微粉碎的专门设备，它在干法或湿法状态下均可工作。

振动磨是由电动机、弹性联轴器、激振器、磨管、物料＋磨介（球）和弹簧等主要部件组成（如图 5-3 所示）。振动磨的动力由电动机提供，通过弹性联轴器使激振器获得转动动能，激振器离心力通过其主轴传给磨管使其运动，磨管通

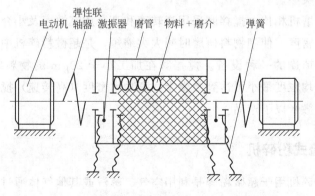

图 5-3　振动磨结构示意

过管壁将力和运动传到与管壁接触的磨介和物料。由于磨介的碰撞、相对滑动，使得物料在冲击和挤压研磨作用下粉碎。支承弹簧在磨机工作过程中起到一个弹性支承和减震的作用。

与工作原理有些相似的球磨机相比，振动磨的特点表现在以下几个方面。

（1）研磨效率高　由于振动磨采用小直径的研磨介质，其表面积增大，所以研磨机会比旋转式球磨机增大许多倍；而且磨介装填系统的研磨系统（约60%～80%）比球磨机（约28%～45%）高，单位时间内的作用次数高（冲击次数为球磨机的4～5倍），因而其效率比普通球磨机高10～20倍，而能耗比其低数倍。

（2）研磨成品粒径细，平均可达2～3μm。

（3）可实现连续化生产并可以采用完全封闭式操作以改善操作环境。

（4）外形尺寸比球磨机小，占地面积小，操作方便，维修管理容易。

（5）干湿法研磨均可。但是，振动磨运转时的噪声大，需要使用隔音或消音等辅助设施。

近年来通过实践，振动磨日益受到重视，原因就是振动磨对某些物料产品粒度可达到亚微米级，同时有较强的机械化学效应，且结构简单，能耗较低，磨粉效率高，易于工业规模生产。

（三）搅拌磨

搅拌磨是在球磨机的基础上发展起来的，它主要由一个静置的内填小直径研磨介质（钢球、陶瓷球、玻璃球等）的研磨筒和一个旋转搅拌器构成。其工作原理是在分散器高速旋转产生的离心力作用下，研磨介质和液体浆料颗粒冲向容器内壁，产生强烈的剪切、摩擦、冲击和挤压等作用（主要是剪切力）使浆料颗粒得以粉碎。搅拌磨能满足成品粒子的超微化、均匀化要求，成品的平均粒度最小可达到数微米，已在食品领域得到广泛的应用。搅拌磨根据结构大致可分为立式（如图5-4所示）、卧式、环式和塔式四种；根据操作方法可分为间歇式、连续式和循环式三种类型。

同普通球磨机相比，搅拌磨采用高转速和高介质充填率及小介质尺寸，获得了极高的功率密度，使细物料研磨时间大大缩短，是超微粉碎机中能量利用率最高，很有发展前途的一种设备。搅拌磨在加工小于20μm的物料时效率大大提高，成品的平均粒度最小可达到数微米。高功率密度（高转速）搅拌磨机可用于最大粒度小于微米以下产品。

二、气流式粉碎机

气流式粉碎机用于超微粉碎是利用空气、蒸汽或其他气体通过一定压力的喷嘴喷射产生高度的湍流和能量转换流，物料颗粒在这高能气流作用下悬浮输送

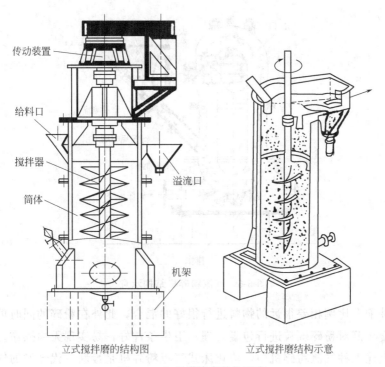

传动装置
给料口
搅拌器
简体
溢流口
机架

立式搅拌磨的结构图   立式搅拌磨结构示意

图 5-4 立式搅拌磨结构示意

着，相互之间发生剧烈的冲击、碰撞和摩擦作用，加上高速喷射气流对颗粒的剪切冲击作用，使得物料颗粒间得到充足的研磨而粉碎成超微粒子，同时进行均匀混合。气流粉碎设备有多种形式，归纳起来，目前常用的气流粉碎机主要有：水平圆盘式气流粉碎机；循环管式气流粉碎机；对喷式（逆向）气流粉碎机；撞击板式（靶式）气流粉碎机和流化床式气流粉碎机五种类型。

图 5-5 为气流粉碎机的结构示意图。物料经加料器由汾丘里喷嘴送入粉碎区，气流经一组研磨喷嘴喷入不等径变曲率的跑道形循环管式粉碎室，并加速颗粒使之相互冲击、空气碰撞、摩擦而粉碎。气流旋流携带被粉碎的颗粒，沿上行管向上运动进入分级区，在分级区，由于离心力场的作用与分级区轮廓的配合，使密集的颗粒流分流，细粒在内层经分级器分级后排出，作为成品捕集；粗粒在外层沿下行管返回继续循环粉碎。

气流式超微粉碎的特点有以下几方面：粉碎比大，产品粉碎得很细（粉品细度可达 $2\sim40\mu m$）；粉碎设备结构紧凑、磨损小且维修容易，但动力消耗大；在粉碎中设置一定的分级作用，粗粒由于受到离心力的作用不会混到细粒成品中，保证了成品粒度的均匀一致；压缩空气（或过热蒸汽）膨胀时会吸收很多能量，产生制冷作用，造成较低的温度，所以对热敏性物料的超微粉碎有利；易实现多单元联合操作，例如可利用热压缩气体同时进行粉碎和干燥处理，在粉碎同时还

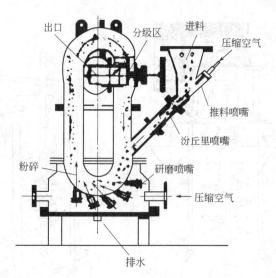

图 5-5　气流粉碎机结构示意

能对两种配合比例相差很远的物料进行很好的混合，此外在粉碎的同时可喷入所需的包囊溶液对粉碎颗粒进行包囊处理；卫生条件好，易实现无菌操作。

在上述五种气流粉碎机中，流化床式气流粉碎机是最新一代开发的气流粉碎装置，20 世纪 80 年代初诞生于德国 Alipne 公司。流化床气流超微粉碎机集多喷管技术、流化床技术和卧式分级技术于一身，实现了流场多元化及料层流态化与卧式分级化体系。此外，采用了气体密封等多项新技术，可保证该机安全、高效、稳定地运行。

流化床式气流粉碎机该设备由螺旋加料器、粉碎室、分级室等组成，工作过程是物料通过螺旋加料器均匀送入粉碎室，物料在喷嘴交汇处受到超音速喷嘴产生的高速气流冲击、碰撞后随气流进入分级室，通过分级轮产生的离心力把物料的粗细颗粒在分级腔内迅速分离出来，从分级轮出料口收集到的将是粒度分布均匀的超微细粉体，未达到粒度要求的粗粉返回粉碎区继续粉碎。合格细粉随气流进入高效旋风分离器得到收集，含尘气体经收尘器过滤净化后排入大气。

流化床式气流粉碎机相比其他气流式粉碎机有以下特点：能耗低，与其他类型气流粉碎机相比较节能 30%～40%，产量要提高 1/3；压缩空气通过冷冻干燥机出来的气体始终保持在设定的低温范围，故特别适用于热敏性和黏性物料的粉碎；适用于干式超微工艺，气流冲击速度可达 2.5 马赫（1 马赫＝340m/s）以上，该设备使用闭路循环粉碎装置，在粉碎过程中随着气流加速物料之间相互冲击碰撞而粉碎，因此物料和粉碎腔内壁不产生摩擦，从而能保证粉碎后物料的纯度，无污染；粉碎范围广，在生产过程中通过变频器控制分级转子的转速高低来调节所需物料的细度因此很容易获得超微粉成品，粒度分布范围窄，对精度、细度要求高的干粉类物料的超微粉碎有显著的成效；该设备集粉碎、分级于一体，结构紧凑、低噪声、无振动。

三、机械冲击式粉碎机

机械冲击式粉碎机是指利用围绕水平或垂直轴高速旋转转子上的冲击元件（棒、叶片、锤头等）对物料施以强烈的冲击，并使其与定子间以及物料与物料之间产生高频的强力冲击、剪切等作用而粉碎的设备。

机械冲击式粉碎机有锤击式粉碎机、齿爪式粉碎机、针磨、立式无筛微粉碎机和卧式超微粉碎机等多种类型。其原理都是借助于转子上的冲击元件，给物料加以 60～125r/s 甚至更高的速度冲击将其粉碎（如图5-6所示）。这种粉碎机的粉碎机理除了主要的冲击作用之外，还有摩擦、剪切、气流颤振等多种粉碎机制。

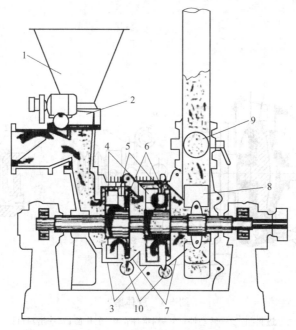

图 5-6　机械冲击式粉碎机

1—料斗；2—加料机；3—机壳；4,6—第二级转子；5—分级器；

7—接管；8—风机；9—阀；10—排渣管

这类粉碎机结构简单、操作容易；粉碎能力大、运转稳定性好、动力消耗低；容易调节粉碎产品粒度；适合于中等硬度物料粉碎，机器可连续自动运转，安装占地面积小。但由于是高速运行，要产生磨损问题，因而该类设备不适合处理高硬度的物料；此外，还有发热问题，对热敏性物质的粉碎，要注意采取适宜措施。

四、胶体磨

胶体磨又称分散磨，工作构件由一个固定的磨子（定子）和一个高速旋转的磨体（转子）所组成。两磨体之间有一个可以调节的微细间隙。当物料通过这个间隙时，由于转子的高速旋转，使附着于转子面上的物料速度增大，而附着于定子面上的物料速度为零。这样，产生了急剧的速度梯度，从而使物料受到强烈的剪切、摩擦和湍流骚扰，产生了超微粉碎作用。

胶体磨有卧式和立式两种类型（如图 5-7 所示）。卧式，其转子随水平轴旋转，定子与转子间的间隙通常为 50～150pm。依靠转动件的水平位移来调节。料液在旋转中心处进入，流过间隙后从四周卸出。转子的转速范围为 3000～15000r/min。这种胶体磨适用于黏性相对较低的物料。

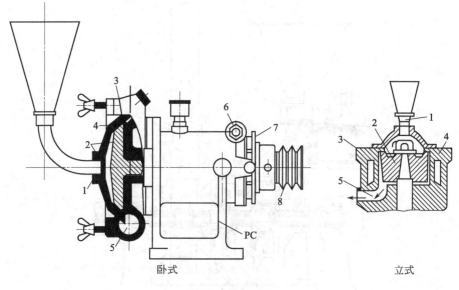

图 5-7　胶体磨

1—进料扣；2—转动件；3—固定件；4—工作面；5—出料口；

6—锁紧装置；7—调节环；8—皮带轮

对于黏度相对较高的物料，可采用立式胶体磨，转子的转速为 3000～10000r/min，这种胶体磨卸料和清洗都很方便。

胶体磨的特点体现在：①可在极短时间内实现对悬浮液中的固形物进行超微粉碎（微粒化），同时兼有混合、搅拌、分散和乳化的作用；②效率和产量高，大约比球磨机的效率高出 2 倍以上；③可通过调节两磨体间隙达到控制成品粒径的目的；④结构简单，操作方便，占地面积小。但是，由于定子和转子磨体间隙极微小，因此加工精度较高。

第四节　超微粉碎技术在食品工业中的应用

人们的生活水平不断提高，对食品品质的要求也愈来愈重视，既要保证食品良好的口感，又要保证营养成分不被破坏，而且还要有利于人体的吸收。超微粉碎技术应用于食品、农副产品加工，可使食物的香味和滋味更加浓厚丰满，其口感更加细腻滑润，营养更易消化吸收，提高了产品的色、香、味、形的品质。既可使原本只能用粗粉的产品通过微粉化后，提高产品档次，又可使原本不能微粉的物料，微粉后扩大其利用价值，甚至变废为宝，提高产品附加值，满足工程化食品和功能性食品的生产需要。

一、原料加工

（一）果蔬加工

蔬菜在低温下磨成微膏粉，既保存了营养素，其纤维质也因微细化而使口感更佳。例如，人们一般将其视为废物的柿树叶富含维生素 C、芦丁、胆碱、黄酮苷、胡萝卜素、多糖、氨基酸及多种微量元素，若经超微粉碎加工成柿叶精粉，可作为食品添加剂制成面条、面包等各类柿叶保健食品，也可以制成柿叶保健茶。饮用柿叶茶 6g，可获取维生素 C 20mg，具有明显的阻断亚硝胺致癌物生成的作用。另外，柿叶茶不含咖啡碱，风味独特，清香自然。可见，开发柿叶产品，可变废为宝，前景广阔。

利用超微粉碎对植物进行深加工的产品种类繁多，如枇杷叶粉、红薯叶粉、桑叶粉、银杏叶粉、豆类蛋白粉、茉莉花粉、月季花粉、甘草粉、脱水蔬菜粉、辣椒粉等。

（二）粮油加工

小麦面粉加工中可以用超微粉碎的方法对面粉进行分级处理，可以在粗粉部分得到胚芽含量不同的高蛋白和低蛋白面粉。大豆经超微粉碎后加工成豆奶粉，可以脱去腥味；绿豆、红豆等其他豆类也可经超微粉碎后制成高质量的豆沙、豆奶等产品。

小麦麸皮、燕麦皮、玉米皮、玉米胚芽渣、豆皮、米糠、甜菜渣和甘蔗渣等，含有丰富维生素、微量元素等，具有很好的营养价值，但由于常规粉碎的纤维粒度大，影响食品的口感，而使消费者难于接受。通过对纤维的微粒化，能明显改善纤维食品的口感和吸收性，从而使食物资源得到了充分的利用，而且丰富了食品的营养。

（三）软饮料加工

利用超微粉碎技术，可开发出颗粒微细、人体可以很好地吸收利用的软饮料，如速溶粉茶、豆类固体饮料、速溶豆糟等。

在牛奶生产过程中，利用均质机能使脂肪明显细化。若98%的脂肪球直径在$2\mu m$以下，则可达到优良的均质效果，口感好，易于消化。植物蛋白饮料是以富含蛋白质的植物种子和各种果核为原料，经浸泡、磨浆、均质等操作单元制成的乳状制品。磨浆时用胶体磨磨至粒径$5\sim8\mu m$，再均质至$1\sim2\mu m$。在这样的粒度下，可使蛋白质固体颗粒、脂肪颗粒变小，从而防止蛋白质下沉和脂肪上浮。

传统的饮茶方法是用开水冲泡茶叶，但是人体并没有完全吸收茶叶的全部营养成分，一些不溶性或难溶的成分，诸如维生素A、维生素K、维生素E及绝大部分蛋白质、碳水化合物、胡萝卜素以及部分矿物质等，都大量留存于茶渣中，大大影响了茶叶的营养及保健功能。在速溶茶生产中，传统的方法是通过萃取将茶叶中的有效成分提取出来，然后浓缩、干燥制成粉状速溶茶。如果将茶叶在常温、干燥状态下采用超微粉碎仅需一步工序便可得到粉茶产品，大大简化了生产工序，超微绿茶粉就是用中低档茶鲜叶，经蒸汽杀青、烘干等工艺处理后，再超微粉碎成纯天然茶叶超微细粉。超微茶粉最大限度地保持了茶叶原有的营养成分、药理成分和原料的天然本色，不仅冲饮方便，可以即冲即饮，而且还被用于加工各种茶叶食品，以强化其营养保健功效，并赋予各类食品天然色泽和特有的茶叶风味。可将一定比例超微茶粉加入主料中制成茶面包、茶蛋糕、茶米粉、茶糖果、茶冰淇淋等食品。茶食品的开发，改"饮茶"为"食茶"，形成了新的茶叶消费方式。

二、调味品加工

调料品是生活中不可缺少的烹调佐料，使食品赋予多种多样的风味。超微粉碎技术作为一种新型的食品加工方法可以使传统工艺加工的香辛料、调味产品（主要指豆类发酵固态制品）更加优质。香辛料、调味料在微粒化后产生的巨大孔隙率造成的集合孔腔可吸收并容纳香气，味道经久不散，香气和滋味更加浓郁。同时超微粉碎技术可以使传统调味料细碎成粒度均一、分散性能好的优良超微颗粒流动性、溶解速度和吸收率均有很大的增加，口感效果也得到十分明显的改善，经超微粉碎方法加工的香辛料、调味料的入味强度是传统加工方法的数倍乃至十余倍。对于感官要求较高的产品来讲，经超微粉碎后的香辛料粒度极细，可达$300\sim500$目，肉眼根本无法观察到颗粒的存在，杜绝了产品中黑点的产生，提高了产品的外观质量。同时，超微粉碎技术的相应设备兼备包覆、乳化、固体乳化、改性等物理化学功能，为调味产品的开发创造了现实前景。

三、功能性食品加工

功能性食品中真正起作用的成分称为生理活性成分，富含这些成分的物质即为功能性食品基料（或称为生理活性物质）。就目前而言，确认具有生理活性的基料包括膳食纤维、真菌多糖、功能性甜味剂、多不饱和脂肪酸酯、复合脂质、油脂替代品、自由基清除剂、维生素、微量活性元素、活性肽、活性蛋白和乳酸菌等十多大类。

对于功能性食品的生产，超微粉碎技术主要在基料（如膳食纤维、脂肪替代品等）的制备中起作用。超微粉体可提高功能物质的生物利用率，降低基料在食品中的用量，微粒子在人体内的缓释作用可使功效性延长。

有一类以蛋白质微粒为基础成分的脂肪替代品，就是利用超微粉碎技术（微粒化）将蛋白质颗粒粉碎至某一粒度。因为人体口腔对一定大小和形状颗粒的感知程度有一个阈值，小于这一阈值时颗粒就不会被感觉出，于是呈现出奶油状、滑腻的口感特性。利用湿法超微粉碎技术将蛋白质颗粒的粒径降至低于这一阈值，便得到可用来代替油脂的功能性食品基料。

膳食纤维是一种重要的功能性食品基料，它具有重要的生理功能：使粪便变软并增加其排出量，起到预防便秘、结肠癌、肠憩室、痔疮和下肢静脉曲张；能降低血清胆固醇，预防由冠动脉硬化引起的心脏病；可以改善末梢神经组织对胰岛素的感受性，调节糖尿病人的血糖水平；能防治肥胖症等。

自然界中富含纤维的原料很多，如小麦麸皮、燕麦皮、玉米皮、豆皮、豆渣、米糠等，都可用来制备膳食纤维。其生产工艺包括原料清洗、粗粉碎、浸泡漂洗、脱除异味、漂白脱色、脱水干燥、微粉碎、功能活化和超微粉碎等主要步骤，其中超微粉碎技术在高活性纤维的制备过程中起着重要作用，因膳食纤维的生理功能在很大程度上与膳食纤维的持水性和膨胀力有关，而持水性与膨胀力除与纤维源和功能活化工艺有关外，还与成品的颗粒度有很大的关系。颗粒度越小，则膳食纤维颗粒比表面积越大，其持水性和膨胀力也相应增大，膳食纤维生理功能的发挥越显著。

四、肉类、畜骨粉加工

随着人们对饮食营养的日益重视，绿色肉类粉体食品逐渐成为市场的热点。

乳鸽冻干超微粉富含人体所需的 17 种氨基酸，具有高蛋白、高能量、低脂肪的特点，对于补血养身、骨骼生成、美容润颜等都有很好的疗效，是一种高级健康补品。

动物内脏类、动物鞭类及动物胎盘类等具有补气、养血、益精的保健功效，能增强机体的免疫功能，调节内分泌，对改善贫血、白细胞低以及某些慢性疾病有良好的保健和辅助治疗作用，且无任何毒副反应。但传统的食用方法会造成营养的破坏和损失，利用超微粉碎技术在常温下用纯物理方法粉碎，然后低温干燥，可制成高吸收率、食用方便的超微保健食品，可以保留原料全部的有效成分。

各种畜、禽鲜骨含有丰富的蛋白质和磷脂质，能促进儿童大脑神经的发育，有健脑增智的功效；鲜骨中含有的骨胶原（氨基酸）、软骨素等有滋润皮肤、防衰老的作用；另外，鲜骨中还富含钙、铁等无机盐和维生素 A、维生素 B_1、维生素 B_2 等营养成分。传统上，人们一般将鲜骨煮熬之后食用，营养并未被充分利用；还有利用高温高压法、生化法等，这些方法加工后营养成分损失严重。如果采用气流式超微粉碎技术将鲜骨多级粉碎加工制成超细骨泥或经脱水制成骨粉，既能保持大部分的营养素，又能提高吸收率。由超微粉碎制得的骨粉不仅蛋白质含量高、脂肪含量低，而且灰分含量显著提高，特别是其中的有机钙比无机钙更容易被人体吸收利用。有机钙可以作为添加剂，制成高钙高铁的骨粉（泥）系列食品。超微骨粉还可以添加于汤料、调味品、肉制品、糕点、面团等食品中。超微粉碎技术改变了人们长期以来通过长时间煲汤而利用鲜骨的传统，使得鲜骨的开发成为可能。

五、巧克力的生产

巧克力属于超微颗粒的多相分散体系，糖和可可以细小的质粒作为分散相分散于油脂连续相内。巧克力一个重要的质构特征是口感特别细腻滑润，这一特点虽然是由多种因素决定的，但最主要并起决定性作用的因素是巧克力配料的颗粒度。分析表明，配料的粒度不大于 25pm，当平均粒径大于 40pm 时，巧克力的口感就会明显粗糙，这样的巧克力的品质显著下降。因此，超微粉碎技术在保证巧克力质构品质上发挥重要的作用。瑞士、日本等国，主要采用五辊精磨机和球磨精磨机。一种适合我国国情的巧克力球磨机已经得到设计开发，粉碎细度和能耗指标达到并超过国外同类机型。

六、其他

（一）贝壳类产品

钙是机体内重要的必需常量元素，我国人民膳食钙的摄入量和推荐的膳食参考摄入量还有一定差距，有不少人群缺钙。开发人类食用钙源和补钙产品是食品工业和医药工业的重要课题。贝壳中含有极其丰富的钙，在牡蛎的贝壳中，含钙量就超过 90％以上。目前，我国对于牡蛎等海产品的加工仅仅局限于其可食用的肉部分，但是，对于质量占牡蛎 60％以上的牡蛎壳的加工却很少涉及。利用超微粉碎技术，将牡蛎壳粉碎至很细小的粉粒，用物理方法促使粉粒的表面性质发生变化，可以达到牡蛎壳更好地被人体吸收利用的目的。江南大学食品学院和浙江海通食品集团经过联合攻关，为了探索钙添加剂的超微粉碎加工工艺及粉体性质，将牡蛎壳清洗、干燥、初步粉碎后进行超微粉碎。确定了牡蛎壳超微粉碎的最佳工艺参数为：进料速度 0.0625g/s，气流压力、进料压力、粉碎压力为 0.56MPa，进料粒度 150pm，粉碎一次。由超微粉碎得到的粉体，更易溶解于水，而且在水中的分散速度更快。在此基础上进行了牡蛎超微钙片产品的中试研究，达到了预定的目标。

（二）冷制品加工

在冷食业中应用超微粉碎技术，不但能降低成本，增加花色品种，还为开发新冷食品提供了新型原辅料。例如生产雪糕、冰淇淋时，一般采用明胶、羧甲基纤维素、卡拉胶等作为稳定剂，成本较高。常添加糯米粉和玉米淀粉作为填充物，但细度不够（200 目左右），稳定性不高，无法大量替代明胶。若使用超微细糯米粉和玉米淀粉，则可大大降低明胶的用量，达到相同的稳定效果，阻止产生大的冰晶，防止脂肪上浮和析出料液游离水，缩短老化和凝冻时间，并有好的凝胶力和膨胀力。

利用药食兼用的超微细原料可开发保健型冷饮。例如，用超微细的大枣粉、枸杞粉、山楂粉、乌梅肉粉等开发系列速溶保健冷饮；也可做成"大枣原味"、"山楂原味"、"乌梅原味"的棒冰、雪糕、冰淇淋；用超微细的莲子粉、甘草粉、罗汉果粉、陈皮粉、菊花粉、桑叶粉等开发系列保健冷饮。

第六章
食品辐照技术

第一节 概 述

食品辐照技术是人类利用核技术开发出来的一项新型的食品保藏技术。近年来，它作为一种提高食品安全和延长货架期的技术，得到越来越多的国家和国际组织的关注和应用，也在日益显现其巨大的经济和社会效益。

一、食品辐照技术的概念及特点

食品辐照技术（Food irradiation）是利用原子能射线的辐射能量照射食品或原材料，进行杀菌、杀虫、消毒、防霉等加工处理，抑制根类食物的发芽和延迟新鲜食物生理过程的成熟发展，以达到延长食品保藏期的方法和技术。所用原子能射线主要有γ射线或电子加速器产生的低于10MeV的电子束。经过这种技术处理的食品就称为辐照食品，在我国《辐照食品卫生管理办法》附则中定义：辐照食品是指用钴-60、铯-137产生的γ射线或电子加速器产生的低于10MeV的电子束照射加工保藏的食品。

食品辐照已经成为一种新型、有效的食品保藏技术，与传统的加工保藏技术如加热杀菌、化学防腐、冷冻、干制等相比，辐射技术有其无法比拟的优越性。

与加热杀菌技术相比，辐射处理过程食品内部温度不会增加或增加很小，因此有"冷杀菌"之称，而且辐射可以在常温或低温下进行，因此经适当辐照处理的食品可保持原有的色、香、味和质构，有利于维持食品的质量；与食品冷冻保藏相比，辐射技术能节约能源。据国际原子能组织报告，冷藏食品能耗324MJ/t，巴氏杀菌能耗828MJ/t，热杀菌能耗1080MJ/t，辐照灭菌只需要22.68MJ/t，辐射巴氏杀菌能耗仅为2.74MJ/t。冷藏法保藏马铃薯（防止发芽）300d，能耗1080MJ/t，而马铃薯经辐照后常温保存，能耗为67.4MJ/t，仅为冷藏的6%；与化学保藏法相比，辐射过的食品不会留下任何残留物，是一个物理加工过程，而传统的化学保藏技术面临着残留物及对环境的危害问题。

此外，辐照技术的另一个特点就是射线的穿透力强，可以在包装下及不解冻情况下辐照食品，可杀灭深藏在食品内部的害虫、寄生虫和微生物。正因为此，它被大量应用于海关对进口物品（食物、衣物等）的防疫处理，以确保进口物品不携带有害生物进入国门。还可以与冷冻保藏技术等配合使用，使食品保藏更加完善，这是其他保藏方法所不能比拟的，但食品辐照作为一种物理加工过程也有其缺点，如需要较大投资及专门设备产生射线，能够致死微生物的剂量对人体来说是相当高的，所以必须非常谨慎，做好运输及处理食品的工作人员的安全防护工作。为此，要对辐射源进行充分遮蔽，防止射线外露，必须经常、连续对照射区和工作人员进行监测检查。对不同产品及不同辐射目的要选择控制好合适的辐照剂量，才能获得最佳的经济效益和社会效益。经辐射处理后，食品所发生的化学变化从量上来讲虽然是微乎其微的，但敏感性强的食品和经高剂量照射的食品可能会发生不愉快的感官性质变化。由于各国历史、生活习惯及法律差异，目前世界各国允许辐照的食品种类仍差别较大，多数国家要求辐照食品在标签上要加以特别标注。

二、国内外辐照保藏技术的进展

1895 年伦琴发现 X 射线后，马克于 1896 年就提出 X 射线的杀菌作用。第二次世界大战期间，美国麻省理工学院的罗克多尔用射线处理汉堡包，揭开可辐射保藏食品研究的序幕。到 1976 年有包括马铃薯、洋葱、大蒜、蘑菇、芦笋、草莓及其他动植物食品和调料等 25 种辐照处理的食品在 18 个国家得到无条件批准或暂定批准，允许作为商品供一般食用。1976 年日内瓦 FAO-IAEA-WHO 专家委员会宣布：经适宜剂量辐照的马铃薯、小麦、鸡肉、番木瓜和草莓，对人体是无条件安全的，会上还暂定批准了辐照稻米、洋葱和鱼可作为商品供一般食用。这是国际组织对辐射处理食品的首次批准。

目前许多国家将辐射用于食品的加工与保藏，美国、加拿大、法国、日本、中国等国家均批准在一些食品中使用辐照；日本、加拿大建立了辐射工厂用于食品保藏，这些食品有鱼虾、果蔬等；欧洲（丹麦、保加利亚、法国等）将辐射用于抑制土豆、大蒜、洋葱发芽；发展中国家，印度、泰国、伊朗、智利等用于粮食的防霉、防虫等。

我国于 1962 年开始了食品辐射研究工作。据统计有 200 多个单位从事过或正在进行着食品辐射的研究和生产工作。1984 年 11 月，经国家卫生部的批准有 7 项。辐照食品（马铃薯、洋葱、大蒜、花生、谷物、蘑菇、香肠）允许食用消费，继批准马铃薯等 7 项辐照食品的卫生标准之后，又有蔬菜、水果、粮食、酒类等 20 多种食品通过了不同级别的技术鉴定。到 20 世纪 90 年代初，我国建成辐射装置近 150 多台，食品辐照不仅用于保藏、防疫、医疗等目的，而且已用于提高产品质量等加工目的。

第二节　辐照的基本概念

一、放射性同位素与辐射

原子是元素的基本单位，它是由位于外侧带负电的电子和内侧带正电的原子核构成，而带正电的质子和不带电的中子构成了原子核。一种元素的原子、中子数并不完全相同，当原子有同一质子数而中子数不同时就称该原子为同一元素的同位素。在低质子数的天然同位素中，中子数和质子数大致相同，往往是稳定的。而有些同位素，其质子数和中子数差异较大，其原子核是不稳定的，它们按照一定的规律衰变。自然界中存在着一些天然的不稳定同位素，不稳定同位素按照一定的规律衰变，衰变的过程伴有各种辐射线的产生（自发地放出带电或者不带电的粒子），这些不同稳定同位素称为放射性同位素。

放射性同位素放射出 α、β（β$^+$ 及 β$^-$）和 γ 射线，该过程称为辐射。α 射线是从原子核中射出带正电的高速粒子流，α 射线具有很强的电离能力。但由于 α 粒子质量比电子大得多，通过物质时极易使其中原子电离而损失能量，所以它穿透物质的能力很小，甚至不能穿过一张纸；β 射线是从原子核中放出的带正电荷或负电荷的高速粒子流，β 射线穿透物质的能力比 α 射线强，但会被一张铝箔所阻止，电离能力不如 α 射线；γ 射线是波长非常短的电磁波束（或称光子流），它是原子核从高能态跃迁到低能态时放射出的一种光子流。γ 射线能量可高达几十万电子伏特以上，穿透物质的能力很强，可穿透一块铅，但其电离能力较 α、β 射线小。α、β、γ 射线辐射的结果能使被辐射（辐照）物质产生电离作用，因此常称为电离辐射。

用于食品辐照的射线，需要穿透能力好，能达到食品深处，使内部均能受到辐射处理，同时最大限度杀死食品表面的微生物，γ 射线具有这些性质，因此基本上已经用于食品的辐照，β 射线也在某些范围内使用。X 射线部分波长与 γ 射线重合，部分波长大于 γ 射线，是 1982 年由国际食品添加剂法规委员会确认的一种食品保藏辐射线。

二、辐照源

食品的辐照装置包括辐射源、防护设备、输送系统和自动控制系统与安全系统。辐照源是食品辐照处理的核心部分，用于食品保藏的辐照源有放射性同位素、电子加速器和 X 射线发生器。

（一）放射性同位素

放射性同位素可以是天然存在的，但绝大多数是人工制造的，最常用的人工放射性同位素是钴 60（^{60}Co）和铯 137（^{137}Cs）。^{60}Co 的半衰期为 5.27 年，在衰变过程中，每个原子核放射出一个 β 粒子和两个能量不同的 γ 光子，最后变成稳定的同位素^{60}Ni（见图 6-1）。由于^{60}Co 的 β 粒子能量较低，穿透能力弱，对受辐照物质的作用很小，而两个 γ 光子具有中等的能量，分别为 1.17MeV 和 1.33MeV，穿透能力强，在辐照过程中能引起物质内部的物理和化学变化；^{137}Cs 半衰期为 30 年，经 β 衰变后放出 γ 光子，而变为^{137}Ba（见图 6-1），其中 γ 射线能量低，仅为 0.662MeV，穿透力也弱，同时^{137}Cs 分离麻烦，安全防护困难，装置投资费用高。^{60}Co 主要用于产生 γ 射线，常用于体积较大的食品反应体系的辐照。

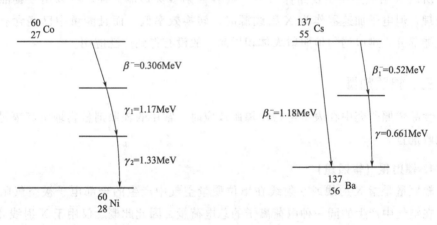

图 6-1　钴和铯衰变图

（二）电子加速器

电子加速器是用电磁场使电子获得较高能量，再将电能转变成辐射能，从而产生高能电子射线或 X 射线的装置。加速器产生的是带负电荷的电子流，与放射性同位素中的 β 射线具有相同的性质。因此，电子加速器也称人工 β 射线源。

加速器的类型和加速原理有多种，用于食品辐照处理的加速器主要有静电加速器（电子加速器）、高频高压加速器、绝缘磁芯变压器、微波电子直线加速器、高压倍加速器、脉冲电子加速器等。电子加速器可以作为电子射线和 X 射线的两用辐射源。电子加速器用于辐照保藏食品时，为保证食品的安全性，电子加速器的能量多数是用 5MeV，个别用 10MeV。如果将电子射线转换为 X 射线使用时，X 射线的能量也要控制在不超过 5MeV。

电子加速器产生的电子流强度大，剂量率高，聚焦性能好，⁶⁰Co 辐射源的 γ 射线倾向于把它的能量分散地通过一个大的体积，而电子加速器则是将电子束流集中地照射在一个很小的体积中，并且可以调节和定向控制，便于改变穿透距离、方向和剂量率。加速器可以在任何需要的时候启动和停机，停机后即不再产生辐射，又无放射性污染，便于检修，但加速器装置造价高，电子加速器的电子密度大，电子射程短，穿透能力差，一般适用于食品表层的辐照。

（三）X 射线发生器

电子加速器产生的电子射线打击在重金属靶子上，可以产生 X 射线，这样的加速器叫 X 射线发生器。

研究发现紫外线，尤其是波长在 200～280nm 范围内的，可以用来使食品表面的微生物钝化。但紫外线透入食品的深度浅，故限于对表面处理的应用或用于成薄层露置的液体食品及设备表面、水和空气的处理。X 射线的穿透力比紫外线强，所以 X 射线亦用于食品保藏中。虽然 X 射线穿透能力强，可以用于食品辐射处理，但电子加速器作为 X 射线源时，转换效率低，而且能量中已经含有大量低能部分，难以均匀地照射大体积样品，故没有得到广泛应用。

三、辐照剂量

食品辐照研究中在表示生物体辐照效应时，常用的辐照剂量物理量有辐射量和吸收剂量。

1. 辐射量（辐照量）

辐照量是指 X 射线或 γ 射线在单位质量空气中产生的全部电子被空气阻留时，在空气中产生的同一种电荷离子的总电荷量。因此此概念仅用于 X 射线和 γ 射线，是度量 X 射线和 γ 射线在空气中电离能力的物理量。辐射量的标准辐射单位（SI）是库仑/千克（C/kg）。伦琴（R）为非国际单位，1R 是指在标准温度和压力下（101.325kPa，0℃）使 1cm³ 空气中产生正或负电荷为 1 静电单位的 X 射线和 γ 射线量。其换算关系为：

$$1R = 2.58 \times 10^{-4} C/kg \qquad (6-1)$$

2. 吸收剂量

吸收剂量是指在一定范围内的某点处，单位质量被辐照物质所吸收的辐射能的量称为吸收剂量（D）。国际单位为戈瑞（Gy）

$$1Gy = 1J/kg = 100Rad \qquad (6-2)$$

在食品辐照处理中，为获得食品所受辐射效应的准确数据，可信赖的辐射量是吸收剂量。而食品辐照的吸收剂量受到源的类型、源的强度、传送机的速度、射束的几何形状以及被辐照食品的堆积密度及成分的复杂性等因素影响。例如，将两种不同的食品露置于同量的辐射场内，一种食品可能会吸收较多的能量，因而所接受的吸收剂量比另一种食品多，所引起的效应（特别是生物效应）就可能不同。

在任何既定的辐照条件下，由于不同食品具有不同的辐射吸收性质，故必须规定被辐照特定食品的吸收剂量，才能有效地促使食品中微生物、酶和其他成分发生变化。

3. 剂量的分布及测定方法

（1）剂量的分布 辐照剂量根据达到加工目的最适宜的剂量范围以及食品所能耐受的最大剂量确定。在食品辐照中，包装内部和单个包装之间的剂量分布是不均匀的，有高有低，这就要求同一批食品的最高剂量和最低剂量都处在允许的剂量范围内，这样才能保证达到辐照处理的目的。

目前，国际和国内的标准都要求最高剂量和最低剂量的比值要小于 2，也就是说最大剂量不能超过最小剂量的 1 倍。这样的辐照加工才能符合质量要求。在辐照加工厂中把这个比值定为 1.7，以确保辐照产品的质量。

（2）剂量的测定方法 量热计是能直接读出吸收剂量的仪器。它根据吸收体的热性能，测量物质中射线消散的总能量或能量消散速率。所以，这种仪器被认为是一种绝对标准剂量计。

第三节　食品的辐照效应

射线照射时引起食品及食品中的微生物、昆虫等发生一系列的物理、化学和生物学变化，这些反应称为辐照效应，主要有物理效应、化学效应和生物学效应。保藏食品主要是利用辐照的生物学变化，辐照处理可以使危害食品的微生物、昆虫的新陈代谢改变，生长发育受到抑制或破坏；食品品质的改良是利用辐照处理时发生的分解、聚合等反应引起食品的物理和化学反应。

一、食品辐照物理效应

（一）X 射线和 γ 射线与物质的作用

原子能射线（γ 射线）都是高能电磁辐射线"光子"，与被照射物原子相遇，会产生不同的效应。

1. 光电效应

低能电子与吸收物质原子中的束缚电子相碰撞时，光子把全部能量传给电子，使其摆脱原子的束缚成为光电子，而光子自身被吸收，这种效应称为光电效应。

2. 康普顿效应

如射线的光子与被照射物的电子发生弹性碰撞，当光子的能量略大于电子在原子中的结合时，光子把部分能量传递给电子，自身的运动方向发生偏转，朝着另一方向散射，获得能量的电子（也称次电子，康普顿电子），从原子中逸出，上述过程称康普顿效应。

3. 电子对效应

当射线的光子能量大于两个电子的静止质量能（1.022MeV）时，它可与物质相互作用，产生一对正负电子而其本身消失，这就是电子对效应。

4. 感生放射

射线能量大于某一阈值，射线对某些原子核作用会射出中子或其他粒子，因而使被照射物产生了放射性，称为感生放射性。能否产生感生放射性，取决于射线的能量和被辐照射物质的性质，如 10.5MeV 的 γ 射线对 ^{14}N 照射可使其射出中子，并产生 N 的放射性同位素；18.8MeV 的 γ 射线对 ^{12}C 照射，可诱发产生放射线；15.5MeV 的 γ 射线对 ^{16}O 照射下可产生放射线。因此，为了引起感生放射作用。食品辐照源的能量水平一般不得超过 10MeV。

（二）高能电子与物质的作用方式

高能电子和物质的作用过程与光子不同，它既带电荷又有静止质量，所以不仅可以与粒子发生直接碰撞，还可以被电场吸引或排斥，高能电子与物质的作用方式有以下几种。

1. 库仑散射

当辐射源射出的电子射线（高速电子流）通过被照射物时，受到原子核库仑场的作用，会发生没有能量损失的偏转，称库仑散射。库仑散射可以多次发生，甚至经过多次散射后，带电粒子会折返回去，发生所谓的"反向散射"。

2. 原子激发和电离

能量不高的电子射线能把自己的能量传递给被照射物质原子中的电子并使之受到激发。若受到激发的电子已达到连续能级区域，它们就会跑出原子，使原子发生电离。电子射线能量越高，在其电子径迹上电离损耗能量比率（物理学称线性能量传递）越低；电子射线能越低，在其电子径迹上电离损耗能量比率反而越高。

3. 韧致辐射

电子射线在原子核库仑场作用下，本身速度减慢的同时放射出光子，这种辐射称轫致辐射。轫致辐射放出的光子，能量分布的范围较宽，能量很大的相当于γ射线的光子，能量较大的就相当于 X 射线光子，这些光子对被照射物的作用如同γ射线与 X 射线。若放射出的光子在可见光或紫外光范围，就称之为契连科夫（Cerenkov）效应。该效应放出的可见光或紫外线，对被照射物的作用就如同日常可见光或紫外线。

4. 电子俘获

电子射线经散射、电离、轫致辐射等作用后，消耗了大部分能量，速度大为减慢。这些能量小、速度低的电子，有的被所经过的原子俘获，使原子或原子所在的分子变成负离子；有的与阳离子相遇，发生阴、阳离子湮灭，放出两个光子，其光子对被照射物的作用与上述的光子一样。

二、食品辐照的化学效应

食品经辐照处理后可能发生的化学变化，除了涉及食品本身及包装材料以外，还有附着在食品上的微生物、昆虫等生物体。食品及其生物有机体的主要化学变化是水、蛋白质、脂类、糖类及维生素等，这些化学物质分子在射线的辐照下会发生一系列的化学变化。辐照对食品的化学作用一般认为可分为两种效应：直接效应和间接效应。

（一）直接效应

直接效应是指通过射线与物质直接接触，或是高能射线粒子与细胞和亚细胞结构撞击，使物质形成离子、激发态分子或分子碎片的过程。直接效应适用于微生物和其他单细胞生物，并且在动力学上得到印证。

直接辐射可以用生物学家提出的靶学说来描述。靶学说认为由于电离粒子击中了某些分子或细胞内的特定结构，其在其中发生电离，从而引发生物大分子失活、基因突变和染色体突变。例如食品色泽或组织的变化可能是由于γ射线或高能β粒子与特殊的色素或蛋白质分子直接撞击而引起的。

一般来说，在含水量很少的干燥食品或冷冻组织中，直接效应为辐照效应的主要作用方式。

（二）间接效应

间接效应主要发生在食品物质的水相中，是指机体内含有的水分受到辐照电离激活后，产生的中间产物与食品中其他组分或有机体的分子间相互作用所引起的辐照效应。

食品中的水分也会因辐照而产生辐射效应。水分子对辐射很敏感，当它接受了射线的能量后，首先被激活，然后和食品中的其他成分发生反应。水接受辐射后的最后产物是氢和过氧化氢等，形成的机制很复杂。现已知的中间产物主要有三种：水合电子（$e_{水化}$），羟基自由基（$OH\cdot$），氢自由基（$H\cdot$）。水发生的主要反应有下列几种。

(1) 辐照引起水分子的电离和激发

$$H_2O \longrightarrow H_2O^+ + e^- \qquad H_2O \longrightarrow H_2O^*$$

(2) 离子与分子反应生成自由基

$$H_2O + H_2O^+ \longrightarrow H_3O^+ + OH\cdot$$

(3) 激发分子分解也生成自由基

$$H_2O^* \longrightarrow H\cdot + OH\cdot \qquad H_2O^* \longrightarrow H_2 + O\cdot$$

(4) 水化电子的形成

$$e^- + nH_2O \longrightarrow e_{水化}^-$$

(5) 自由基相互作用，生成分子产物

$$H\cdot + OH\cdot \longrightarrow H_2O \qquad H\cdot + H\cdot \longrightarrow H_2$$

$$OH\cdot + OH\cdot \longrightarrow H_2O_2$$

(6) 水化电子之间，水化电子与自由基之间反应，生成分子和离子

$$e_{水化}^- + e_{水化}^- \xrightarrow{2H_2O} H_2 + 2OH^- \qquad e_{水化}^- + OH\cdot \longrightarrow OH^-$$

$$e_{水化}^- + H\cdot \xrightarrow{H_2O} H_2 + OH^-$$

纯水辐照的化学效应可概括为：

$$H_2O \longrightarrow 2.7OH\cdot + 0.55H\cdot + 2.7e_{水化}^- + 0.45H_2 + 0.71H_2O_2 + 2.7H_3O^+$$

水分子经辐照后，其数量的减少可能没有什么重要性，但是水分子激发和电离而形成的某些中间产物，这些中间产物能在不同的途径中进行反应，$e_{水化}^-$是一个还原剂，$OH\cdot$是一个氧化剂，$H\cdot$有时是氧化剂但有时又是还原剂。

这些中间产物很重要，因为它们可以和其他有机体的分子接触而进行反应，特别是在稀溶液中或含水的食品中，大多由于水的辐射而产生了间接效应进行了氧化反应。

羟基自由基（$OH\cdot$）为辐照水的主要产物，可以加到芳香族化合物和烯烃化合物上；也可以从醇类、糖类、羧酸类、酯类、醛类、酮类、氨基酸类脂肪族化合物的 C—H 键上抽除氢原子；或从硫化化合物的 S—H 键上抽除氢原子。当化合物既含有芳香族部分，也含有脂肪族部分时，如蛋白质或核酸，则某些羟基自由基起加成反应，而一些则起消除反应，不论是哪一种反应，反应产物都是自由基。

水合电子（$e_{水化}^-$）比羟基化合物具有更多的选择性，它可以迅速地加成到含低位空轨道的化合物上，如大部分芳香族化合物、羧酸、醛类、酮类、硫代化合物以及二硫化物等。水合电子（$e_{水化}^-$）与蛋白质反应时可以加成到组氨酸、半胱

氨酸或胱氨酸的残基上，也可以加成到其他氨基酸上，但水化电子与糖类和脂肪醇的反应不显著。由于大多数化合物含成对电子，这些反应的产物通常也是一种自由基。水化电子与羟基自由基不同，它除了可以和体系中的主要组分起反应外，还可以和维生素、色素等较少的组合起反应。

氢自由基可以加在芳香族化合物或烃基化合物上，但反应速度比羟基自由基慢；也可以发生类似羟基化合物夺取氢原子的反应；氢自由基还可以与含硫化物中的二硫键迅速反应，生成巯基和硫自由基。另外，氢自由基还可以和蛋白质中含硫氨基酸和芳香氨基酸发生反应。

（三）约束间接效应的途径

在食品辐射保藏中，直接效应和间接效应均可使微生物和酶钝化。食品中的其他成分也受到来自水解作用所产生的游离基的间接作用的影响。为了减少食品在辐照过程中的变化，人们研究约束间接作用的途径，以减少游离基的影响。

1. 在冻结状态下辐射

即使在冻结水中也会产生游离基，虽然程度可能较轻。但是，冻结状态能阻止游离基的扩散和移动，降低了游离基与食品组分的接触概率，可显著地约束间接作用对食品成分的影响。

2. 在真空中或在惰性气体环境中辐射

氢基与氧起反应会产生过氧化物基，过氧化物基又可生成过氧化氢。若将氧从系统中除去，此反应则降低到最小限度，食品成分可受到一定程度的保护。但是，除氧和尽量减少这些反应对食品中的微生物也有同样的保护作用，其辐射效果就会大大降低。

3. 添加游离基的接受体

抗坏血酸是一种对游离基有较大亲和力的化合物，将抗坏血酸和某些其他物料添加到食品中，通过与之起反应而导致游离基的消耗，从而可保护敏感性色素、香味化合物和食品成分。

在采用以上途径保护食品成分的同时，也降低了辐射对微生物和酶的作用。因此，在实际应用中，需相应地提高辐射处理剂量，以达到食品保藏的目的。

（四）辐射对食品成分的影响

有机化合物因辐射而分解的产物很复杂，其取决于原物质的化学性质和辐照条件。有的由于辐射，从高分子物质裂解成低分子物质；有的则相反，由低分子物质聚合成高分子化合物。以下就辐射对食品中的主要成分所产生的影响作一概述。

1. 氨基酸和蛋白质

氨基酸经辐射后，可鉴定的生成物及生成物的数量都因氨基酸的种类、辐射剂量、氧和水分的存在与否等因素而发生变化。

蛋白质随着辐射剂量的不同，会因巯基氧化、脱氨基、脱羧、芳香族和杂环氨基酸游离基氧化等而引起其一级、二级和三级结构发生变化，导致分子变性，发生凝聚、黏度下降和溶解度降低、蛋白质的电泳性质及吸收光谱等变化。蛋白质经辐射存在大分子裂解以及小分子聚结现象。其检测可用电子自旋共振的方法来测定。主要反应是脱氨基作用而生成氨。

$$e^- + NH_3^+ CH_2 COOH^- \longrightarrow NH_3 + CH_2 COO^-$$

①以甘氨酸为例，经辐照后就可得到氢、二氧化碳、氨、甲胺、乙酸、甲酸、乙醛酸和甲醛。②如果是赖氨酸之类的二氨基一元羧酸，经辐照后，除生成多羟基胺外，还可生成 β-丙氨酸、α-氨基正丁酸、氧代氨基酸、1,5-戊二胺、谷氨酸和天冬氨酸。③一氨基二羧基的谷氨酸经氧化脱氨反应，除生成 α-氧代戊二酸外，还可生成氨基酸、有机酸、氨和甲醛。④具有巯基或二硫基的含硫氨基酸对射线的敏感性极强，经辐照后，会因含硫部分氧化和游离基反应而发生分解，产生 H_2S。

$$e^- + NH_3^+ CH(CH_2 SH)COO^- \longrightarrow H_2S + NH_2 CH(CH_2)COO^-$$

2. 酶

酶是生活机体组织中的重要成分。由于酶的主要组分是蛋白质，所以一般认为辐射对酶的影响基本与蛋白质的情况相似，如变性作用等。酶的辐射敏感性受 pH 和温度的影响，并且也受共存物质的保护。

在无氧条件下，干燥的酶经过辐照后的失活在不同种酶之间，一般变化不大；但在水溶液中，其失活过程因酶的种类不同而有差别。

关于酶因辐照而引起的失活中的分子损伤，目前还了解得不够。不过据研究，核糖核酸酶受辐照后形成聚集体，其失活与特定原子团的损伤无关。木瓜酶是因唯一的巯基被破坏而失去活性，甘油醛-3-磷酸脱氢酶是因其 3 个巯基被破坏而失去活性。

3. 碳水化合物

在食品辐射保藏的剂量下，一般所引起的糖类物质性质的变化极小。以下是辐射对单独存在时的糖类产生的影响。

对低分子糖类进行辐照时，不管是固体状态还是水溶液，随着辐照剂量的增加都会出现旋光度降低、褐变、还原性和吸收光谱变化等现象，而且在辐照过程中还会有 H_2、CO、CO_2、CH_4 等气体生成。

多糖类经辐照后会发生熔点降低、旋光度降低、吸收光谱变化、褐变和结构变化等现象。在低于 200kGy 的剂量照射下，淀粉粒的结构几乎没有变化，但研究发现，直链淀粉、支链淀粉、葡聚糖及各种禾谷类、薯类等淀粉的相对分子质量和碳链的长度会降低。如直链淀粉经 20kGy 的剂量辐照后，其平均聚合度从 1700 降至 350；支链淀粉的链长会减少到 15 个葡萄糖单位以下。淀粉经辐照后的黏度下降要比经过热处理的显著。

多糖类经辐照后，其结构发生了变化，因此对酶作用的敏感性也随之发生变化，并引起 α-1,4-糖苷键偶发性断裂及生成 H_2、CO、CO_2 气体。

4. 脂类

辐射对脂类所产生的影响可分为以下三个方面：①整个理化性质发生变化；②受辐射感应而发生自动氧化变化；③发生非自动氧化性的辐射分解。

辐照可促使脂类的自动氧化，当辐照时及辐照后，有氧存在时，其促进作用就更显著，从而促使了游离基的生成，使氢过氧化物及抗氧化物质的分解反应加快，并生成醛、醛酯、含氧酸、乙醇、酮等十多种分解产物。因此，辐射剂量、剂量率、温度、是否有氧存在、脂肪组成、抗氧化物质等都对辐射所引起的自动氧化变化有很大的影响。

脂肪酸酯和某些天然脂肪（猪油、橄榄油）在受到 50kGy 以下的剂量照射时，品质变化极小。但是另一些脂类则成为辐照食品中异臭的发生源。如经 20kGy 左右剂量辐照后，肉类会发生风味变化；牛乳的脂肪会产生蜡烛气味；鱼的脂类因高级不饱和脂肪酸发生氧化酸败而产生很重的异臭味等。

饱和的脂类在无氧状态下辐照时，会发生非自动氧化性分解反应，产生 H_2、CO、CO_2、碳氢化合物、醛和高分子化合物。不饱和脂肪酸经辐照后也会生成与饱和脂肪酸相类似的物质，其生成的碳氢化合物为链烯烃、二烯烃和二聚物形成的酸。

磷脂类的辐照分解物也是碳氢化合物类、醛类和酯类。

5. 维生素

维生素是食品中重要的微量营养物质。维生素对辐照的敏感性在评价辐照食品的营养价值上是一个很重要的指标。大部分维生素对加热和辐射具有不同的反应，对辐射不稳定的维生素在光、热、氧这三个因素中至少易受其中一个因素的影响而发生分解。

在脂溶性维生素中，维生素 E 的辐照敏感性最强；水溶性维生素中，维生素 B_1、维生素 C 对辐照最不稳定。维生素的辐射稳定性一般与辐照时食品组成、气相条件、温度及其他环境因素有关。一般来说，食品中的维生素要比单纯溶液中的维生素稳定性强。

三、食品的辐射生物学效应

生物学效应指辐射对生物体如微生物、昆虫、寄生虫、植物等的影响。这种影响是由于生物体内的化学变化造成的。当生物有机体吸收射线能以后，将会产生一系列的生理生化反应，使新陈代谢受到影响。在较低剂量的电离辐射作用下，引起某些蛋白质和核蛋白分子的改变，破坏新陈代谢，抑制核糖核酸和脱氧核糖核酸的代谢，使自身的生长发育和繁殖能力受到一定的危害。

同时，食品辐照的生物学效应也与生成的游离基和离子有关。当射线穿过生物有机体时，会使其中的水和其他的物质电解，生成游离基和离子，从而影响到机体的新陈代谢过程，严重时则杀死细胞。从食品保藏的角度来说，就是利用电离辐射的直接作用和间接作用杀虫、杀菌、防霉、调节生理生化反应等效应来保藏食品。

已证实辐射不会产生特殊毒素，但在辐射后某些机体组织中有时发现带有毒性的不正常代谢产物。

辐射对活体组织的损伤主要与其代谢反应有关，视其机体组织受辐射损伤后的恢复能力而异，这还取决于所使用的辐射总剂量的大小。

（一）微生物

1. 辐射对微生物的作用机制

食品辐射的主要目的之一是直接控制或杀灭食品中的微生物和致病微生物，微生物对辐照的敏感性因种类不同而存在差异，其辐照对微生物的作用机制分为直接效应和间接效应。

（1）直接效应　辐射对微生物的直接效应是指微生物接受辐射后本身发生的反应，可使微生物死亡。即电离辐射离子贯穿或贴近穿入微生物细胞的敏感部分（DNA）而使之死亡。细胞内 DNA 受损，即 DNA 分子碱基发生分解或氢键断裂等。由于 DNA 分子本身受到损伤而致使细胞死亡——直接击中学说。细胞内膜受损，膜内的蛋白质和脂肪（磷脂）分子断裂，造成细胞膜泄露，酶释放出来，酶功能紊乱，干扰微生物代谢，使新陈代谢中断，从而使微生物死亡。

（2）间接效应　间接效应是来自被激活的水分子或电离所得的游离基。由于微生物细胞含水，其生长的环境往往也有一定水分，当水分子被激活和电离后，成为游离基，起氧化还原反应作用，这些激活的水分子就与微生物内的生理活性物质相互作用，而使细胞生理机能受到影响。

2. 微生物对辐射的敏感性

由于生物种类，个体组织器官种类和个体在生命活动中所处发育阶段等的不同，即使在辐照及环境条件完全相同的情况下，也会表现出明显的辐照效应的差别，这种差别被称为辐照敏感性。微生物对辐照的敏感性，在同属、同种乃至不同菌株间变化幅度都非常大。为了表示某种微生物对辐射的敏感性，就通常以每杀死 90％微生物所需用的戈瑞数来表示，即残存微生物数下降到原数的 10％时所需用戈瑞的剂量，并用 D_{10} 值来表示。

人们通过大量的实验发现，微生物（细菌）残存数与辐射剂量存在如下关系：

$$\lg N/N_0 = -D/D_{10}$$

式中　N_0——初始微生物数；

　　N——使用 D 剂量后残留的微生物数；

　　D——辐照初始剂量；

　　D_{10}——微生物残留数减到原数的 10％时的剂量。

表 6-1　部分微生物对放射线的辐照敏感性

菌种	基质	D_{10}值/kGy	菌种	基质	D_{10}值/kGy
肉毒杆菌 A 型	磷酸缓冲液	2.41	啤酒酵母	缓冲液	2.0～2.5
	罐装鸡肉	3.11	短小芽孢杆菌	缓冲液、厌氧	3.3
	罐装咸肉	1.89		缓冲液、干燥需氧	1.7
肉毒杆菌 B 型	磷酸缓冲液	3.29	嗜热脂肪芽孢杆菌	缓冲液、需氧	1.0
	罐装鸡肉	3.69	鼠伤寒沙门菌	冰冻蛋	0.7
	罐装咸肉	2.04		缓冲液、需氧	0.2
耐辐照小球菌 R_1	牛肉	2.5	米曲霉	缓冲液	0.43
生孢梭状芽孢杆菌	磷酸缓冲液	2.1	产黄青霉	缓冲液	0.4
产气荚膜杆菌	肉	2.1～2.4	粪链球菌	肉汤	0.5
肉毒杆菌 E 型	肉汤	2.0	大肠杆菌	肉汤	0.2
枯草杆菌	缓冲液	2.0～2.5	假孢单菌	缓冲液、需氧	0.04
	豌豆浓汤	0.35	金黄色葡萄球菌	营养肉汤	0.10

一般来说，细菌芽孢辐照敏感性大于酵母菌，酵母菌大于霉菌和细菌营养细胞；在不产芽孢的细菌中，革兰阴性菌对辐照比较敏感，耐热性大的微生物对放射线的抵抗力也往往比较大。但也有例外，如引起罐头食品变质的嗜热脂肪芽孢杆菌具有很强的抗热能力，可是对射线却极为敏感。表 6-1 中列出了部分微生物对放射线的辐照敏感性，在几种具有公共卫生意义的微生物所必需的辐照剂量中，沙门菌比普通的大肠杆菌更具有抗辐照性，粪链球菌是肠道细菌中最抗辐照的微生物。

另外，由于某些生物体能产生真菌毒素，放射性照射对于食品中原有的微生物毒素的破坏几乎是无效的。因此，易于受这些生物污染的食品需要毒素产生之前进行辐照处理，并且在防止毒素形成的条件下保藏。

病毒是最小的生物体，它没有呼吸作用，是细胞的寄生生物。病毒是高抗辐照的，通常使用高达30kGy的剂量才能抑制。在实际食品加工过程中，往往采用辐照和加热处理并举的方法以去除病毒。

（二）昆虫

辐照是控制食品中昆虫传播的一种有效手段。辐射对昆虫的效应是与其组成细胞的效应密切相关的。对于昆虫细胞来说，辐射敏感性与它们的生殖活性成正比，与它们的分化程度成反比。处于幼虫期的昆虫对辐射比较敏感，成虫（细胞）对辐射的敏感性较小，高剂量才能使成虫致死，但成虫的性腺细胞对辐射是敏感的，因此使用低剂量可造成绝育或引起遗传上的紊乱。

1. 立即致死

害虫受到射线照射后立即死亡所需要的剂量为立即致死量。立即致死剂量往往很大，一般要在几千戈瑞才有效。这种剂量具有杀虫迅速的优点，但费用很高。

2. 缓期致死

害虫受到射线照射后要经过一个星期以上的潜伏期才能大量死亡所需的剂量为缓期致死剂量。缓期致死剂量一般在几十戈瑞到几百戈瑞。35Gy可作为防治常见鞘翅目贮粮害虫的有效致死剂量。

3. 不孕

害虫受到射线照射后，丧失生殖能力，产生不孕现象所需的剂量为不孕剂量。这种剂量一般在80Gy以下。用不孕剂量不仅可以降低照射费用，而且可以避免高剂量照射对食品引起的不良影响。

（三）寄生虫

辐照对寄生虫的作用随剂量率不同而不同，一般对于幼虫来说，随着辐照剂量的增加出现的辐照效应依次为：雌性成虫不育，抑制正常的成熟和死亡。如使猪旋毛虫不育的剂量为0.12kGy，抑制其生长大概需要0.20~0.30kGy，使其死亡大概需要7.50kGy。因此可见，对于控制寄生虫的生长和生殖来说，需要的辐照剂量并不太大。

（四）植物

辐射主要应用在植物性食品（主要是水果和蔬菜）抑制块茎、鳞茎类发芽，推迟蘑菇破膜开伞，调节后熟和衰老上。

1. 抑制发芽

电离辐射抑制植物器官发芽的原因是由于植物分生组织被破坏，核酸和植物激素代谢受到干扰，以及核蛋白发生变性。

2. 调节呼吸和后熟

跃变型果实经适当剂量照射后，一般都表现出后熟被抑制、呼吸跃变后延、叶绿素分解减慢等现象。番茄、青椒、黄瓜、阳梨和一些热带水果都有这种表现。一般可以用修复反应来解释辐射抑制后熟的作用，认为生物体要从辐射造成的伤害中恢复过来，需经过一个修复时期，后熟作用就被延迟了。非跃变型果实的反应则不同，如柑橘类和涩柿，看不到辐照的修复反应，反而会有促进成熟的现象，如绿色柠檬和早熟蜜橘辐照后加速了黄化，辐照促进涩柿脱涩、软化等。

3. 辐射与乙烯代谢

不论是跃变型或非跃变型果实，辐照都会对乙烯的产量有瞬时性的促进，从而使呼吸加强（释放的 CO_2 增多）。增长的程度因果实的种类、成熟度和辐射剂量而异。辐射剂量较低，乙烯的生成量再次上升，达到顶峰后又下降。乙烯的变化与呼吸的变化基本是吻合的。高剂量辐射后，乙烯不再生成，呼吸也表现出紊乱。对于绿熟番茄和青梅也见到相类似的情况。这些表明跃变型果实经适当剂量辐照后，会抑制内源乙烯的产生，显然这与辐射抑制后熟也密切相关。

4. 辐射与组织褐变

组织褐变是辐射伤害最明显、最早表现的症状，也是其他诸如机械伤害、冷害、病虫害等许多伤害的共同症状。作为辐射损伤，即使在低照射量范围（50～400kGy），褐变程度也随剂量而增高，并因植物品种、产地、成熟度等的不同而不同。研究发现，绿熟番茄由辐射引起或加重的褐变呈斑块状并带凹陷不平的"虎皮病"红棕色斑点或黑褐色斑点。这些褐变在辐射剂量 42Gy 时，6d 就相当明显；840Gy 以上 12d 内全部果实都会发病。他们还发现辐射使蒜的轻微压痕在数日内变得清晰可见。

植物活组织的褐变大都是酶褐变，是酚类物质在氧化酶催化下的结果。辐射引起的褐变也是如此。马铃薯辐照后组织内部二酚增多，多酚氧化酶或过氧化物酶活性增强。这种酚类物质的异常积累被认为是生物合成系统活化所致。

总之，辐射引起的食品生物学效应是食品得以保藏的原因之一，但是辐射在调节果蔬后熟、衰老等方面的应用还不成熟，许多问题有待继续深入研究。

第四节　辐射在食品保藏中的应用

食品辐射保藏可应用于新鲜肉类及其制品、水产品及蛋制品、粮食、水果、蔬菜、调味品、饲料以及其他加工产品进行杀菌、杀虫、抑制发芽、延迟后熟等处理。从而可以最大限度地减少食品的损失，使它在一定限期内不发芽、不腐败变质、不发生食品的品质和风味的变化，由此可以增加食品的供应量，延长食品的保藏期。

一、应用于食品上的辐射类型

在食品辐射保藏中，按照所要达到的目的把应用于食品上的辐射分为三大类，即辐射阿氏杀菌、辐射巴氏杀菌和辐射耐贮杀菌。

（一）辐射阿氏杀菌（radappertization）

此杀菌也称商业性杀菌，所使用的辐射剂量可以使食品中的微生物数量减少到零或有限个数。在这种辐射处理以后，食品可在任何条件下贮藏，但要防止再污染。为高剂量辐照，剂量范围为 10～500kGy。

（二）辐射巴氏杀菌（radicidation）

此杀菌只杀灭无芽孢病原细菌（除病毒外）。所使用的辐射剂量使在食品检测时不出现无芽孢病原菌（如沙门菌）。为中剂量辐照，辐照剂量范围为 1～10kGy。

（三）辐射耐贮杀菌（radurization）

这种辐射处理能提高食品的贮藏性，降低腐败菌的原发菌数，并延长新鲜食品的后熟期及保藏期。为低剂量辐照，所用剂量在 1kGy 以下。

表 6-2 中为辐照在食品保藏上的应用，是按辐照的目的和效果来分类的，它们各有其相对应的辐照效应和适用的剂量范围。

表 6-2　辐照在食品保藏上的应用

辐照强度	辐照目的	采用剂量/kGy	辐照食品
低剂量(1kGy)	抑制发芽	0.05～0.15	马铃薯、大葱、蒜、姜、山药等
	杀灭害虫	0.15～0.5	粮谷类、鲜果、干果、干鱼、干肉、鲜肉等
中剂量(1～10kGy)	推迟生理过程	0.25～1.00	鲜果类
	延长货架期	1.0～3.0	鲜鱼、草莓、蘑菇等
	减少腐败和致病菌数量	1.0～7.0	新鲜和冷冻水产品、生和冷冻禽、畜肉等
	食品品质改善	2.0～7.0	增加葡萄产量、减少脱水蔬菜烹调时间等
高剂量(10～50kGy)	工业杀菌	30～50	肉、禽制品、水产品等加工食品、医院病人食品等
	某些食品添加剂和配料的抗污染	10～50	香辛料、酶制品、天然胶等

二、食品辐射保藏

1. 果蔬类

果蔬辐照的目的主要是防止微生物的腐败作用，控制害虫感染及蔓延；延缓后熟期，防止老化。

蔬菜的辐照处理主要是抑制发芽，杀死寄生虫。在蔬菜中效果最为明显的是马铃薯和洋葱，它们经过 0.05～0.15kGy 剂量处理可以在常温下贮藏 1 年以上，大蒜、胡萝卜也有类似的效果。为了获得更好的贮藏效果，蔬菜的辐照处理常结合一定的低温贮藏或其他有效的贮藏方式。如收获的洋葱在 3℃ 的低温下暂存，并在 3℃ 下辐照，辐照后可在室温下贮藏较长时间，又可以避免内芽枯死、变褐发黑。

辐照延长水果的后熟期，对香蕉、芒果等热带水果十分有效。比如用 1kGy 剂量即可延长木瓜的成熟，对芒果用 0.4kGy 剂量辐照可延长保藏期 8d。水果的辐照处理，除可延长保藏期外，还可促进水果中色素的合成，使涩柿提前脱涩和增加葡萄的出汁率。

通常引起水果腐败的微生物主要是霉菌，杀灭霉菌的剂量依水果种类及贮藏期而定。生命活动期较短的水果如草莓，用较小的剂量即可停止其生理作用，而对柑橘类要完全控制霉菌的危害，剂量一般要 0.3～0.5kGy。

2. 谷物及其制品

谷物制品辐照处理的主要目的是控制虫害及霉烂变质。杀虫效果与辐照剂量有关，0.1～0.2kGy 辐照可以使昆虫不育，1kGy 可使昆虫几天内死亡，3～5kGy 可使昆虫立即死亡。抑制谷类霉菌蔓延的辐照剂量为 2～4kGy，小麦面粉经 1.75kGy 剂量辐照处理可在 24℃ 以下保质 1 年以上，大米可用 5kGy 辐照剂量进行霉菌处理，但剂量过高时大米颜色会变暗。

3. 畜、禽肉及水产类

在畜类、禽类食品中，沙门菌是最耐辐照的非芽孢致病菌，1.5～3.0kGy 剂量可获得 99.9% 至 99.999% 的灭菌率；而对 O157：H7 大肠杆菌，1.5kGy 可获得 99.9999% 的灭菌率（D_{10}＝0.24kGy）；革兰阴性菌对辐照较敏感，1kGy 辐照可获得较好效果，但对革兰阳性菌作用较小。由于使酶失活辐照剂量高达 100kGy，在杀菌辐照剂量范围内不能使肉中的酶失活，所以常常结合热处理来辐照保藏鲜肉。如用加热使鲜肉内部的温度升高到 70℃，保持 30min，使其蛋白分解酶完全钝化后才进行辐照。高剂量辐照处理已包装的肉类，可以达到灭菌保藏的目的，所用的剂量以杀死抗辐照性强的肉毒梭状芽孢杆菌为准。但肉类的高剂量辐照灭菌处理会使产品产生异味，味道的程度随品种的不同而不同，其中以牛肉的异味最强。辐照可引起畜肉、禽肉颜色的变化，在有氧存在时更为显著。

水产品辐照保藏多数采用中低剂量处理，高剂量处理工艺与肉禽类相似，但产生的异味低于肉类。为了延长贮藏期，低剂量辐照鱼类常结合低温（3℃）贮藏。不同鱼类有不同的剂量要求，如淡水鲈鱼在 1～2kGy 剂量下，延长贮藏期 5～25d；大洋鲈鱼在 2.5kGy 剂量下，延长贮藏期 18～20d；牡蛎在 20kGy 剂量下，延长保藏期达几个月。世界卫生组织、联合国粮农组织、国际原子能结构共同认定并批准，以 10～20kGy 辐照剂量来处理鱼类，可以减少微生物，延长鲜鱼的保质期。

4. 香辛料和调味品

天然香辛料容易生虫长霉，传统的加热或熏蒸消毒法有药物残留，且易导致香味挥发甚至产生有害物质。辐照处理可避免引起上述的不良效果，控制昆虫侵害，减少微生物的数量，保证原料的质量。全世界至少已有 15 个国家批准 80 多种香辛料和调味品进行辐照。

尽管香辛料和调味品商业辐照灭菌允许高达 10kGy 剂量，但实际上为避免导致香味及颜色的变化，降低成本，香料消毒的辐照剂量应视品种及消毒要求来确定，尽量降低辐照剂量。如胡椒粉、快餐佐料、酱油等直接入口的调味料以杀灭致病菌为主，剂量可高些。

5. 蛋类

蛋类的辐射主要是应用辐射针对性杀菌剂量，其中沙门菌是对象致病菌。但由于蛋白质在受到辐射时会发生降解作用，因而辐射会使蛋液的黏度降低。因此，一般蛋液及冰冻蛋液用电子射线或 γ 射线辐射，灭菌效果都比较好。而对带壳鲜蛋可用电子射线处理，剂量应控制在 10kGy 左右，更高的剂量会使蛋带有 H_2S 等异味。

三、影响食品辐照效果的因素

影响食品辐照的因素较多，如辐照剂量、食品含水量、pH、食品的化学成分、照射时的环境温度及氧的含量等。

（一）辐照剂量

根据各种食品辐照目的及各自的特点，选择最合适辐照剂量范围是食品辐照的首要问题。剂量等级影响微生物、虫害等生物的杀灭程度，也影响食品的辐照物理化学效应，两者要兼顾考虑。一般来说，剂量越高，食品保藏时间越长。

剂量率也是影响辐照效果的重要因素。同等的辐照剂量，高剂量率辐照，照射的时间就短；低剂量率辐照，照射的时间就长。通常较高的剂量率可获得较好的辐照效果。但要产生高剂量率的辐照装置，需有高强度辐照源，且要有更严密的安全防护设备。因此，剂量率的选择要根据辐照源的强度、辐照品种和辐照目的而定。

（二）食品接受辐照时的状态

由于食品种类繁多，同种食品其化学组成及组织结构也有差异。污染的微生物、虫害等种类与数量以及食品生长发育阶段、成熟状况、呼吸代谢的快慢等，对辐照效应也影响很大。如大米的品质、含水量不仅影响剂量要求，也影响辐照效果。同等剂量，品质好的大米，食味变化小；品质差的大米，食味变化大。用牛皮纸包装的大米，若含水量在 15％以下，2kGy 剂量可延长保藏期 3～4 倍；若大米含水量在 17％以上，剂量低于 4kGy，就不可能延长保藏期。上等大米的变味剂量极限是 0.5kGy，中、下等大米的变味剂量极限只有 0.45kGy。

产品收获或加工后要尽可能快地辐照，放置的时间越长，辐照效果越差。因为收获或加工以后，微生物数量增加很快，并且由于贮放有可能使微生物变得更耐辐照，这样就会导致增加辐射剂量，相应地提高了辐射成本和难度。辐照抑制洋葱发芽，在采收后 40d 内，辐照效果很好，但到了孢芽期（40d 后）再辐照，50％的洋葱仍会发芽。

但并非所有产品都是如此，如使用辐照进行蔬菜、水果新陈代谢的调节，其有效性同辐照当时产品的生理状态密切相关。为延长休眠期、抑制发芽，在生理休眠期结束前辐照，比延晚或刚收获后进行辐照的效果好。辐射对跃变型果实的效应之一是降低乙烯的生成量，从而推迟跃变高峰的来临，使后熟过程变慢。显然，为达到此目的，应该在临近进入跃变期时辐照才有可能获得实际效果。

（三）辐照过程环境条件

1. 温度

辐射杀菌中，在接近常温的范围内，温度对杀菌效果的影响不大。一般认为，在冰点以下，辐射不产生间接作用或间接作用不显著，因此，微生物的抗辐射性会增强。不过，在冻结工艺控制不当时，由于细胞膜受到损伤，微生物对辐射的敏感性也会增强。

肉类食品在高剂量照射情况下会产生一种特殊的"辐射味"。为了减少辐射所引起的物理变化和化学变化，从辐射引起食品的化学效应来解释，在低温条件下辐照，可以减少辐射时产生的游离基的活性，减少食品成分的破坏（断裂和分解）以及防止食品成分的氧化，这样减少了辐射味的产生。对于肉类、禽类等含蛋白质较丰富的动物性食品，辐射处理最好在低温下进行，这样可以有效地保证质量。

辐照前后的工艺过程中所进行的热处理对辐射杀菌也有着重要的意义。因为在辐照过程中，要使存在于食品中的酶钝化就需要远比杀菌剂量高得多的剂量。在辐射杀菌后的贮藏过程中，还会因残存酶的作用而使食品质量下降。所以，就有必要在辐射前或后进行热处理。热处理的目的是破坏酶，因而辐照前或后进行都可以，但是辐照后进行比辐照前进行，杀死细菌芽孢的效果更好。

2. 氧的含量

辐射时是否需要氧，要根据辐射处理对象、性状、处理的目的和贮存环境条件等加以综合考虑来选择。

辐照时射线可以使空气中的氧电离，形成氧化性很强的臭氧。辐射处理时有无分子态氧存在对杀菌效应有着显著的影响。一般情况下，杀菌效果因氧的存在而增强。

对于蛋白质和脂肪含量较高的鱼类和肉类食品，空气中氧的存在将会造成一定的氧化作用，特别是在中、高剂量照射的情况下更为严重。为了防止氧化生成过氧化物，在肉类食品辐照处理时就要采用真空包装或真空充氮包装以降低氧的含量，有助于提高产品的质量。

对于水果、蔬菜之类需低剂量辐照处理的食品来说，辐射氧化并不是主要作用，但是采用小包装或密封包装进行辐照也是必要的。其原因是可以减少二次污染的机会，同时在包装内可以形成一个小的低氧环境，使后熟过程变慢。有时为了防止食品中维生素 E 的损失，要求食品在充氮环境中进行辐照处理。

3. 含水量

在干燥状态下照射，生成的游离基因失去了水的连续相而变得不能移动，游离基等的辐射间接作用就会随之降低，因而辐射作用显著减弱。

(四) 辐照与其他方法的协同作用

高剂量辐照会不同程度地引起食品质构改变、维生素破坏、蛋白质降解、脂肪氧化和产生异味等不良影响。因此在辐照技术研究中，比较注意筛选食品的辐照损伤保护剂和提高、强化辐照效果的物理方法。如低温下辐照、添加自由基清除剂、使用增敏剂、与其他保藏方法并用和选择适宜的辐照装置。

桃用 $1 \sim 3kGy$ γ 射线辐照，能促进乙烯生成和成熟。若先用 CO_2 处理，再用 2.5kGy 剂量辐照，在 (4 ± 1)℃下贮藏一个月，可保持桃的新鲜度。

橘类辐照保藏，先用 53℃温水浸 5min，再在橘子表面涂蜡，最后用 $1 \sim 3kGy$ 剂量的 $0.1 \sim 1.0MeV$ 电子射线照射，可减少橘类果皮的辐照损伤，使果肉不变味，延长保藏期。

腌制火腿若辅以辐照处理，可以将火腿中硝酸盐的添加量，从 156mg/kg 降到 25mg/kg，减轻产生致癌物质亚硝胺的危险，且不影响火腿的色、香、味，又有助于消除火腿上的梭状芽孢杆菌，明显提高火腿的质量。

此外，在食品辐照过程中，辐照装置的设计效果、食品在辐照过程中剂量分布的均匀性等都会影响辐照食品的质量。

食品辐照作为一种食品加工保藏方法，不可能取代传统良好的加工方法，也不适用于所有食品。如牛乳和奶油一类乳制品经辐照处理时会变味。许多食品，如肉、鱼、鸡等都有一剂量阈值，高于此剂量就会发生感官性质的变化。

某些食品的辐照并不能消除全部微生物及其毒性。低剂量辐照难以杀灭细菌芽孢，为了防止肉毒芽孢杆菌的生长繁殖和产生毒素，采用辐照处理肉和鱼，都需在贮藏期内保持适当的温度（常在低温下贮藏）。黄曲霉毒素或葡萄球菌毒素都不可能因辐照而失活，因此，易于受这些生物污染的食品需在毒素产生之前进行辐照处理，并且在防止毒素形成的条件下保藏。用于延长大多数食品保存期的低剂量辐照也不能消灭病毒。

四、辐照食品的包装

金属罐如镀锡薄板罐和铝罐，对使用杀菌剂量照射是稳定的。但是，超过 600kGy 剂量范围（在食品辐射保藏中不会使用如此高的剂量）会使钢基板、铝出现损坏现象；金属罐中的密封胶、罐内涂料对杀菌剂量水平也是稳定的；在金属罐形状方面，最理想的是立方形，因为辐射源能最好地利用，剂量分布与控制也最好。

塑料包装的食品，在剂量接近 20kGy 或更低时，辐照对其物理性质没有明显影响。在剂量超过 20kGy 时，塑料薄膜如聚乙烯、聚酯、乙烯基树脂、聚苯乙烯薄膜的物理性质会发生变化，但这种变化影响较小。如果辐照超过了 10kGy，玻璃纸、氯化橡胶会变脆。在塑料包装中被辐照的大多数食品会出现异味。在灭菌剂量下辐照，聚乙烯会放出令人讨厌的气味，会对食品产生影响。

金属箔和各种复合包装材料是比较理想的食品辐照包装材料，它们可接受高达 60kGy 剂量的照射。

在食品辐射保藏中，一般采用的辐射剂量较低，因此，比较好的辐射包装材料有玻璃纸、人造纤维、聚乙烯膜、聚氯乙烯膜、尼龙、复合薄膜、玻璃容器及金属容器等。

五、辐射伤害和辐射味

所有果品、蔬菜经射线辐射后都可能产生一定程度的生理损伤，主要表现为变色和抵抗性下降，甚至细胞死亡。但是，不同食品的辐射敏感性差异很大，因此致伤剂量和生理损伤表现也各不相同。如马铃薯块茎经 50Gy 辐照，维管束周围组织即有褐变，并随剂量增大而加重。

高剂量照射食品特别是对肉类，常引起变味，即产生所谓辐射味。这种情况一般在 5kGy 以上才发生。有些水果、蔬菜用低剂量照射也有异味产生。

辐射味随食品的种类、品种不同而异。

辐射伤害和辐射味基本上都是电离和氧化效应引起的。对此采取下列措施有可能减轻或防止：①尽可能降低辐射时的环境温度，辐照后也采用低温贮藏。②照射时排除辐射源产生的 O_3。③产品在辐照时用不透气薄膜包装，抽出内部空气或代之以惰性气体。④应用抗氧化剂等。

第五节　辐照食品的安全性和卫生性

食品经过辐照处理后，食用是否安全卫生，这是一个十分受人们重视的问题。它不仅关系到食用者的健康，还有食品辐照技术的前途，因此受到各国家卫生部门的高度重视。所争议的范围包括 5 个方面：①有无残留放射性及诱导放射性；②辐照食品的营养卫生；③有无病原菌的危害；④辐照食品有无产生毒性；⑤有无致畸、致癌、致突变效应。

一、辐照食品的安全性

食品在辐照时，严禁与放射源直接接触，因此不会产生由于放射源而对食品造成的直接污染。而诱导放射性即因辐射而引起食品的构成元素变成放射性元素问题，由于规定用于食品照射的电子加速器所产生电子束的最高能量低于 10MeV，X 射线和 γ 射线的最高能量为 5MeV，它们的能量都低于引起组成食品的基本元素碳、氢、氧、氮等产生核反应的阈值，因此不会产生诱导放射性核素及其化合物。

食物经过辐照后是否会产生毒性，是否会产生致癌、致畸和致突变的物质，这是在食品辐照中最引人关心的问题。为了推动食品照射技术的发展，近 40 多年来曾做了大量的动物试验及人体进食试验，花费了大量的经费。根据长期与短期动物饲养试验，观察临床症状、血液学、病理学、繁殖及致畸等项目研究，没有发现食物产生毒性反应及致畸、致癌、致突变现象。例如美国陆军光为了测试经辐照完全杀菌处理后牛肉的安全卫生性，就花了约 5 年时间，500 多万美元，用于进行试验的动物有 1500 条狗、27000 只大白鼠及 20000 只小白鼠。受试动物从胚胎期至死亡都进行了跟踪观察试验，啮齿类动物需进行四代试验，对狗试验周期通常为三年或繁殖三胎，测试项目包括受试动物的生长及体重、饲料消耗、生殖机能、寿命、病状、眼睛检查、小便分析、精液检查，有的还进行血液及肝功能测试以及畸变和诱变试验等。这些研究就其范围及数量来讲是前所未有的，从来没有对任何一种处理食品的方法进行过如此彻底的试验。国内外大量试验的结果（无论是动物试验或人体进食试验）一致认为"辐照过的食品对人体健康是适宜的，即十分安全和富有营养"。1955年美国军部系统进行了45种食品、8～12周动物毒性试验和人体15天试食试验，膳食包括肉类11种、鱼类5种、水果9种、蔬菜14种、谷物制品9种、其他食品6种、辐照食品占膳食总量32%～100%。受试者经过各项指标检查未出现毒性反应。继后对有代表性的21种辐照食品、对两种动物作了为期2年四代生长繁殖试验及组织病理学检查，未发现任何不良影响，亦无致癌反应。

我国"六五"以来也先后对经过辐射的大米、猪肉、香肠、马铃薯、洋葱、大蒜、蘑菇、花生等进行过动物喂养和人体试食试验，测试了体重、血液学、肝肾功能、血液酶活力、心电图、B超、外周血淋巴细胞染色体、畸变分析（包括多倍体）、姐妹染色体交换、人尿Ames试验等20余项指标，结果未发现任何不良作用。例如我国四川省工业卫生研究所用经^{60}Co照射的鲜猪肉对狗作喂哺试验（每只狗每天喂肉200g），并与喂哺未经辐照鲜肉的狗相对照。经四年观察，发现食物利用率喂经辐照肉的实验组为8.2%，喂未经辐照鲜肉的对照组为7.4%，两年内每只狗平均体重增加实验组为8.99kg，对照组为7.64kg，实验组较对照组略好。实验组在两年半及四年的外周血培养、染色体畸变观察、活杀时骨髓细胞染色体检查，均未见多倍体细胞增多。整个观察期实验组未见肿瘤发生，亦未发现白细胞、血小板、血色素、红细胞、凝血时间、凝血酶原时间、白细胞分类、肝功能、肾功能、心电图、内分泌及三大物质代谢和某些特殊酶有不良影响，器官组织未发现病理变化。四川医学院用辐照大米进行了三代大白鼠长期喂养生长繁殖试验，结果动物健康状况良好，体重增加，食物利用率、平均产仔数、受孕率、活产率、哺乳存活率及畸胎出现率与对照组无显著差异，肝、肾功能、血脂、血蛋白和有关酶活性反应及血髓红细胞微核出现率均正常，Ames鼠伤寒沙门菌致突变试验结果为阴性，平皿掺入法结果Rt/Rv<2，无致突变反应，说明辐照大米不影响大白鼠的生长、生育能力、正常代谢，也无致畸和突变作用。

二、辐照食品的卫生性

食品辐照后内部成分可以发生系列变化，蛋白质照射后产生硫化氢、硫醇、胺类、甲基硫化物，以及黏度改变等；脂肪照射后产生过氧化物、酮基化合物；糖类和氨基酸混合物照射后产生褐变反应；特别肉类食品照射后，使肉呈砖红色，有类似蘑菇味的"辐照味"。但是辐照对食品的理化性质产生的影响并不显著。美国对经辐照完全杀菌（47～71kGy）处理后牛肉的18种氨基酸和总氨基酸量进行分析，发现它的蛋白质与采用冷冻防腐（－18℃）或热法消毒法在营养价值上无明显差别。我国对采用γ射线辐照保藏的稻谷进行分析，发现它的蛋白质、氨基酸营养价值的破坏很少或几乎没有。国内外大量研究单位通过对辐照前后食品中的碳水化合物、脂肪、蛋白质、氨基酸和维生素等的数据分析表明，在指定的加工条件下，采用辐照加工法对营养的破坏并不比采用冷冻、加热、腌渍等普通方法大。

而食品辐照后对其感官性质有一定的影响。美国陆军 Natick 研究中心，将肉类食品在辐照前于65～75℃下进行预处理，抑制肉中水解蛋白酶及自溶酶活性，减少了食品异味，增加了食品成分的稳定性。在70℃预热处理，真空包装，－30℃条件下进行高剂量处理，获得了高质量全灭菌的辐照牛肉。

从微生物学角度看，食品容易被细菌污染，细菌在食品中繁殖的速度是惊人的，利用射线照射可以减少（辐照消毒杀菌）或全部消灭（辐照完全杀菌）这些食品中引起腐败的微生物，并去除病原体。0.5～0.8Mrad（1rad＝10mGy）即可杀死食品中的主要致病性微生物（沙门菌）。经辐照处理过的食品，只要不发生再次污染，它比未经辐照食品所含的细菌少得多，因此就细菌所造成食物中毒而言，它要安全得多。并且在食品辐照的条件下，没有资料证明辐照能够增加微生物的致病性、毒性或诱发抗菌力，可以认为食品辐照不增加细菌、酵母和病毒的致病性。

近来随着辐射效应研究取得的进展，已经能够测出辐照食品中辐射分解产物数量，并研究它们在毒理学上的影响。美国对经辐照完全杀菌（4.7～7.1Mrad）的牛肉进行测试，鉴别出辐解产物有65种，它们是含有2到27碳原子的脂肪属化合物相和某些它们的醇、醛和酮的衍生物，3种芳烃类及某些含硫、氮、氯化合物。各种化合物的浓度范围为每千克牛肉1～100μg，总的浓度为每千克牛肉9.4mg。分析结果指出，没有任何理由怀疑这些辐解化合物会造成任何有损于人类健康的不良影响。

特别令人感兴趣的是在通常的咸猪肉、火腿、咸牛肉等中，为了使它们具有独特的风味和颜色，同时保护消费者不受肉毒杆菌的危害，通常要加入亚硝酸盐。由于亚硝酸盐在肉类中会形成致癌性很强的亚硝胺，为此许多国家已严格地限制在食品中添加亚硝酸盐的量，例如美国规定，在腌制品中最高加入量为156mg/kg NaNO$_2$，并正在考虑发布禁用亚硝酸盐的法令。采用辐照的方法可减少加入亚硝酸盐的量而使腌腊肉保持它的风味和特征。在辐照完全杀菌的"无亚硝酸盐"的咸猪肉中，即使油煎后也测定不出亚硝胺，用20mg/kg NaNO$_2$腌渍的咸猪肉如预先油煎后再辐照杀菌（3Mrad，－30℃）也只能测出极微量

（1mg/kg）的亚硝基四氢吡咯，对普通咸猪肉进行辐照也能消除其中的亚硝酸盐。在某些辐照杀菌的食品中可不使用亚硝酸盐，所制得的产品虽然与用亚硝酸盐腌渍的同类食品相比在风味和颜色上略有差别，但还是相当受人欢迎。

由上可见，食品的辐射加工是建立于比任何一种食品加工方法更加严格的科学基础上的，它的安全卫生性是十分可靠的，人们可以放心地食用这些食品，它对人类的健康及后代不会产生任何不良的影响。

第七章
食品超高压技术

第一节　超高压技术概述

随着科学技术发展，多种新的食品加工和贮存方法得以研究与开发，其中高压技术是最近引起各方面广泛关注的高新技术之一，被誉为"当前七大科技热点"及"二十一世纪十大尖端科技"。超高压加工食品是一个物理过程，当食品物料在液体介质中被压缩之后，形成高分子物质立体结构的氢键、离子键和疏水键等非共价键即发生变化，导致蛋白质、淀粉等分别发生变性、酶失去活性，细菌等微生物被杀死，但超高压对形成蛋白质等高分子物质以及维生素、色素和风味物质等低分子物质的共价键无任何影响，因此超高压食品很好地保持了原有的营养价值、色泽和天然风味。

超高压技术具有冷杀菌作用、速冻及不冻冷藏效果、改善生物多聚体结构、调节食品质构的特点，因此在果蔬产品、速冻食品、乳制品、肉制品、蛋白质制品的加工方面显示出较高的应用潜力。

一、超高压技术的发展历程

热和压力是自然界中所存在的能独立地改变物质状态的两个基本因素。通过加热来烹煮食物，早在原始人类时期便已开始，至今已经延续了数万年，而超高压食品加工技术始于 19 世纪末，并且超高压技术在食品领域的应用首先是开始于食品杀菌。1895 年，H. Royer 对利用超高压处理杀死细菌进行了研究。1899年，美国西弗吉尼亚大学化学家 Bert Hite 教授运用高静水压进行了牛奶、果汁和肉类的防腐试验，发现 450MPa 高压能延长牛乳的保藏期，以后又相继报道了超高压对多种食品和饮料的灭菌影响，并首次提出超高压也可作为食品加工法的可能性。而开创现代高压技术研究先河的则是美国物理学家 P. W. Briagman（布里赫），1906 年他对固体压缩性、熔化现象、力学性质、相变等宏观物理行为的高压效应进行系统研究，1914 年又提出静水压下卵白变硬和蛋白质变性的报告，但由于当时的条件、市场需求以及有关技术的限制，这些研究成果并未引起足够的重视。直到 20 世纪 80 年代末期，随着人们对高质量食品的需求，以及能源问题和化学污染问题的出现，人们才又重新考虑它的价值，很多国家大力开展超高压在食品中的研究和应用。

1986 年，日本京都大学教授林力丸首次发表采用非热高压（101.3～1013MPa）加工食品的报告，使日本成为最先将高压技术运用到食品工业的国家。1991 年 4 月世界第一个高压食品果酱在日本明治屋 Meidi Ya 食品公司面世，被称为"二十一世纪的食品"。日本明治屋食品厂起初只生产三种超高压新鲜产品，草莓酱、苹果酱和猕猴桃果酱；到 1994 年已发展到 18 种产品，年产量达 30 万个制品。日本外销的高压食品达 10 多种，如草莓酱、猕猴桃酱、橘子汁、咖啡和大豆制品等，由于它们的色、香、味均优于传统方法加工的食品，所以在世界各地颇受欢迎。日本高压处理的牛肉，肉质鲜嫩并富于弹性，出口欧美很受欢迎。现在，在日本市场上可以发现许多超高压食品，包括口味像新鲜水果的果酱、果汁、色拉调味料、即食甜点、葡萄柚和具有"即榨"新鲜风味的橘子汁等，此项技术已列为全日本十大关键科技之一。

同时，这一技术也引起欧美等发达国家的关注，在高压食品加工原理、方法及应用前景开展了广泛的研究，并取得了不少成果。法国 1993 年年底推出高压杀菌鹅肝小面饼，这是世界首次用高压加工生产出商业化的低酸性食品；西班牙的 Espuna 利用一种工业化的"冷杀菌"单元来处理装在柔性袋子中的片状火腿和熟肉制品；美国的 FMC 公司、英国的凯氏食品饮料公司（CampdenFood&Drink）开始建立商业化的高压杀菌食品的工艺流程，应用于天然果汁、豆奶等饮料的杀菌；1998 年，墨西哥 Avomex 公司将超高压技术应用于鲜榨梨汁的生产上，并将超高压杀菌环节确定为产品关键控制点之一。此公司生产的超高压加工鳄梨在美国市场上销售良好。

在我国，虽然超高压技术在工业领域得到了很大发展，并且具备了一定规模的设计、制造超高压加工装置的能力，但是此技术还处于起步、理论研究阶段，国内超高压杀菌技术的研究报道仅局限在果汁及果汁饮料的灭酶及杀菌中，还未投入实际生产应用之中，目前也无高压食品商品问世。因此，加快开展超高压食品研究，特别是加强超高压加工调味品、中药材、保健食品以及其他价值高但对热较敏感的食品或药品的研究，对我国参与国际竞争有着极为重要的意义。

超高压处理技术适用于所有含液体成分的食物，如水果、蔬菜、奶制品、鸡蛋、鱼、肉、禽、果汁等。也可用于成品蔬菜及成品肉食、水果罐头等。

二、超高压技术的概念

在我国的压力容器领域里，把压力超过 100MPa 的称为超高压，而在其他一些国家则称为高压。因此，习惯上把大于 100MPa 的压力称为超高压，具有超高压的环境称为超高压环境。超高压环境一般只能在一定的范围、一定的容器内实现，也有在空间爆炸瞬间产生超高压的。能承受超高压的容器称为超高压容器，常把产生与维持超高压的一系列技术称为超高压技术。超高压技术（ultra high pressure processing，UHPP），可简称高压技术（high pressure processing，HPP）或静水压技术（high hydrostatic pressure，HHP）。

食品超高压技术是指将软包装或散装的食品放入密封的、高强度的施加压力容器中，以水和矿物油作为传递压力的介质，施加高静压（100～1000MPa），在常温或较低温度（低于 100℃）下维持一定时间后，达到杀菌、物料改性、产生新的组织结构、改变食品的品质和改变食品的某些物理化学反应速度的一种加工方法。所谓超高压食品，就是以液体作为压力传递介质（通常以水为压力传递介质），用 100～1000MPa 的压力来处理食品物料，达到杀菌和灭酶的目的，或使之产生一些新的性质。

三、超高压技术及其加工食品的特点

与传统灭菌技术的比较，高压技术处理食品有以下优点：第一，超高压处理不会使食品色、香、味等物理特性发生变化，不会产生异味，加压后食品仍保持原有的生鲜风味和营养成分，例如，经过超高压处理的草莓酱可保留 95% 的氨基酸，在口感和风味上明显超过加热处理的果酱；第二，超高压处理可以保持食品的原有风味，为冷杀菌，这种食品可简单加热后食用，从而扩大半成品食品的市场；第三，超高压处理后，蛋白质的变性及淀粉的糊化状态与加热处理有所不同，从而获得新型物性的食品；第四，超高压处理是液体介质短时间内等同压缩过程，从而使食品灭菌达到均匀、瞬时、高效，且比加热法耗能低，例如，日本三得利公司采用容器杀菌，啤酒液经高压处理可将 99.99% 大肠杆菌杀死。

与传统的化学处理食品（即添加防腐剂）比较，优点在于：第一，不需向食品中加入化学物质，克服了化学试剂与微生物细胞内物质作用生成的产物对人体产生的不良影响，也避免了食物中残留的化学试剂对人体的负面作用，保证了食用的安全；第二，化学试剂使用频繁，会使菌体产生抗性，杀菌效果减弱，而超高压灭菌为一次性杀菌，对菌体作用效果明显；第三，超高压杀菌条件易于控制，外界环境的影响较小，而化学试剂杀菌易受水分、温度、pH 值、有机环境等的影响，作用效果变化幅度较大；第四，超高压杀菌能更好地保持食品的自然风味，甚至改善食品的高分子物质的构象，如作用于肉类和水产品，提高了肉制品的嫩度和风味；作用于原料乳，有利于干酪的成熟和干酪的最终风味，还可使干酪的产量增加。而化学试剂没有这种作用。

1. 营养成分损失少

超高压处理的范围只对生物高分子物质立体结构中非共价键结合产生影响，不会使食品色、香、味等物理特性发生变化，加压后的食品最大程度地保持原有的生鲜风味和营养成分，并容易被人体消化吸收。传统的加热方式，均伴随有一个食品在较高温度下受热的过程，都会对食品中的营养成分有不同程度的破坏。

Muelenaere 和 Harper 曾经报告，在一般的加热处理或热力杀菌后，食品中维生素 C 的保留率不到 40%，即使挤压加工过程也只是有大约 70% 的维生素被保留。而超高压食品加工是在常温或较低温度下进行的，它对维生素 C 的保留率可高达 96% 以上，从而将营养成分的损失程度降到了最低。此外，超高压处理的草莓酱可保留 95% 的氨基酸，在口感和风味上明显超过加热处理的果酱。

2. 超高压改善生物多聚体的结构，形成食品原特有的色泽和风味，不产生异味

超高压处理不仅可以最大限度地保持食品的原有营养成分，而且可以改变其物质性质，改善食品高分子物质的构象，包括蛋白质变性、酶的激活与灭活、凝胶的形成工艺及对于某些物质的降解或提取。加压处理后的蛋白质的变性及淀粉的糊化状态与加热处理有所不同，从而获得新型物性的食品及食品素材。超高压能使蛋白质变性，使脂肪凝固并破坏生物膜，它还能改变蛋白质和肌肉的组织结构，影响淀粉的糊化。因此，尽管超高压在食品保藏领域距离商业规模应用还有一段路程，但作为一种食品质构调整的工具，超高压技术具有乐观的应用前景。

超高压会使食品组分间的美拉德反应速度减缓，多酚反应速度加快，而食品的黏度均匀性及结构等特性变化较为敏感，这将在很大程度上改变食品的口感及感官特性，消除传统的热加工工艺所带来的变色发黄及热臭性等弊端。并且当人们食用前再加热时，会获得高质量原有风味的食物，该特点也是超高压技术最突出的优势。

从超高压处理肉类和鱼类制品的研究中发现，超高压可以使肉类和鱼类制品形成独特的色、香、味。300MPa 或更高的压力引起鱼肉或猪肉呈现一种"烹煮"过的现象，但其风味不受影响。在较低的压力下，还可以激活酶改善肉的嫩度。对于牛肉，80~100MPa 的压力诱导产生的变化可以改善其在货架上颜色的稳定性。超高压作用于原料乳，有利于干酪的成熟和干酪的最终风味，还可使干酪的产量增加。通过对超高压处理的豆浆凝胶特性的研究发现，高压处理会使豆浆中蛋白质颗粒解聚变小，从而更便于人体的消化吸收。

3. 利用超高压处理技术，原料的利用率高，无"三废"污染

超高压食品的加工过程是一个纯物理过程，瞬间压缩，作用均匀，操作安全，耗能低，有利于生态环境的保护和可持续发展战略的推进。该过程从原料到产品的生产周期短，生产工艺简洁，污染机会相对减少，产品的卫生水平高。

4. 超高压具有冷杀菌作用

超高压具有冷杀菌之称。当微生物受到超高压时，会有许多变化发生，包括有菌体蛋白中的非共价键被破坏，使蛋白质高级结构破坏，使其基本物性发生变异，产生蛋白质的压力凝固及酶（主要的酶，包括涉及 DNA 复制的那些酶）的失活；细胞膜中的分子被修饰，影响膜功能和渗透性；使菌体内的成分产生泄漏和细胞膜破裂等多种菌体损伤。所以超高压在常温下具有微生物灭活的作用。加压 400MPa 和加热 60～90℃组合处理或 50～400MPa 的压力循环处理都可以杀死大量微生物。

超高压处理也可以使食品腐败微生物失活。失活可以认为是在超高压环境中，细胞膜的功能受到了破坏，由此导致了细胞的渗漏，所以经过超高压处理后食品表现为原始微生物数量大大减少。

此外，与传统的化学处理食品（即添加防腐剂）比较，其优点在于：第一，不需向食品中加入化学物质，克服了化学试剂与微生物细胞内物质作用生成的产物对人体产生的不良影响，也避免了食物中残留的化学试剂对人体的负面作用，保证了食用的安全；第二，化学试剂使用频繁，会使菌体产生抗性，杀菌效果减弱，而超高压灭菌为一次性杀菌，对菌体作用效果明显；第三，超高压杀菌条件易于控制，外界环境的影响较小，而化学试剂杀菌易受水分、温度、pH 值、有机环境等的影响，作用效果变化幅度较大。

5. 超高压加工延长食品的保质期

经过超高压加工的食品无"回生"现象，杀菌效果良好，便于长期保存。以食品中的淀粉为例，传统的热加工或蒸煮加工方法处理后的谷物食品中糊化后的淀粉，在保存期内，会慢慢失水，淀粉分子之间会重新形成氢键而相互结合在一起，由糊化后的无序排布状态重新变为有序的分子排布状态，即 α-淀粉化（即俗称的"回生"现象）。而超高压处理后的食品中的淀粉属于压制糊化，不存在热致糊化后的老化或称"回生"现象。与此同时，食品中的其他组分的分子在经一定的超高压作用之后，也同样会发生一些不可逆的变化。经超高压加工的食品可以延长保存期，同时又弥补了冷冻保藏引起的色泽变化、失去弹性等不足。

6. 超高压具有速冻及不冻冷藏效果

速冻是采用快速越过最大冰晶生成带，使组织内只能生成细小冰晶体，这是降低冷冻应力、提高冷冻制品质量的关键。目前一般采用 -30℃以下低温快速冷冻法，然而因热阻的存在使冻结有一过程，相变就不可能瞬间完成，生成冰晶体较大，导致冷冻制品的组织产生不可逆性破坏和变性。因此，水果、蔬菜、豆腐等高水分食品就不适于冷冻处理，这是至今食品保藏中的一大难题。

为此，在冻结过程中采用改变温度和压力两个参数的二维操作法，即所谓"压力移动冻结法"（pressure-shift freezing method，PSF），这是根据高压冰点下降原理和压力传递可瞬间完成的原理进行的。该法将高水分物料加压到200MPa后冷却至 $-20℃$，因仍高于冰点而不冻结，然后迅速降至常压，此时0℃成为冰点，$-20℃$ 的水变为不稳定的过冷态，瞬间产生大量极微细的冰的晶核，而且冷冻制品的组织中，使冷冻应力大大减小，避免了冷冻制品组织的破坏和变性，真正实现了速冻。

改善冷藏、冷冻食品贮藏特性。高压处理的另一个潜在应用是低温贮藏，在200MPa 压力下，水能被冷至 $-20℃$ 而不冻结。因此，升高压力可允许食品在零度以下长期贮存，而避免了因形成晶核而引起的问题。然而，长期保持高压所需费用也是昂贵的。

7. 超高压简化食品加工工艺，节约能源

超高压加工技术在生产中是把压力作为能量因子来利用。与热处理相反，水压瞬间就能以同样大小向各个方向传递，并且压力可以在瞬间传递到食品的中心，这是一个重要的特征。而不像热加工中能量的传递需要时间，于是食品的超高压加工时间短且不需很大的压力容器，食品就可以获得均一的处理，从而使生产的工艺过程大大简化。从能耗来看，加压法的能耗仅为加热法能耗的十分之一。

8. 超高压食品加工技术适用范围广，具有很好的开发推广前景

超高压技术不仅被应用于各种食品的杀菌，而且在植物蛋白的组织化、淀粉的糊化、肉类品质的改善、动物蛋白的变性处理、乳产品的加工处理以及发酵工业中酒类的催陈等领域均已有了成功而广泛的应用，并以其独特的领先优势在食品各领域中保持了良好的发展势头。

第二节　超高压技术的原理

一、超高压技术的基本原理

液体（水）在超高压作用下被压缩，而受压食品介质中的蛋白质、淀粉、酶等产生压力变性而被压缩，生物物质的高分子立体结构中非共价键结合部分（氢

键、离子键和疏水键等相互作用），即物质结构发生变化，其结果是食品中的蛋白质呈凝固状变性、淀粉呈胶凝状糊化、酶失活、微生物死亡，或使之产生一些新物料改性和改变物料某些理化反应速度，故可长期保存而不变质。

超高压加工食品是一个物理过程，在食品超高压加工过程中遵循两个基本原理，即帕斯卡原理和沙特列（Le Chatelier）原理。根据帕斯卡原理，在食品超高压加工过程中，外加在液体上的压力可以在瞬时以同样的大小传递到食品的各个部分。由此可知，超高压加工的效果与食品的几何尺寸、形状、体积等无关，在超高压加工过程中，整个食品将受到均一的处理，压力传递速度快，不存在压力梯度，这不仅使得食品超高压加工的过程较为简单，而且能量消耗也明显地降低。

沙特列原理是指反应平衡将朝着减小施加于系统的外部作用力（例如加热、产品或反应物的添加等）影响的方向移动。依据沙特列原理，外加高压会使受压系统的体积减小，反之亦然，以水为例，对其在外部施压，当压力达到 200MPa 时，水的冰点将降至 $-20℃$；把室温下的水加压至 100MPa，水会发生体积收缩，其体积减小 19%；不同温度下水的压缩率变化略有不同。因此，食品的加压处理会使食品成分中发生的理化反应向着最大压缩状态方向进行，反应速度常数 k 的增加或减小则取决于反应的"活性体积"是正还是负。这意味着超高压加工食品将促使反应体系向着体积减小的方向移动，压力不仅影响食品中反应的平衡，而且也影响反应的速率，还包括化学反应以及分子构象的可能变化。

当食品物料在液体介质中体积被压缩之后，形成高分子物质立体结构的氢键、离子键和疏水键等非共价键即发生变化，结果导致蛋白质、淀粉等分别发生变性、酶失去活性、细菌等微生物被杀死。但在此过程中，超高压对形成蛋白质等高分子物质以及维生素、色素和风味物质等低分子物质的共价键无任何影响。

二、超高压杀菌的原理

（一）改变细胞形态

极高的流体静压会影响细胞的形态，包括细胞外形变长、细胞壁脱离细胞膜、无膜结构细胞壁变厚等。上述现象在一定压力下是可逆的，但当压力超过某一点时，便不可逆地使细胞的形态发生变化。胞内的气体空泡在 0.6MPa 压力下会破裂，Larsen 等研究超高压对细胞生长的作用，超高压阻碍细胞生长、干扰细胞内部的诸多加工过程，影响细胞的个体大小，甚至引起细胞的死亡。

（二）影响细胞生物化学反应

超高压从两方面影响生物反应体系：一是减少分子间空隙；二是增加分子间

的链式反应。按照化学反应的基本原理，加压有利于促进反应朝向减小体积的方向进行，推迟了增大体积的化学反应，由于许多生物化学反应都会产生体积上的改变，所以加压将对生物化学过程产生影响。

（三）影响细胞内酶活力

高压还会引起主要酶系的失活，一般来讲压力超过300MPa对蛋白质的变性将是不可逆的，酶的高压失活是通过改变酶与底物的构象和性质而起作用，蛋白质的三级结构是形成酶活性中心的基础，超高压作用导致三级结构崩溃时，使酶活性中心的氨基酸组成发生改变或丧失活性中心，从而改变其催化活性。

酶失活的机制是超高压对蛋白质高分子的次级键的破坏作用，所以超高压对酶的活力的抑制是一个渐变的过程，当压力低于临界值时，酶的活性中心结构可逆恢复，酶活力不受影响；而当压力值超过临界点时，活力将发生不可逆永久性失活。

通过影响微生物体内的酶进而会对微生物基因机制产生影响，主要表现在由酶参与的DNA复制和转录步骤会因压力过高而中断。

（四）高压对细胞膜的影响

超高压损伤微生物的主要部位是细胞膜。在高压下，细胞膜磷脂分子的横切面减小，细胞膜双层结构的体积随之降低，细胞膜的通透性将被改变。如果细胞膜的通透性过大，将引起细胞死亡。

（五）高压对细胞壁的影响

细胞壁为细胞提供一个细胞外网架，赋予细胞以刚性和形状。20～40MPa的高压力能使较大细胞的细胞壁因受应力机械断裂而松解，原生质体溶解。这也许对真菌类微生物来说是主要的因素。而真核微生物一般比原核微生物对压力较为敏感。

三、影响超高压杀菌的主要因素

在超高压杀菌过程中，由于食品成分和组织状态十分复杂，因此要根据不同的食品对象采取不同的处理条件。一般情况下，影响超高压杀菌的主要因素有压力大小、加压时间、加压温度、pH值、食品成分、微生物种类及生长阶段、水分活度等。

（一）压力大小和受压时间

一般情况下，压力越高，杀菌效果越好；在相同压力下，延长受压时间并不一定能提高灭菌效果。大森丘在肉和肉制品中接种腐败菌和致病菌，在25℃下进行100～600MPa超高压处理，发现大肠杆菌在200MPa时数目并未减少，300MPa

以上的超高压能杀灭，并且随压力的增大而减少。H. Cali k 等研究了超高压对牡蛎中副溶血弧菌（*Vibrio parahaemolyticus*）的作用，用平皿计数法测定了牡蛎加压前后的副溶血弧菌数，最佳条件是 500MPa，施压 30s，此处理条件能将含菌量从 10^9 cfu/mL 降至 10cfu/mL。如将上述压力降至 350MPa，则需要14.5min，才能将含菌量降到 10cfu/mL。将葡萄球菌、沙门菌、大肠菌群接种在苹果酱中，然后在 200MPa 和 300MPa 下加压 20min，结果表明，加压300MPa、20min 后即可达到商业无菌要求。霉菌、酵母菌在 300MPa 以上就可被杀灭，病毒在较低的压力下也可失去活力。对于芽孢菌，有的在 1000MPa 的压力下还可生存。而用低压处理芽孢菌，反而会促进芽孢发芽。

（二）温度

通常情况下，在常温以上的温度范围内，温度升高会加强高压杀菌的效果。但实验也证实，低温下的高压处理具有较常温下高压处理更好的杀菌效果。

在低温范围内，高压的良好杀菌效果特别引人注目，因为低温下的高压处理对保持食品的品质尤其是减少热敏性成分的破坏较为有利。高桥观二郎等对包括芽孢菌和常见致病菌在内的 16 种微生物的低温高压杀菌研究显示，除芽孢菌和金黄色葡萄球菌外，大多数微生物在 $-20℃$ 以下的高压杀菌效果较 20℃ 的好。在低温高压的环境中，研究发现酵母菌的死亡规律与同样条件下球形蛋白质的变性情况相类似。蛋白质在低温高压下的敏感性提高，使在此条件下的蛋白质更易变性；而且还发现，低温高压下菌体细胞膜的结构也更易产生损伤。

但是，在同样的压力下，杀死同等数量的细菌，则温度高，所需杀菌时间短。因为在一定温度下，微生物中蛋白质、酶等成分均会发生一定程度的变性。因此，根据不同食品的需求，在对食品各方面的品质没有明显影响的情况下，适当提高温度对高压杀菌有促进作用。

（三）pH 值

不同微生物对 pH 值的要求不一样，不同的微生物也各自有最适宜的 pH值。每种微生物在其最适生长的 pH 值范围内时酶活性最高，微生物的生长速率也最高。因此，pH 值是影响微生物在受压条件下生长的主要因素之一。在受压条件下，培养基的 pH 值有可能发生变化，与此同时细菌的最适 pH 值范围也变得较为狭窄，酸性条件下微生物的耐压性较差，将引起微生物的死亡，有利于超高压对微生物的灭活。Johnson 等发现 pH 值为 7 的磷酸盐缓冲溶液在 69.1MPa下 pH 值变为 6.6。Dring 报道海水在 101.325kPa 和 1℃ 的条件下 pH 值为 8.10，在 101MPa 的压力下，pH 值则变为 7.87。Marquis 报道粪链球菌（*Streptococcus faecalis*）在 pH 9.5 常压下生长受到抑制，在 40.5MPa 当pH8.4 时生长受阻；灵杆菌（*Serratia marcescenns z*）在常压下当 pH 10.0 时生长受到抑制，而在 40.5MPa 下，当 pH9.0 时就受到抑制。

正是由于酸性环境不利于多数微生物的生长，高浓度的氢离子会引起菌体表面蛋白质和核酸水解，并破坏酶类活性，所以第一代的高压食品大都以酸度较大的果酱、果汁为主。

（四）食品组成

在高压下，食品的化学成分对灭菌效果也有影响，营养丰富环境中微生物的耐压性较强。蛋白质、碳水化合物、脂类和盐分对微生物具有保护作用。研究发现，细菌在蛋白质和盐分浓度高时，其耐压性就高，并随营养成分丰富耐压性有增高的趋势。一般来说，蛋白质和油脂含量高的食品杀菌效果差。食品中的氨基酸和维生素等营养物质，更增强了微生物的耐压性。如果添加脂肪酸酯、蔗糖酯或乙醇等添加剂，将提高加压杀菌的效果。

（五）微生物的种类和生长阶段

不同的微生物的耐压性有区别。一般来说，各种微生物的耐压性强弱依次为革兰阳性菌、革兰阴性菌、真菌，而耐高温的微生物耐高压的能力也较强，处于指数生长期的微生物比处于静止生长期的微生物对压力反应更敏感。各种食品微生物的耐压性一般较差，但革兰阳性菌中的芽孢杆菌属和梭状芽孢杆菌属的芽孢最为耐压，可以在高达 1000MPa 的压力下生存。病毒对压力也有较强的抵抗力。杀死一般微生物的营养细胞，通常只需室温 450MPa 以下的压力。如酵母（低发酵度酵母和白酵母）在 200～240MPa 压力下处理 60min 被杀灭，370～400MPa 时仅 10min，570MPa 时 5min 即可。而杀死耐压性的芽孢则需要更高的压力或结合其他处理方式。

（六）水分活度

高压对酵母细胞结构的影响产生于细胞膜体系，尤其是细胞核膜。低水分活度产生细胞收缩和对生长的抑制作用，从而使更多的细胞在压力中存活下来。因此控制水分活度无疑对高压杀菌，尤其是固态和半固态食品的保藏加工有重要意义。

四、超高压技术对食品成分的影响

（一）超高压对食品中水分的影响

水是大多数食品的主要成分，在超高压加工时也可以作为传压介质。超高压会使水的体积发生收缩，在 1000MPa 范围内，水的压缩率最大可达 20%，不同温度下水的压缩率变化略有不同。水的体积减小还会导致其温度的变化，超高压下水的温度会升高，不同温度的水升温情况也有所不同。水温越高，高压下的升温现象也越明显。在超高压处理过程中，升压会升高水的温度，降压过程会降低水的温度，因此加压时食品中的水和作为传压介质的水（或含水介质）会发生相变化，不含水的其他传压介质也会发生相似的变化。此外，超高压下水的传热特性和比热容等也会发生变化，这些变化都会影响到超高压处理过程食品有关特性的变化。

超高压对水的相变（冻结温度、冰晶形成、潜热、体积变化）的影响是超高压下冷冻和解冻食品新方法的科学基础。

（二）超高压对脂类的影响

超高压对脂类的影响是人们研究高压对大分子作用的一部分内容。超高压对脂类的影响是可逆的。室温下呈液态的脂肪在高压下 $100\sim200MPa$ 基本可使其固化，发生相变结晶，促使脂类更稠、更稳定晶体的形成；不过解压后其仍会复原，只是对油脂的氧化有一定的影响。

超高压处理可使乳化液中的固体脂肪增加，而且此结果受压力、温度、时间和脂肪球大小的影响。当水分活度 A_w 值在 $0.40\sim0.55$ 范围内时，超高压处理使油脂的氧化速度加快，但水分活度不在此范围时则相反。Ohshima 用 $200\sim600MPa$ 的压力处理鳕鱼肉 $15\sim30min$，发现浸提出的鱼油的过氧化值随压力的增加和时间的延长而增加。当把去脂沙丁鱼肉和沙丁鱼鱼油混合物用 $108MPa$ 的压力处理 $30\sim60min$ 后贮存在 $5℃$ 条件下，贮存期间过氧化值和 TBA 值（硫代巴比妥酸）比未处理对照组高。但如果只处理鱼油，即使是 $500MPa$ 以上的压力对其脂肪的氧化程度的影响也不大。已有证据证明纯鱼油自动氧化对高压处理的反应是较稳定的。在有肌肉存在的情况下压力处理后油脂氧化作用加强。

超高压有利于最稳定状态晶体的形成。日本科学家指出，可可脂在适当的超高压处理下能变成稳定的晶型，有利于巧克力的调温，并在贮存期减少白斑、霉点。据 Cheah 等研究发现，超高压处理的猪肉脂肪比对照样氧化更迅速（有一个很短的诱发期）。

（三）超高压对碳水化合物的影响

不同淀粉在超高压下的变化可能不同。在常温下，多数淀粉加压到 $400\sim600MPa$，并保持一定的作用时间后，其颗粒将会溶胀分裂，其晶体结构遭到某种程度的破坏，内部有序态分子间的氢键断裂，分散成无序的状态，即淀粉老化，并呈不透明的黏稠糊状物，这种破坏与压力、时间和水分相关。高压处理淀粉，体积被压缩后便遵循沙特列法则，物系平衡向解除压力的方向移动，于是淀粉团粒在静水压下呈体积减小的趋势；同时增大了水分子和淀粉分子间的势能，从而促使淀粉分子键氢键断裂及水分子与淀粉分子间形成氢键而破坏淀粉的微晶结构，导致吸收高压势能使淀粉糊化。压力加工淀粉同热加工相比，由于高压均匀地在各个方向作用于淀粉，不像热传递出现不均匀，故可以使淀粉达到100%糊化，这是优于热加工的特点，利于提高食品加工质量。高压处理还可提高淀粉对淀粉酶的敏感性，从而提高淀粉的消化率。

在实际的生活中，超高压可以改善陈米的品质，陈米在20℃吸水润湿后在50～300MPa处理10min，再按常规煮制成饭，其硬度下降，黏度上升，平衡值提高到新米范围，同时光泽和香气也得到改良，还可缩短煮制时间。

（四）超高压对食品中蛋白质的影响

蛋白质的二级结构是由肽链内和肽链间的氢键来维持的，而超高压的作用有利于氢键的形成。故而超高压对蛋白质一级结构无影响，有利于二级结构的稳定，但会破坏其三级结构和四级结构，迫使蛋白质的原始结构伸展，分子从有序而紧密的构造转变为无序而松散的构造，或发生变形，活性中心受到破坏，失去生物活性。压力的高低和作用时间的长短是影响蛋白质能否产生不可逆变性的主要因素，由于不同的蛋白质其大小和结构不同，所以对高压的耐性也不同。超高压下蛋白质结构的变化同样也受环境条件的影响，pH值、离子强度、糖分等条件不同，蛋白质所表现的耐压性也不同。

超高压对蛋白质有关特性的影响可以反映在蛋白质功能特性的变化上，如蛋白质溶液的外观状态、稳定性、溶解性、乳化性等的变化以及溶胶形成凝胶的能力，凝胶的持水性和硬度等方面。蛋白质经过超高压处理，不论在色泽、光泽、风味、透明度上都取得了良好特性，同时在硬度、弹性上也具有很好的特性。超高压可用于蛋白质的化学修饰产生新的功能，如蛋白质食品结构组织化和起泡性。

高压还可以破坏蛋白质胶体溶液，使蛋白质凝集，形成凝胶。在常温下，蛋白质变性压力为100MPa以上，变性温度大于45℃。

（五）超高压对维生素的影响

一般情况下，还原型维生素C含量经高压处理后出现了下降和上升两种情况，西瓜和草莓是下降的，橙子和黄瓜是上升的。

Fe^{3+}对于维生素C的降解起着重要作用，在高压下会更加明显。草莓中Fe^{3+}含量是西瓜、橙子和黄瓜的5倍，因此草莓的维生素C含量下降。此外，Cu^{2+}的存在，在高压下会激活铜酶，铜酶是维生素C降解的重要酶类之一，而在这四种果蔬中，西瓜含量最高，因此，西瓜维生素C含量呈下降趋势。

在高压作用下，氧化型维生素C可能会转变成还原型维生素C，因此，在橙子和黄瓜中出现还原型维生素C上升的结果，而西瓜和草莓的下降是因为降解量大于转化量的缘故。但总体来看，无论上升还是下降，幅度都很小，可以认为高压处理对维生素 C 的影响很小。

（六）高压对风味物质、色素的影响

食品中的风味物质、维生素、色素及各种小分子物质结合状态为共价键的形式，故高压处理过程对其几乎没有任何影响。

在常温或低温下经高压加工的多种食品，如鱼类、肉类、水果、果汁以及多种调味品的提取物，其原有味道及特有风味没有改变；食品的颜色在高压下没有变化，但有些色素，如类胡萝卜素、叶绿素、花青素等对高压具有抵抗力。食品的黏度、均匀性及结构等特性对高压较为敏感，但这些变化往往是有益的。

第三节　超高压技术加工设备

超高压环境一般只能在一定范围内，一定容器内实现，也有在空间爆炸瞬间产生超高压。能承受超高压的容器称为超高压容器。超高压处理技术的关键之一是超高压处理设备。由于压力极高，因此对设备的要求很严。目前超高压处理设备的研究开发是该技术研究的重要方面。日本在高压设备的制造方面居世界领先地位。制造高压设备的主要日本公司是 Kobe 钢铁公司和日立制铁公司。用于食品加工的第一台高压设备是由三菱重工（日本东京）制造的，该公司生产的高压容器的溶剂为 0.6～210L，最高工作压力为 400～700MPa。美国、德国、法国、英国和荷兰等也有一些公司生产小、中型和商业化的超高压处理设备。美国 Elmhurst 公司生产的设备采用可倾斜的高压容器腔体，方便装卸料，多台设备组合可实现班连续化操作。

超高压装置的主要部分是高压容器和加减压装置，其次是一些辅助设施，包括加热或冷却系统、监测和控制系统及物料的输入输出装置等。超高压装置的特点是承受的压力高（100～1000MPa），循环载荷次数多（连续工作，通常为 2.5次/h），因此超高压容器设计必须要求容器及密封结构材质有足够的力学强度、高的断裂韧性、低的回火脆性和时效脆性、一定的抗应力腐蚀及腐蚀疲劳性能；用于食品加工时，对设备的卫生条件要求较高，和食品接触的部分应用不锈钢，传压介质（压媒）最好采用水；并要求设备有一定的处理能力，生产附加时间（如密封装置的开闭、物料的装卸等）短，效率高，可快装快拆、密封效果好；高压容器是整个装置的核心，工作条件苛刻，要求严格，为保证安全生产其容积不宜过大，一般为 1～50L。

超高压处理设备有以下几种分类方法：加压方式、处理物料状态、生产加工操作方式、超高压容器放置方式、规模等。

一、按照加压方式分类

按照加压方式的不同，超高压设备可分为内部加压式（或倍压式）和外部加压式（或单腔式）。不同加压方式的超高压处理设备的特征对比如表 7-1 所示。

表 7-1　不同加压方式的超高压处理设备的特征比较

加压方式	内部加压式	外部加压式
构造	加压汽缸、高压容器在框架内,主体结构庞大	框架内仅有一个压力容器,主体结构紧凑
容器容积	随着压力的升高容积减少	始终为定值
密封耐久性	密封部位滑动,故有密封件损耗	因密封部位固定,故几乎无密封件的损耗
适用范围	高压小容量(研究开发型)	大容量(生产型)
高压配管	不需要高压配管	需高压配管
维护	保养性能好	经常需保养维护
容器内温度变化	升压和降压温度变化不大	减压时温度变化大
压力保持	若压力介质有泄漏,则当活塞推到汽缸顶端时才能加压并保持压力	当压力介质的泄漏小于压缩机的循环量时,可保持压力
污染问题	一体型有污染可能	对于处理物料或包装基本无污染

（一）内部加压式

内部加压式本体结构不需要高压泵和高压配管，整体性好。此种设备主要由超高压容器（高压腔）与加压缸（低压腔）组成。超高压容器与加压缸配合工作，在加压缸中活塞向上运动的冲程中，活塞将容器中的介质压缩，产生超高压，使物料受到超高静压作用；在活塞向下运动的冲程中，减压卸料。根据加压缸与超高压容器连接的形式又分为一体型和分体型，前者的加压缸与超高压容器连成一体，后者则分开，通过活塞相连，活塞兼具超高压容器一端端头的功能。图 7-1 所示为分体型内部加压式超高静压装置的结构简图。装置的上部为超高静压容器，多用高强度不锈钢制造，

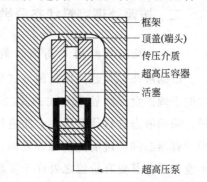

图 7-1　分体型内部加压式超高静压装置

传压介质可以用水；下部是加压缸，其加压介质一般是油。框架承受轴向力，移开框架可通过打开顶盖装卸物料。

分体型内部加压式超高压装置近年来出现了双层结构（内外筒）的小型高压

装置，外筒实际上是油压缸，并兼有存放高压内筒的功能，其内筒更换方便，适合实验室研究开发使用。

（二）外部加压式

外部加压方式中高压泵与高压容器分开设置，可用超加压泵和增压器（in-tensifier）产生高压介质，并通过高压配管将高压介质送至超高压容器（见图7-2）。增压器为传压和增压的装置，它通过低压大直径活塞驱动高压小直径活塞，将压力（强）提高，压力增加的倍数为大活塞的横截面积与小活塞的横截面积之比，一般为20：1。小活塞中的传压介质直接通入超高压容器，其传压介质可以和大活塞中的加（传）压介质相同，也可以不同。一个增压器可以对单个或多个超高压容器加压，而且它还可用于控制降压的速率。加（传）压介质可以用水或油，和食品物料接触的介质多用水。被处理的物料一般经过包装置于超高压容器中进行加压，包装材料应选用耐压、无毒、柔韧、可传递压力的软包装材料。液体物料可以不经包装而本身作为传（加）压介质进行处理。

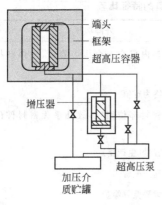

图 7-2　外部加压式超高压装置

端头
框架
超高压容器
增压器
超高压泵
加压介质贮罐

外部加压式本体结构小，昂贵的高压容器利用率高，相对造价低，高压容器为静密封，填料寿命长，密封性好，保压性好，更适用于大中型生产装置。

二、按照处理物料状态分类

（一）液态物料的超高压灭菌设备

根据液态物料超高压灭菌方式的不同，其对应设备可归结为两大类：其一，类似于固态食品的处理方式；其二，由液态物料代替压力介质直接用超高压处理。采用液态物料代替压力介质进行处理时，对超高压容器的要求较高，每次使用后容器必须经过清洗消毒等处理。由于液体食品的超高压灭菌可以实现连续化作业，因此其更有价值之处在于实现"超高压动态杀菌"的技术飞跃。

（二）固态物料的超高压灭菌设备

固态物料一般需经过包装后进行处理，由于超高压容器内的液压具有各向同压特性，压力处理不会影响固态物料的形状，但物料本身是否具有耐压性可能会影响物料处理后的体积。对于固态超高压食品的灭菌设备，其关键环节是超高压处理室中超高压容器的设计，也是整个装置的核心，为了将固态食品超高压灭菌技术转化为工业生产力，设计完善的超高压灭菌设备意义十分重大。

三、按生产加工操作方式分类

（一）间歇操作方式

由于超高压处理要求物料在设定的压力下保持一定的时间，这就意味着物料需在超高压容器中停留一定的时间。因此大多数的超高压设备为间歇式。间歇式操作方式是一种批处理系统，适应性广，可处理液态、固态和不同大小形状的物料。但这些产品必须在加工前进行处理。预处理应包括食品加工前的通用处理外，还应进行包装和除气，包装的目的是避免压媒污染与稀释产品，故包装物应有一定的强度；除气是为充分利用宝贵的有限空间，再者避免因为压缩空气而造成的成本增加。此工艺过程只有升压时压力系统才工作，设备利用率低，浪费了设备资源。因此，生产上根据每一次生产的周期将多个高压容器并联起来，实现一套高压系统配置多个压力容器的生产方式，从而提高设备利用率和生产效率。

（二）半连续操作方式

半连续式超高压容器中有一个自由活塞，物料首先通过低压食品泵泵入超高压容器内，高压泵将压媒注入超高压容器内，推动自由活塞对物料进行加压。与此同时，活塞也将产品与压媒分开，达到处理效果后，开启出料阀门，利用活塞压力，将产品排出超高压容器，出料管道和后续的容器必须经过杀菌并处于无菌状态，以保持超高压处理后的杀菌效果，处理后的物料应采用无菌包装。此生产过程中依然存在高压系统的周期闲置，如果将几个高压容器并联使用，配以简单的自控系统，则可将生产效率大幅度提高。

（三）连续操作方式

连续式处理系统，是用泵将准备的物料压力升高到需要的压力后进入附加高压腔（或称滞留器），滞留器的体积是根据处理物料的停留时间确定的。真正的连续化处理设备需要解决物料的连续加压、保压和卸压过程，至今还没有用于生产的连续式超高压处理设备问世。目前工业上采用的是间歇式和半连续式。

四、按照超高压容器放置方式分类

按超高压容器的放置方式分为立式和卧式两种。生产上的卧式超高压处理装置示意如图 7-3 所示，物料的进出较为方便，但占地面积较大。与此相反，使用立式超高压处理装置示意如图 7-4 所示，占地面积小，但是物料的装卸需专门装置。

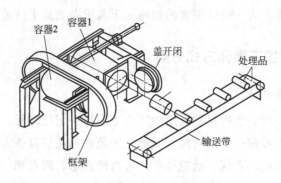

图 7-3　卧式超高静压处理装置

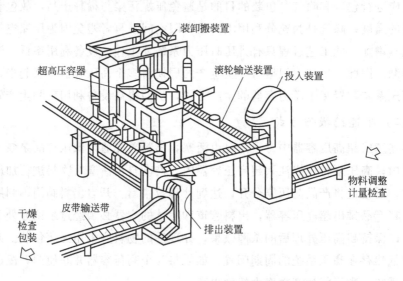

图 7-4　立式超高静压处理装置

五、根据规模分类

根据其规模，可分为实验室用和工业规模用的食品超高压处理装置。实验室规模的装置一般高压容器容积小，可使用压力较高；而工业规模的食品超高压处理装置高压容器容积大，使用压力相对较低。

第四节　超高压技术在食品中的应用

超高压处理技术在食品和生物制品加工业中的应用主要在对物料的杀菌、灭酶和改性方面。

一、超高压技术与食品

(一)超高压技术在肉制品加工中的应用

目前，超高压在肉类加工中的应用研究主要集中于两个方面：一是改善制品的嫩度，因为嫩度是肉类最重要的品质指标；二是在保持制品品质的基础上延长制品的贮藏期。

生产肉制品时都在原料中添加食盐，这除了具有调味功能外，还赋予肉制品必要的保水性、乳化性和组织黏结性。超高压处理是开发低盐度新口感肉制品的有效手段，也是使肉食嫩化、提高（多汁）保水性、促进成熟、改良风味的有效手段。超高压对畜肉的嫩化机理主要有两个方面：一是机械力作用使肌肉肌纤维内肌动蛋白和肌球蛋白的结合解离，肌纤维蛋白崩解和肌纤维蛋白解离成小片段，造成肌肉剪切力下降；二是压力处理使肌肉中内源蛋白酶-钙激活酶的活性增加，加速肌肉蛋白水解，加快肌肉成熟所致。Suauki 报道了高压对僵直后的肌肉的肌原纤维蛋白超微结构和小片化程度的影响，结果表明在施加 100MPa、150MPa、200MPa 和 300MPa 的压力 5min 后，小片化程度达 30%、70%、80% 和 90%（未处理的对照组仅 10%）。150MPa 以下的压力对肉的超微结构不明显，200MPa 时开始发生变化，300MPa 时这些变化加快。

研究表明超高压处理能使火腿富有弹性、柔软，表面及切面光滑致密，色调明快，风味独特，是更富诱惑力的新型肉制品。生猪肉经 400MPa 或 600MPa 的作用，保持 10min，处理后的生猪肉就可以食用。法国的研究人员用 200MPa 压力对牛腿肉进行试验，制成牛排，可与柔软的牛脊肉媲美，杀菌效果也很理想。高压处理对肉类各种成分的影响随处理温度、压力值、时间、肌肉种类和所处的不同状态等而存在差异。

大多肉食至今仍采用常压冷冻保藏。虽然可较好地保持食品原有色泽风味和组织形态，然而对组织柔软含水量高达 70% 的畜肉来说，在冷冻和解冻时，由于冰晶产生的巨大冷冻应力，使冻品组织往往产生不可逆变性和破坏。而超高压不冻保藏因超高压与低温结合，保藏期间还杀灭了乳酸菌、酵母菌等腐败菌，又因"不冻"冷藏，故食用时无需解冻，也无一般冻品解冻时产生的汁液流失和组织冻变，同时省去了冻结和解冻装置，大大减少了冷耗和能耗。这些优点均系常压冷冻保藏无法比拟的，但超高压不冻冷藏其全过程必须在超高压容器中进行，而昂贵的超高压装置目前仍是商业应用的主要障碍。

此外，对常压下已冻结的肉食还可以用超高压进行快速解冻，有效提高解冻肉的品质。超高压与气调技术协同可进行牛肉保鲜，有研究报道此方法具有良好的保鲜效果。

（二）超高压技术在水果加工中的应用

超高压技术在食品工业中最成功的应用就是果蔬产品的加工，主要是用于该类产品的杀菌作业。经过超高压处理的果汁可以达到商业无菌状态，处理后果汁的风味、组成成分均未发生改变，在室温下可以保持数月。所以，对果汁进行超高压处理是原果汁长期保存的有效方法之一。

柑橘类鲜果汁经加压处理后，测定主要细菌活菌数和酵母、霉菌数的变化发现，随着压力的升高，微生物的杀菌效果也随之改善。果汁中常生长的酵母和霉菌在 300～400MPa 以上的压力下，经 10min 处理后即完全死亡，但仍有棒杆菌、枯草杆菌等能形成耐热性强的芽孢残留。但如果加压至 600MPa 再结合适当的低温加热，则可以达到完全灭菌。果汁加压杀菌效果与加压压力、时间及与加热并用等因素有关。

未加压处理与加压处理的鲜榨果汁的香味、色泽几乎没有差异，超高压处理不仅不会使果汁的香味发生变化，也不会损失果汁的营养成分。因此，加压杀菌是能保留果汁天然风味的一种新型非加热杀菌保藏技术。柑橘类果汁会因加热而丧失其特有的芳香，比较适合用超高压处理；同时，对加热会失去特有色泽或产生褐变之类的果汁最好也采用超高压杀菌技术。

（三）超高压技术在蔬菜加工中的应用

在蔬菜加工及贮藏过程中，由于酶的存在常常会造成蔬菜品质劣化，如变味、变色以及变质等，所以灭酶对于蔬菜保鲜很重要。但是，单纯使用高压方法使酶完全失活比较困难，如果结合温度等其他方法可以取得良好的效果。蔬菜经超高压处理可很好地保持产品营养及风味。但超高压在蔬菜加工方面相对于在其他方面应用比较少。

肖丽霞等研究超高压处理绿竹笋结果表明，升压后在 500MPa 的压力下维持一定时间（8min），能起到"冷杀菌"的作用。徐树来研究发现番茄组织对压力抵抗能力相对较弱，但在 400MPa 以下、保压时间低于 20min 的情况下，番茄细胞基本变化不大。而压力高于 400MPa、保压时间超过 20min 时，超高压处理使番茄组织遭到了一定程度的破坏。

大蒜具特殊气味和营养及杀菌功能，但蒜泥在冷藏状态下一天就变绿，再过一段时间就会产生刺激性的臭味而不能食用。用高压处理蒜泥，并在 5℃下保存，保存蒜泥在开始时变成青绿色，以后黄色增加；故而对蒜泥高压处理效果较好，可防止变色。大蒜中蒜氨酸是其风味的主要成分，蒜泥加压处理后香味减弱，但在冷藏中又慢慢恢复，刺激性气味没有了，特有的香味保留下来。

（四）超高压技术在乳制品加工中的应用

许多学者对高压处理后牛奶中的各种蛋白质变化及其流变学性质进行了

研究。

Chmiya 等发现高压（130MPa）下，对酪蛋白水解的初期阶段无影响，而酪蛋白胶粒形成的第二阶段时间延长，乳凝块形成的第三阶段时间缩短。Bfinge 和 KinseUa 提出高压抑制了疏水基相互作用，而这种作用对凝乳酶形成乳凝块很重要。S. De. sobrybanon 等学者用高压处理牛奶，然后使凝乳酶在酸性条件下发生作用，制成的奶酪硬度增加，透光性提高。Lopez fandino 等发现，高压引起乳清蛋白变性，使其进入凝块，从而使干酪产量增加，尤其是其保水性增强。高压使凝乳变硬并缩短切割时间，在 300MPa 和 400MPa 处理时，虽然仅使 20％ β-乳球蛋白变性，使凝块平均产量增加 14％和 20％，乳清中蛋白质损失可分别下降 7.5％和 15％，乳清总体积减小 4.5％和 5.8％。

乳的酸凝结主要是酪蛋白分子间疏水基作用。高压处理的牛乳，促进酪蛋白的分散、表面积增大。当用葡萄糖酸-S-内酯作用于高压处理的牛乳时，其酸凝固的凝块表面弹性系数增加 8 倍，切割凝块作用力增加 4 倍。采用离心排水法测定，胶体脱水作用减少，凝块保持较好的持水力，搅拌型酸乳制品黏度也提高。

高压可被用于选择性地去除乳清中的过敏原（Allergen）物质。牛奶中过敏性原物质包括 β-乳球蛋白（占乳清蛋白的 60％）、α-乳白蛋白及酪蛋白质中的 γ-酪蛋白。这些蛋白质使一些人易产生过敏，不适合食用。

母乳中酪蛋白与清蛋白比例为 1∶1，而牛乳中两者比例为 4∶1，因此要使牛乳成分接近于母乳，须向婴儿食用牛乳中添加浓缩乳清。但牛乳清中含有一些婴儿过敏的 β-乳球蛋白，其含量为乳清蛋白的 60％。日本 HAYASHI 等发现，在一定高压下，乳清中的球蛋白可被嗜热菌蛋白酶优先酶解，则可有选择地除去 β-乳球蛋白，制备脱敏原乳清。利用高压技术制造出抗过敏奶粉，是将乳清蛋白调整至 10％含量，在 708MPa 压力下处理 7min，再用酶解 6h，牛奶中的 β-乳球蛋白含量可降低 90％，食后不会导致过敏反应。

（五）超高压技术在水产品加工中的应用

把加盐鱼糜超高压处理，得到高弹性的凝胶，有透明感和光泽，保持致密的组织性，称之为生鱼糕。日本大洋渔业公司研究所，采用超高压技术生产鱼糕，在杀菌后其口感、风味都比较理想。将狭鲤鱼糜装入乙烯袋内，放入水中，从四周均匀地加压到 400MPa，保持 10min，就能制成鱼糕。加压后的鱼糕透明、咀嚼感坚实，弹性比原来产品（加热 90℃，保持 30min）高出 50％。优质凝胶可以在 400MPa 的压力下从青鳍、沙丁鱼中获得。

（六）超高压技术在其他产品加工中的应用

1. 超高压技术在传统食品加工中的应用

1993 年，超高压技术在酒类生产中的第一次尝试。日本千代园酒造与熊本县工业技术共同开发超高压处理的浑浊型生酒，既能保持浑浊生酒的原风味，又有优良的保存流通性，15℃以下可存放半年。在150MPa的超高压下处理30min催陈黄酒，可以达到杀菌目的，并且节约能源，很有应用前景。

超高压食品不但无菌，保鲜时间长，而且还能提高食品的附加值。通过超高压的作用。啤酒的苦味值、总酚含量、酒精度也得到了很好的保持。选取啤酒厂生产的原始浑浊啤酒经高压（600MPa，5min）与加热灭菌（60℃，10min）分别处理，风味物质成分检测结果比较显示，超高压作用明显，并且在色泽保持上有更好的效果。

2. 超高压技术在谷物产品加工中的应用

高压可使淀粉变性，常温下加压到400～500MPa时，可以使淀粉溶液变成不透明黏稠的糊状物质，高压处理可以提高淀粉中淀粉酶的消化性。通过大米和豆类的软化加工，使陈米的品质改良。米是以淀粉为主的食物，淀粉质膜中，新米的胚乳细胞壁和淀粉质膜柔软，煮制过程中被破坏，淀粉充分糊化部分流出至米粒表面，使米饭柔软而有黏性、口感好。而存放1年以上的陈米其细胞壁和膜已经牢固地结合在一起，抑制了煮制过程中淀粉颗粒的膨润和糊化。陈米经20℃吸水湿润后在50～300MPa高压下处理10min，再按常规方法煮制，其硬度下降、黏度上升、平衡值提高到新米范围，同时光泽和香气也得到改善，有新米的口味。此外，经高压处理还可缩短煮制时间。此外，也可以利用超高压制作方便米饭。可以预测，超高压处理将成为未来米加工的一项新方法。

二、超高压食品加工工艺

超高压食品加工工艺流程按食品形态不同分包装食品和散装液态食品高压处理两类。

（一）固态食品超高压加工工艺流程

动物类食品—清洗去杂—切块、切片（除蛋、虾）—装袋、封口—高压处理—检测

固态食品将原料进行前处理后，装入耐压、无毒、柔韧并能传递压力的软包装内，并进行真空包装，然后置于超高压容器中进行加压处理，必要时还需将小包装的食品集中装入大包装容器中才进行加压处理，高压处理完后，沥水干燥，然后进行鼓风干燥去除表面水分，即得待包装的成品。

超高压固态食品的关键处理工艺为先升压，再保压，再卸压。

（二）液态食品超高压加工工艺

1. 果汁

水果—清洗—切割—榨汁—定量—灌装—封口—高压处理—检测

　　液态食品进行前处理后送入预贮罐，由泵直接注入超高压容器的处理室，处理后的成品又由泵抽（用气体排出）到成品罐中，若用无菌气体则可实现无菌包装，灌装出厂（例如果汁饮料即采用此法）。果汁的风味、组成成分都没有发生改变，在室温下可保持数月。另外，在鲜榨苹果汁的生产中可以将失活多酚氧化酶（PPO）和杀菌同步进行。

　　超高压液态食品的关键处理工艺为先升压，再动态保压，再卸压。

2. 果酱

　　果实—砂糖—果胶—混合—灌装、密封—加压—成品

　　由于超高压促进了果实、蔗糖及果胶混合物的凝胶化，糖液向果肉内浸透，并可同时灭菌。在实际生产时，在室温条件下，把粉碎的果实、砂糖、果胶等原料装入塑料瓶，密封，加压到 $400\sim600$MPa，保持 $10\sim30$min 混合物凝胶化即可得到果酱，同时灭菌。感官评价结果表明，高压加工法基本保留了原料的诱人色泽和风味，营养素损失很小，产品弹性更好，透明性优于普通果酱。此外，由于在超高压过程中，物料的变性和作用是同步进行的，因而大大简化了生产工艺。

第八章
食品质构重组技术

食品质构重组技术是通过机械的混合、揉搓、剪切、高压、加温等物理因素，使物料发生物质变形、变性或产生化学反应的加工过程。常用设备或手段包括单螺杆挤压机、双螺杆挤压机、高压容器、物理射线等。质构重组技术在广义上也可以理解为分子改性技术，其对象和技术体系属于流变学的理论和技术研究范畴。质构重组技术已被广泛应用于食品工业、塑料工业、橡胶工业和制药工业等领域。机电一体化、自动控制技术和在线检测技术的进步使质构重组技术的应用范围和开发深度仍在迅速发展。

第一节　食品膨化与挤压技术

随着人民生活水平的不断提高和休闲时间的不断增加，人们对食品的消费要求也越来越高。以谷物、豆类、薯类、蔬菜等为原料，经膨化设备加工的膨化食品就顺应了消费者的需求。作为一种新的时尚休闲食品具有品种繁多、外形精巧、营养丰富、酥脆香美的特点，拥有了广阔的发展空间。目前，世界上生产的膨化食品的范围已经相当广泛，主要有面条（各种形状）、早餐谷物（玉米片、麦圈）、婴儿食品、休闲食品、糖果、香肠、组织化植物蛋白、变性淀粉、汤粉及蔬菜等。在我国，近年来膨化食品和休闲食品已成为食品行业中的重要组成部分，成为消费大众喜爱的食品，其发展也非常迅速，并且具有巨大的发展潜力。

一、膨化与挤压技术的发展概况

（一）国外食品挤压与膨化技术的发展概况

膨化食品是 20 世纪 60 年代末迅速发展起来的一类新型食品。而膨化挤压技术作为一种新型食品加工技术，已经有了很长的历史。1856 年，美国的沃德申请了关于食品膨化技术的专利；1869 年第二台用于生产香肠的双螺杆挤出机问世；1936 年第一台应用于谷物加工的单螺杆挤压蒸煮机问世，并在食品行业中取得成功，第一次生产出了膨化玉米圈。

20 世纪 50 年代初，挤压膨化技术开始广泛地应用于饼干的生产、淀粉的预处理及糊化中。挤压机也由单一功能向多功能发展，螺杆长径比越来越大，由最初的 5∶1 发展到 20∶1，甚至还出现了长径比达（45∶1）～（50∶1）的大型挤压机。加热的方式由自热式发展到外热式，产量也由每小时几千克的小产量发展到每小时 6～7t 的大产量。

20 世纪 60 年代中期，挤压膨化技术进一步得到发展，不仅应用高温短时挤压机对食物进行有效热处理、杀菌、钝化酶活力，还扩大了食品种类，其应用领域由单纯生产谷物食品，发展到生产家畜饲料、鱼类饲料、植物组织蛋白等。同时，对所用挤压机的结构设计、工艺参数和挤压过程机理也进行了研究，提高了对挤压加工技术的理论认识。挤压设备由单螺杆发展到双螺杆，适合于加工不同原料的高剪切力挤压机和低剪切力挤压机也被分别应用于不同的生产领域。新的挤压设备，对于改善产品质量，拓宽挤压技术的应用领域起到了推动作用。

20 世纪 70 年代，Arkinson 发现挤压机可以使生物聚合物塑化，他认为生物聚合物在剪切的作用下，能重新定向，彼此之间发生反应，从而形成新的组织结构（如组织化植物蛋白），开拓了挤压机在工程食品领域开发的新方向。

20 世纪 80 年代，欧洲共同体国家和日本都把挤压膨化技术和双螺杆食品挤压机的开发研究放到了重要地位，组织成立了相应的专门的研究开发机构，取得了很大进展。挤压机的操作也由手工间歇式的操作发展到全自动计算机控制的连续作业。

20 世纪 90 年代后，世界上已有美国 Wenger 公司、德国 WP 公司、意大利 MAP 公司、日本的恩奴比食品有限公司、瑞士的 Buchcler 公司和法国 Clext ral 公司为代表的食品挤压机生产厂家，生产各种系列的食品挤压机投放市场。

目前，美国、日本及西欧等国家对挤压技术的理论研究越来越完善，应用领域越来越广阔，各种各样的挤压食品遍布超市货架，如膨化主食、人造肉、马铃薯食品、脱水苹果、快餐食品、小食品、速溶饮料和强化食品等。还有采用膨化生产工艺生产淀粉和处理谷物，膨化大豆用来酿造酱油，膨化谷物用作动物饲料。美国生产的大型挤压机生产能力每小时已达几吨至十几吨，有关挤压技术和设备的专利已达百余项，挤压产品遍及世界各地，仅挤压膨化食品年产值达十几亿美元。由于食品工业日新月异的发展，挤压设备的不断改进，挤压理论的不断完善，挤压食品在消费者中的地位也越来越重要。

（二）国内食品挤压与膨化技术的发展概况

食品膨化技术在我国有着悠久的历史，油炸出现于青铜炊具诞生之后，周代

"八珍"原料,一般都有松软的特性,代称炸制湛。至宋代炸法应用已较多见。古代就把油炸作为食品膨化的重要方法之一。

但是,我国应用现代挤压膨化技术生产膨化食品的时间并不长,直到20世纪70年代末,才开始膨化技术与膨化食品的研究。1987年,中国农业大学沈再春等研制6SLG54-18型双螺杆食品挤压机,并进行了挤压食品膨化机和膨化物料特性方面的研究。1992年,江苏理工大学孙一源等以法国BC-45型双螺杆食品挤压机为原型,利用相似理论研制了符合试验要求的小型食品挤压机。江南大学丁霄霖、汤逢、高维道等利用引进的法国BC-45型双螺杆食品挤压机,就玉米等食品原料在挤压加工过程中的各种因素对淀粉、蛋白质等结构变化的影响,对食品风味变化的影响做了深入的研究,目前他们的理论研究在国内外处于领先水平。1996年,北京化工大学朱复化、林炳鉴和陈存社等自行设计制造了可视双螺杆挤压机,将中国食品挤压技术的研究手段提高了一大步。

作为我国食品工业中的一个重要组成部分——膨化休闲食品及其产业,经历了20年的快速发展,取得了长足的进步。

从20世纪80年代初期,膨化休闲食品开始出现,丰富了中国传统的以瓜子、花生、饼干及糖果为代表的休闲类食品,同时带动了一批新兴企业的建立和成长。20世纪90年代初,主要以油炸型膨化食品为主,由于此类产品口感粗糙,含油量大,很快被在20世纪90年代中期兴起的全膨化非油炸食品所取代。到20世纪90年代中后期,由于挤压型膨化食品生产工艺简单,花样品种多,投资少,可利用原材料广而开始成为主打膨化工艺,但挤压型膨化食品的口味比较单调。进入21世纪以来,消费市场的进一步扩大,世界交流的增多和市场竞争的加剧,各种形状、口味和香味的膨化食品不断出现,丰富着市场和人们的生活。国内的消费量基本以7%~9%的年均增长率上升。预计未来几年我国的膨化食品销售额每年增幅为15%左右。

二、膨化食品的定义及分类

膨化(Puffing)是利用相变和气体的热压效应原理,使被加工物料内部的液体迅速升温汽化、增压膨胀,并依靠气体的膨胀力,带动组分中高分子物质的结构变性,从而使之成为具有网状组织结构特征,定型的多孔状物质的过程。食品膨化技术是应用挤压加工设备对食品原料完成输送、混合(破碎)、压缩、剪切混炼、加热熔融、均压、模头成型等,以加工成速食或快餐食品的一项新的食品加工技术。

(一)膨化食品的定义

GB 17401—1998中规定,膨化食品是指采用膨化工艺制成的体积明显增大,且具有一定酥松度的食品。中国轻工行业标准 QB 2353—1998 中规定：膨化食品采用膨化工艺制成的体积明显增大，具有一定酥脆度的食品。

膨化食品是将谷物、豆类、薯类、蔬菜等原料进行高温高压处理后，迅速降低压力，使其体积膨胀若干倍，且内部组织呈多孔海绵状的食品。国外又称挤压食品、喷爆食品、轻便食品等。

（二）膨化食品的分类

1. 原料

根据膨化食品的使用原料进行分类，可以分为淀粉质挤压食品，如用大米、玉米等谷物进行加工；蛋白质挤压食品，如用脱脂大豆、脱脂棉子等进行加工；脂肪质挤压食品，如用全脂大豆等进行加工；混合原料膨化食品，虾片、鱼片等原料生产的膨化食品。生产用的原料可以是未加工或半加工颗粒，也可以是经过加工制成的粉状物。

2. 原料和加工过程

根据原料和加工过程分为两类：一是直接膨化食品，以谷物、薯类和豆类为原料，用膨化机直接膨化成球形、薄片、环形或棒状等各种形状，再喷洒糖浆、盐或味精等调味品，最后干燥，以供食用，如爆米花、爆薯片、爆豆子等均属于直接膨化食品；二是膨化再制食品，先将谷物、薯类和豆类膨化，然后将膨化产品磨成粉，配上各种辅料再制成各种食品，如面包、饼干、糕点等。如将玉米膨化后磨成粉，加入其他原料中可以做出几十种美味新型食品，膨化食品为粗粮细做开辟了广阔的前景。

3. 最终产品的膨化度

根据最终产品的膨化度分三类：轻微膨化的食品，如通心面条、豆筋、饲料等；半微膨化食品，如植物组织蛋白（人造肉等）、锅巴、（畜禽、鱼）饲料等；全膨化食品，如玉米膨化果、麦圈等。

4. 食用品位

根据膨化食品的食用品位可以分为主食膨化食品、副食膨化食品、膨化小食品、强化膨化食品等。主食膨化食品一般是先将大米、玉米粉糊化，然后以此为主料或配料制成面包、糕点或早餐食品等；副食膨化食品是以大豆蛋白为原料制成人造肉，进而加工成花色多样的副食品；膨化小食品用马铃薯淀粉或木薯淀粉制成休闲食品，如薯片、薯条等；强化膨化食品是将某些主料膨化后，配合添加其他营养成分而制成的膨化食品，如代乳粉、婴儿粉、营养泡司等。

5. 膨化方式

按照膨化食品工艺的膨化方式可分为油炸膨化食品，根据其温度和压力，又可分为高温油炸膨化食品和低温真空油炸膨化食品；微波膨化食品，利用微波发生设备进行膨化加工的食品；挤压膨化食品，利用螺杆挤压机进行膨化生产的食品；焙烤膨化食品，利用焙烤设备进行膨化生产的食品；沙炒膨化食品，利用细沙粒作为传热介质进行膨化生产的食品；其他膨化食品，如正在研究开发的利用超低温膨化技术、超声膨化技术、化学膨化技术等生产的膨化食品。

膨化食品还可以根据风味、形状分类。从风味、形状上则能分出几百种挤压食品，如从风味上分，有甜味、咸味、辣味、咖喱味、海鲜味、牛肉味挤压食品等；从形状上分则更多，有条形、圆形、饼形、环状、内夹心挤压食品等，在这方面的任何一个变动都能扩大出一种挤压食品品种来。

三、膨化食品的特点

(一) 产品营养素损失少，消化吸收率高

膨化食品系高温短时加工产品，膨化时间一般只有 $3\sim5s$，由于原料受热时间短，粮食中的营养成分破坏较小。如：Mnstakes 和 Smith 曾报道，挤压过程中矿物质没有损失，维生素 B_1，维生素 B_2 和泛酸也几乎没有损失。Muelenaere 和 Harper 报告称挤压过程中有大约 70% 的维生素 C 被保留下来，而采用一般的加热处理或热力杀菌，维生素 C 的保留率不到 40%。

膨化过程是原料的质构和内部分子结构都发生变化，如其中一部分淀粉原料中淀粉糊化，发生降解转化为糊精、麦芽糖等低聚糖，膨化食品多孔的膨松质构和其中某些成分的降解有利于消化酶的作用，利于人体吸收。富含蛋白质的植物原料经高温短时间的挤压膨化，蛋白质彻底变性，组织结构变成多孔状，有利于同人体消化酶的接触，而且破坏了某些食品中的不良因子（如大豆中的脂肪氧化酶），从而使蛋白质的利用率和可消化率提高。如挤压之后的大米其消化率提高到 83.84%，未经膨化的煮熟大米，其蛋白质消化率仅有 75.95%。膨化大豆酿造的酱油与普通酱油相比，蛋白质的利用率从 65% 提高到 90%。

(二) 不易产生"回生"现象

一般情况下，当淀粉在水中加热糊化时，淀粉粒依靠大量吸收水分而膨胀，使淀粉胶束成平行排列，淀粉粒破裂而糊化，所以当物体脱水干缩和降温时，淀粉分子之间重新形成氢键而相互结合在一起，由糊化后无序的分子排布状态重新变为有序的分子排布状态（即 α 淀粉 β 化），出现"返生"现象，造成消化率下降。而谷物原料中的淀粉在挤压加工过程中由于受到高强度的挤压、剪切、摩擦和受热的作用而充分溶胀和糊化，微晶束状结构被破坏，体积显著增大，支链和直链的分子间被切断呈现较大的间隙，再加上挤出模具后，物料由高温高压状态突然变到常压状态，便发生瞬间的闪蒸，这就使糊化后的 α 淀粉不易恢复其淀粉

的颗粒结构，而仍保持其 α 淀粉分子结构，故不易产生"回生"现象。所以，膨化技术对于制造米面类的方便食品有特别重要的意义。

（三）改善食用品质，易于贮存

谷物中由于含有较多的纤维素、半纤维素、木质素等不能被人体消化吸收的碳水化合物，使其口感粗糙，难以直接食用。谷物在挤压膨化过程中由于受到高温、高压和剪切、摩擦作用，以及在挤压机挤出模具口的瞬间膨化作用，使原本粗硬的组织结构变得膨松柔软，并且产生了部分分子的降解，使水溶性增强，改善了口感，而且在膨化过程中产生的美拉德反应又增加了食品的色、香、味。因此，膨化技术有利于粗粮细作，改善食品品质，使食品具有体轻、松脆、香味浓的独特风味。

膨化过程是一个高温短时过程，一些有害因子还未来得及作用便被破坏，从而避免了不良风味的产生。如使大豆制品产生豆腥味的脂肪氧化酶和大豆中的胰蛋白酶抑制因子等。

另外，膨化食品经高温（200℃）、高压处理，既可杀灭微生物，又能钝化酶的活性，同时膨化后的食品，其水分含量一般约为 5%～8%，限制微生物的生长繁殖，有利于提高食品的贮存稳定性，如密封良好，可长期贮存并适于制成战备食品。

（四）赋予制品较好的营养价值和功能特性

采用挤压技术加工以谷物为原料的食品时，加入氨基酸、蛋白质、维生素、矿物质、食用色素和香味料等添加剂可均匀地分配在挤压物中，并不可逆地与挤压物相结合，可达到强化食品的目的。由于挤压膨化是在高温瞬时进行操作的，故营养物质的损失小。

（五）食用方便，品种繁多

在谷物、豆类、薯类或蔬菜等原料中，添加不同的辅料，然后进行挤压膨化加工，可制出品种繁多、营养丰富的膨化食品。

由于膨化后的食品已成为熟食，所以大多为即食食品（打开包装即可食用），食用简便，节省时间，是一类极有发展前途的方便食品。

（六）原料的利用率高

用淀粉酿酒、制饴糖时，原料经膨化后，其利用率达 98% 以上，出酒率提高 20%，出糖率提高 12%；用膨化后的高粱制醋时，产醋率提高 40% 左右；利用大豆制酱油时，蛋白质利用率一般为 15%，采用膨化技术后，蛋白质利用率提高了 25%。

膨化食品的特点除了上述的优点外，还有不可忽视的缺点：①膨化食品的配方造成了它高脂肪、高热量、高盐、高糖、多味精，属于"四高一多"食品。有资料显示膨化食品中的脂肪含量约占 40.6％，热量高达 33.4％，对于需要丰富均衡的营养茁壮成长的孩子来说，长期大量地食用膨化食品必定会影响他们的健康。②膨化食品大量食用后易造成饱腹感，影响正常饮食，多种营养素得不到保障和供给，易出现营养不良。③膨化食品脂肪含量高，过多摄入后，会造成体内大量脂肪堆积，出现肥胖。④高盐、多味精对孩子的健康不好，成年后易导致高血压和心血管病。

四、挤压膨化的原理及特点

（一）挤压膨化的原理

挤压（extrude）一词来源于拉丁语"ex-"（离去）和"trudere"（推），即施加推动力使物料受到挤压并通过模具成型之后离去的过程。挤压食品种类很多，有蒸煮挤压食品、挤压组织化产品、挤压膨化产品等。挤压只是膨化的手段之一，将产品膨化还可采取其他技术（如气流膨化）。挤压膨化的生产原料主要是含淀粉较多的谷物粉、薯粉或生淀粉等。

含有一定水分的物料通过供料装置进入挤压机套筒后，利用螺杆的强制输送，物料受到来自外部加热和物料与螺杆及套筒的内部摩擦热的加热作用，使物料在高达 3～8MPa 高压和 200℃ 左右的高温状态下在挤压筒中被挤压、混合、剪切、混炼、熔融、杀菌和熟化等一系列复杂的连续处理，胶束即被完全破坏形成单分子，淀粉糊化，在高温和高压下其晶体结构被破坏，此时物料中的水分仍处于液体状态。当物料从压力室被挤压到大气压力下后，物料中的超沸点水分发生骤然蒸发，产生了类似于"爆炸"的情况，溶胶淀粉也随之瞬间膨化，水分从物料中的散失，带走了大量热量，使物料在瞬间从挤压时的高温迅速降至 80℃ 左右，从而使物料固化定型，并保持膨胀后的形状。

需要注意的是膨化过程中的压力和温度并不是固定的，应根据设备性能、原料粒度、原料水分含量、原料中各种成分含量、产品膨化度要求等的具体情况而定。

（二）挤压膨化过程中物料成分的变化

挤压膨化过程是一个物理过程，但物料在挤压机中挤出来时由于压力骤降和过热水汽的瞬间汽化而发生爆裂，使得物料在改变物理形状的同时也发生一些化学变化，正是这些变化产生了挤压食品独特的品质，如结构膨松、质地松脆、营养丰富、易于消化等。这些成分变化包括淀粉、蛋白质、氨基酸、酶、脂肪、纤维素、维生素等的变化和香味成分的形成等。

1. 纤维

纤维包括纤维素、半纤维素和木质素，它们在食品中通常充当填充剂。纤维经挤压后其可溶性膳食纤维的量相对增加，一般增加量在 3％左右，这是挤压过程中的高温、高压、高剪切作用使物料体积可膨胀 2000 倍，巨大的膨胀压力不仅破坏了颗粒的外部状态，而且也拉断了粮粒内部的分子结构，将部分不溶纤维断裂形成可溶性纤维。由于可溶性膳食纤维对人体健康具有特殊的生理作用，因此采用挤压手段开发膳食性纤维无疑是一个很好的方法。

2. 淀粉

淀粉在挤压进程中的变化主要有糊化、糊精化和降解。挤压作用能促使淀粉分子内 α-1,4 糖苷键断裂而生成葡萄糖、麦芽糖、麦芽三糖及麦芽糊精等低分子量产物，致使挤压后产物淀粉含量下降，但挤压对淀粉的主要作用是促使其分子间氢键断裂而糊化，糊化后的淀粉其口感、营养、存贮及冲调速食性能均有显著提高，淀粉分子在膨化过程中可断裂为短链糊精和降解为可溶性还原糖，而使溶解度、冲调性、消化率和风味口感得到提高。淀粉在挤压过程中糊化度的大小受挤压温度、物料水分、剪切力、螺杆结构及在挤压机内的滞留时间、模头形状等因素影响。

淀粉有直链淀粉与支链淀粉之分，它们在挤压过程中表现出不同的特征。就膨化度而言，总的趋势是淀粉中直链淀粉含量升高则膨化度降低，据有关报道说 50％直链淀粉与 50％支链淀粉混合挤压可得到最佳的膨化效果。

3. 蛋白质

从物理特性来说，挤压使蛋白质转变成一种均匀的结构体系；从化学观点来说，挤压过程是以某种方式贮藏性蛋白质重新组合成有一定结构的纤维状蛋白体系。此外，挤压过程还会引起蛋白质营养的变化。

谷物膨化后蛋白质含量略有减少，如玉米挤压膨化后蛋白质含量由 9.61％减少到 8.67％。高温、高压、高剪切作用使蛋白质的分子结构发生伸展、重组，分子表面的电荷重新分布，分子间氢键、二硫键部分断裂，导致蛋白质变性，但蛋白质的消化率明显提高。一部分蛋白质裂解为多肽和氨基酸，一部分氨基酸总量有所增。但也有一些氨基酸减少，如赖氨酸损失 13％～37％，蛋氨酸损失 26％～28％，精氨酸可损失 20％，损失主要来源于美拉德反应，也与挤压过程条件的剧烈性有关。

在豆类作物种子中，含有一种抗营养物质，是抗胰蛋白酶因子，它能抑制消化液中的胰蛋白酶作用，从而易造成消化不良，而挤压过程的高温高压在不损害蛋白质营养价值的前提下使抗胰蛋白酶因子失活，增加了豆类蛋白质的营养价值。抗胰蛋白酶因子可用作指示剂来确定双螺杆同向旋转膨化机的膨化强度，这是根据抗胰蛋白酶因子在挤压过程中失活钝化与滞留时间的关系得出的。

挤压加工对酶的作用既有积极的方面，也有消极的方面，积极的作用有使脂肪酶、过氧化物酶、脂肪氧化酶、黑芥子苷酸酶、脲酶等失活，而消极作用是使淀粉酶、植酸酶失活。

4. 脂肪

在挤压过程中，原料中绝大多数脂肪与淀粉、蛋白质形成了复合物，降低了挤出物中游离脂肪的含量。脂肪复合体的形成使得脂肪受到淀粉和蛋白质保护作用，对降低脂肪氧化程度和氧化速度，延长产品货架期起积极作用，同时改善产品质构和口感。此外，脂肪在挤压过程中，除了生成脂肪复合体外，还会产生不饱和脂肪酸和顺反式异构体。

5. 其他

挤压中高温、高压使物料中的风味成分发生变化。部分香味物质随水蒸气挥发而被闪蒸，另一方面新风味物质的形成，特别是食品中还原糖与含氮化合物发生的美拉德反应，为物料提供良好的风味。此外在保存过程中，由于糊化淀粉和蛋白质的存在，对香气又有一定的保护作用。

相对于食品加工的其他方法而言，挤压膨化过程是一种高温短时过程，物料挤出后，由于水分的闪蒸，温度下降较快，因此物料中维生素的损失较小，矿物质也无大变化，一般新聚合物的形成会降低矿物质的有效营养价值，但淀粉糊化对矿物盐的包埋作用，又使其得到改善。

（三）挤压膨化技术的特点

1. 应用范围广

膨化与挤压技术能用于对各种原料的加工，如豆类、谷类、薯类等，还可加工蔬菜及某些动物蛋白等。除广泛用于食品加工外，在饲料、酿造、医药、建筑等方面亦广为采用。

2. 工艺简单，成本低

谷物食品加工过程一般需经过混合、成型烘烤或油炸、杀菌、干燥等工序，并配置相应的各种设备。而采用挤压方式加工，由于在挤压过程中同时完成混炼、破碎、杀菌、压缩成型、脱水等工序而制成膨化产品，使生产工序显著缩短，制造成本降低，且可节省能源20%以上，是一种节能的新工艺。

3. 能使用低价值原料，便于粗粮细作

许多粗粮中富含矿物质、维生素、必需氨基酸等营养成分，符合人体营养需要，但粗粮口味粗糙而受到人们的冷落。膨化加工后，能改变物料的组织结构、密度和复水性能，质地变柔软，口感和风味得到改善，消化吸收率提高，可将粗粮原料加工成高品质的食品。

4. 设备占地面积小，生产能力高

用于加工膨化食品的设备简单，结构设计独特，可以较简便和快速地组合或

更换零部件而成为一个多用途的系统。加工单位重量产品的设备所需占地面积很小。例如，BC45 型双螺杆挤压机包括自动控制机在内所需占地面积仅为 $8m^2$，这是其他任何食品蒸煮加工系统所不及的。

膨化加工技术可连续生产，生产能力高，并可在一定范围内进行调节。小型设备的生产能力为 $30\sim50t/h$，大型设备的生产能力达 $10t/h$ 以上。

5. 无废弃物

只要管理严格，生产过程中将无废弃物排放。

五、挤压膨化技术的设备及挤压膨化食品的生产工艺流程

挤压膨化设备是由挤压膨化机及其辅助设备两部分构成。挤压型膨化设备加工过程是将物料的输送、混合、熟制、膨化、成型等工序合在一起，即物料在输送过程中受到挤压，由于温度和压力的升高，物料形成改性的糊状物，通过成型模具后，由于温度、压力的突然降低，熟化了的流态物料体积迅速膨胀，经切割及冷却定型后，即成为膨化食品。目前，挤压型膨化设备是国内外应用最广的膨化设备。

（一）挤压膨化机

1. 挤压膨化机的分类

食品挤压机的类型很多，分类方法多种多样。可按挤压机螺杆数量、挤压过程剪切力、加热形式、挤压机使用功能等进行分类。

按螺杆数量分有单螺杆挤压机和双螺杆挤压机两种，多螺杆挤压机在食品加工中应用尚少。在机筒内只有一根螺杆旋转工作，物料借螺杆和机筒对其的摩擦来输送的为单螺杆挤压机；双螺杆挤压机是在机筒内并排安装有两根螺杆同时转动工作，两根相互连续啮合的反向或同向旋转的螺杆靠正位移原理强制输送物料。其主要区别如表 8-1 所示。

表 8-1　双螺杆与单螺杆的主要区别

项目	单螺杆挤压机	双螺杆挤压机
输送原理	摩擦	滑移
加工能力	受物料水分、油脂等限制	一定范围内不受限制
物料允许水分/%	$10\sim30$	$5\sim95$
物料内热分布	不均匀	均匀
剪切力	强	弱
逆流产生程度	高	低
自治作用	无	有
刚性	高	轴承结构易损
制造成本	低	高
排气	困难	容易

按挤压过程剪切力的高低分高剪切力挤压机和低剪切力挤压机。高剪切力挤压机在挤压过程中能够产生较高的剪切力和提高工作压力。低剪切力挤压机在挤压过程中产生的剪切力较小，主要用于混合、蒸煮、成型。其主要区别如表8-2所示。

表 8-2　低剪切与高剪切挤压机的性能特征比较

项目	低剪切力	高剪切力
进料水分/%	20~35	13~20
成品水分/%	13~15	4~10
挤压温度/℃	150 左右	200 左右
转速/(r/min)	较低(60~200)	较高(250~500)
螺杆剪切率/s^{-1}	20~100	120~180
输入机械能/(kW·h/kg)	0.02~0.05	0.14
适合产品类型	湿软产品	植物组织蛋白,膨化小食品
产品形状	可生产形状较复杂产品	可生产形状较简单产品
成型率	高	低

按加热形式分自加热式和外加热式两种。自热式挤压机是高剪切挤压机，挤压过程中所需的工作温度全部来自于物料与螺杆、机筒之间的摩擦产生的热量，生产过程中的温度难以控制。外加热式挤压机可以是高剪切力的，也可以是低剪切力的，物料温升所需热量除来自机械能转化过来的热能之外，还能通过外部加热获得所需的工作温度，加热器一般设在机筒内。可用蒸汽加热、电磁加热、电热丝加热、油加热等方式加热。其主要区别如表8-3所示。

表 8-3　自热式与外热式挤压机的主要区别

挤压机	进料水分/%	成品水分/%	筒体温度/℃	转速/(r/min)	剪切力	适合产品	控制
自热式	13~18	8~10	180~200	500~800	高	小吃食品	难
外热式	13~35	8~25	120~350 (可调)	可调	可调	适应范围广	易

挤压机按照功能分还可分为单一功能挤压机和多功能挤压机。单一功能挤压机适应性单一，产品品种少；而多功能挤压机可通过挤压机某些元件如螺杆、螺套的改变，把低剪切功能变为高剪切功能，把低压缩比变为高压缩比等，以适应不同产品的生产。

2. 挤压膨化机的组成

挤压膨化机的构造如图 8-1 所示。

（1）驱动系统　驱动装置由机座、主传动电机、减速器、止推轴承和联轴器

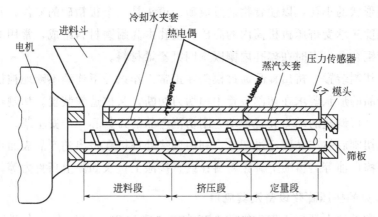

图 8-1　典型挤压膨化机结构图

等组成。常用可控硅整流器控制的直流电动机来迅速和准确地调节螺杆旋转速度，并用齿轮减速器或链条或带传动减速。

（2）进料系统　进料系统包括干料、液料的贮存器和输送装置。

干料贮斗常带有振动装置，以防物料结块架桥而中断输送，降低产品品质或造成焦化阻塞，甚至停机清洗。输送干物料的方法有三种：电磁振动送料器，它是利用改变振动频率和摆幅来控制供料速度；螺旋输送器，用直流电机并经减速器调节螺旋转速来控制进料量；称量皮带式送料，称量皮带既有输送干料作用，又可连续称量，随机调节送料速度。

一台挤压机通常有二至三个贮液槽，由定量泵将液体原料送入挤压机中。一般贮液槽带有搅拌器和加热器，以确保液体物料混合均匀和降低黏度。最常用的液料输送装置是正位移泵，只要调节旋转泵的转速或柱塞泵的行程就可达到定量送液的目的。借调节输液管中的针形阀可以准确地调节进液量，针形阀的位移也通过隔膜自动调节。

（3）螺杆　挤压机中的螺杆可依其在机筒内的不同位置和作用分为三个部分。

进料段：通常此段螺旋的螺牙较深，以使足够的原料进入挤压机内并充满机筒。如果机筒内原料不足，则会形成"饥饿喂料"。进料段约占螺杆总长的10%～25%。

挤压段：螺纹的螺距逐渐减小，沟较浅。挤压段的作用是对物料产生压挤和剪切，使颗粒原料转变成不定形塑性面团，此段通常占挤压机螺杆总长的1/2。

定量供送段：也称限流量，此段靠近模头，螺纹较浅，物料所受的摩擦剪力最大，消耗机械能也最多，物料处于高温高压状态。

（4）成型装置　挤压机的成型装置是赋予食品形状和结构的重要部件，它由模头、切刀和输送器组成。模头借螺钉固定在机筒出料端的法兰上，模头上有若干个不同形状的小孔，以便食物通过成型。模头是一个很精确的零件，并要求有足够的强度来承受挤压机机筒内的高压。模孔由高耐磨材料组成，常用的材料有铬钢、青铜合金，有时在模孔内镶嵌聚四氟乙烯材料。

（5）切割装置　挤出食品通过模头在正常工作条件下连续不断地被挤出，然后根据产品的形状要求在切割装置中用切刀切断，又称造粒装置。切割器的主要结构是一个可调速的动力装置带动一副切割产品的刀具和一个安全罩。

挤出切割后的产品要经过调味，利用调味处理机在挤出的产品表面均匀喷上食用油如棕榈油等，再喷上调味粉料；或直接涂上包衣如涂上巧克力等。

3. 常见的挤压膨化设备及其应用

国内常见的小型挤压膨化机的生产能力一般为 $20\sim50kg/h$，大型设备的生产能力可达 $5\sim10t/h$。

（1）PPHJ 型双螺杆挤压膨化机　PPHJ 型双螺杆挤压膨化机是一种国产中小型双螺杆挤压膨化机，采用双螺杆结构，螺杆、筒体采用"积木式"设计，主机无级调速、碳化硅电加热、通过温控仪表自动控制加热温度。此挤压膨化机适合加工花式、品种各异的膨化食品，如麦圈、玉米片、快熟面、快餐粥、方便糊、淀粉 α 化等。也适用于一次浸出油料的挤压膨化，如米糠等。

（2）TXP-160 型油料膨化机　TXP-160 型油料膨化机是一种国产单螺杆中型挤压设备，采用单螺杆、不等距单螺旋结构，结构较简单。其适用于油厂、米厂、大豆蛋白厂和饲料厂，用于膨化米糠、大豆、玉米、大米粉以及饲料等物料。

（3）SSEP 系列双螺杆湿法膨化机　SSEP 双螺杆湿法膨化机是一种国产大型双螺杆湿法膨化机，采用无级调速喂料器，喂料较均匀。其适用于加工高品质的膨化食品、水产养殖膨化料（浮性、沉性）、幼小动物膨化料及畜禽膨化料等。

（4）SSLP80 双螺旋干法膨化机　SSLP80 膨化机是一种双螺杆干法膨化机，运用无级调速喂料器，电加热，无需蒸汽，自清理功能，变更配方及产品品种时，无需停车清理；螺杆长径比较小，有很强的泵送作用，物料推进速度较快，螺杆出料模头采用脱卸式，更换方便，可生产圆柱状及其他特殊形状的产品；切粒刀转速能够无级可调，配合模具可随意制造出各种所需形状和规格的物料。适用于膨化大豆，生产高脂肪、高水分的宠物饲料和特殊的水产饲料。

（5）YPHD 油料挤压膨化机　YPHD 系列膨化机是一种国产单螺杆大中型油料挤压膨化机，单螺杆结构，采用旋转液压出料，中间设精确的蒸汽喷射，膨化物料均匀、膨化透彻，操作简单，使用寿命长。适用于大豆、菜籽、棉籽等油料。

（二）挤压膨化食品的生产工艺流程

1. 工艺流程

原料混合—预处理（调整水分）—挤压蒸煮、膨化、切割成型—烘烤或油炸—冷却—喷涂、包被—称重、包装—成品。

2. 操作要点及注意事项

（1）原料　生产所用的原料一般是玉米粉、米粉、燕麦粉、淀粉、豆粉、小麦粉、马铃薯粉等，其他辅料包括糖、油脂、奶粉、盐、味精、调味料等。挤压机的类型不同，对原料的要求也不一样，有些挤压机所允许的物料不需要进行预先粉碎，以颗粒状直接进入，这一类往往是剪切力比较高的挤压机。但是以这样的方法进行生产时，由于原料和辅料的粒度不一样，配料一时难以达到较好的均匀性，因此大多数情况是将原料进行粉碎后再进行挤压膨化生产。原料的粒度一般高于 50 目即可达到要求。生产时要根据具体情况进行选择。如果设备的剪切力比较高，生产的目的仅是为了利用挤压对原料进行预处理，不需要其他调味料和辅料，则可以直接用颗粒物料，从而省去了预先粉碎等加工过程。

（2）挤压　挤压过程是膨化食品的重要加工过程，是膨化食品结构形成、营养成分形成的阶段。在实际生产中一般还需将挤压膨化后的食品再经过烘焙或油炸等处理以降低食品的水分含量，延长食品的保藏期，并使食品获得良好的风味和质构；同时还可降低对挤压机的要求、延长挤压机的寿命、降低生产成本。

生产时分一次挤压成型和两次挤压成型。一次挤压成型即是原料经过一次挤压之后，直接进入后期的加工，采用一次挤压法生产，所使用设备的剪切率要求比较高，生产过程中的温度也比较高，一次挤压法生产出来的产品的膨化度比较大，但成型率相对较低，难以生产出较复杂的产品造型。两次挤压成型则是采用两台挤压机进行作业，原料经第一台挤压机之后，仅仅完成了蒸煮熟化的作用，经过第二台挤压机后，才完成了成型，两次挤压法生产过程中的温度可以低一些，即使生产造型复杂的产品，其成型率也比较高。

生产夹心挤压膨化食品采用共挤出生产工艺。共挤出工艺与一般的挤压生产工艺原理完全一致，不同之处是共挤出生产工艺要使用共挤出模具。原料经共挤出模具挤出后，成为筒状的造型，而夹心料也同时经过夹心料输送装置的输送，直接进入筒状造型内，从而生产出夹心产品。该种类型的挤压机除了要求用共挤出模具之外，还需要在原有挤压机的基础上加夹心物料输送装置。

挤压温度一般控制在 150～200℃，螺杆转速为 200～350r/min，压力为 0.8～1.0MPa，原料滞留时间为 10～20s。在相同的条件下，温度高，膨化度大。

为了提高产品的保存性能，改善其口感和松脆性，挤出产品往往要进行烘干或油炸处理。烘烤温度一般控制在 70~80℃，烘烤时间一般控制在 10~15min，经烘烤后，产品的水分含量降低，还会产生烤香味。挤出产品经油炸后，可以进一步提高其膨化程度以及改善产品的口感和风味。需要注意的是，经油炸后的产品要经过脱油处理，以便除去黏附在产品表面上的油脂。否则产品外观显得十分油腻，在保存过程中还容易氧化，降低产品的货架期。

（3）喷涂和包被　为获得不同风味的膨化食品，还需进行调味处理，产品后期的喷涂和包被是对产品进行风味改善的重要环节。常用的喷涂调味料有脂溶性调味料、水溶性调味料和固体粉末物料。用水溶性调味料时，喷涂后要经烘烤处理；用脂溶性调味料时，可以将调味料混合在油脂中，然后一起喷洒到产品的表面；采用固体性粉末调味料，一般是先在产品的表面进行油脂的喷涂，然后再将调味料喷洒在产品的表面并黏附在产品的表面上。

根据产品口味的要求，包被处理可以直接在挤出产品上进行，也可在产品喷涂调料后进行。用作包被的浆料通常是一定浓度的糖浆或巧克力浆。糖浆浓度一般控制在 40%~70%。若糖浆的浓度太低，则水分太多，膨化食品容易受潮，得不到松脆的产品；如果糖浆的浓度太高，则难以使糖浆浸渍到产品组织中。糖浆中可以按需要预先调和好调味品、赋香剂、色素等。挤出物或经喷油、喷涂后的产品可直接浸渍到糖浆中，也可用喷涂的方法喷涂到产品的表面。若采用浸渍的方法，要控制好浸渍的时间，浸渍的时间与温度和糖浆的浓度有很大的关系。浓度低、温度高时，浆液易渗透到产品组织中去，浸渍的时间可以短些。反之，浆料的渗透速度慢，相应的时间要长些。若糖浆浓度为 55%，温度为 80℃，浸渍时间一般控制在 10~20s。采用喷涂方法，也要控制好浆料的浓度和温度，温度低、浓度大则喷涂到产品表面后的均匀性差，要以喷涂到产品表面上的浆料均匀为标准。

包被后的产品通常要在离心机中进行离心操作，将产品表面上黏附的过多的浆液除去。然后将产品放在 80℃左右的条件下进行干燥处理，直到浆料固化成型。用这种方法生产出的产品松脆、不粘牙，调味糖浆的味能够渗透到产品组织结构中去，入口融化，产品味美有光泽，色调均匀。

（4）包装　膨化制品在调味、包被及干燥后，应立即包装，密封防潮，以免再度吸水。包装时要求包装材料的密封性要好、透水性差。对于油脂含量高的产品，包装材料的透光性也要差，防止光照引发的氧化。

六、在食品中的应用

由于在挤压膨化过程中，不仅可使物料中所含的淀粉糊化、蛋白质变性、油脂细胞破裂，而且高温能使物料细胞间层及细胞壁各组分（包括木质素、纤维素、半纤维素等）发生水解，部分氢键断裂而吸水，加之物料挤出喷嘴时，压力的突然降低可使物料的细胞壁变得疏松、表面积大幅度增加。因此，挤压膨化技术作为一种物料质构重组技术在果蔬、禽、畜、粮油、水产等农产品中得到广泛利用。

（一）在休闲食品加工中的应用

膨化食品是将挤压技术应用于食品加工中最先获得成功的产品。以大米、玉米等谷物类及薯类为主要原料，经挤压蒸煮后膨化成型成为疏松多孔状产品，再经烘烤脱水或油炸后，在表面喷涂一层美味可口的调味料，玉米果、膨化虾条等即属这一类。另一类为膨化夹心小吃食品，通过共挤压膨化制成，即谷物类物料在挤压后形成中空的管状物，将蛋黄粉、糖粉、奶粉、调味料、香料等各种配料按一定比例加入后，经充分搅拌混匀成为具有较好流动性的夹心料，在膨化物挤出的同时将馅料注入管状物中间。经此道工序加工的膨化夹心小食品，不仅口感酥脆，风味随夹心馅的改变而具多样性，而且可通过改变其中的夹心料的配方，加工出各种营养强化食品、功能食品。

（二）在组织化植物蛋白生产上的应用

组织化植物蛋白的生产是利用含植物蛋白较高（50％左右）的原料（大豆、棉籽等），在一定的温度和水分下，由于受到较高剪切力和螺杆定向流动的作用，蛋白质分子的三级结构被破坏，形成相对呈线性的蛋白质分子链，当被挤压经过模具出口时，蛋白质分子成为类似纤维状的结构。植物蛋白经组织化后，改善了口感和弹性，扩大了使用范围，提高了营养价值。与动物蛋白相比，具有价格低、不含胆固醇、保质期长、易着色、易增香添味等特点，可制成多种不同的食品。例如可添加于肉食原料中作为肉类填充料，代替肉、鱼、禽类制成仿肉类食品等。美国已将这类肉类补充品加入到汉堡牛排、肉糕、三明治中，在汉堡牛排中替代肉类的加入量高达 30％。

（三）在油脂浸出中的应用

传统的制油工艺多采用预榨浸出法。对于双低油菜子或无腺体棉子，为利用其蛋白质资源，将对这些油料首先进行很好的剥壳（皮）及仁壳（皮）分离，然后再预榨-浸出、低温脱溶。但实践证明，对于高含油油料作物来说，不易于预榨，直接进行浸出，也很难保证脱脂粕达到预期的残油率。而此类油料在脱壳（皮）后，先经挤压膨化机处理，预先挤出部分油脂，并形成一定结构的料粒再进行浸出，是一项比较理想的新技术。

挤压膨化即组织化或结构化，料坯经过高温（120～180℃）挤压以及固定螺栓的揉搓作用，能迅速而彻底地破坏油料细胞，使油脂微滴均匀扩散并凝聚。油料在挤压机内充分混合，并且被加热、加压、胶合、糊化而产生组织变化。当油料被挤至出口处，由于油料内外压力瞬间从高压转变为常压，内部水分迅速蒸发出来，油料也随之膨化成型。膨化油料由于蛋白质结构变化形成许多细微孔且又结实的颗粒"熟坯"，达到有利于浸出的目的。

目前，在美国、巴西、印度、瑞士等国家均有挤压膨化机生产厂家，其中以美国安得森国际公司（Anderson International Corp）生产的带预榨的、用于处理高含油料的挤压膨化机尤为引人注目。据报道，其产量已高达 300t/d。在我国，郑竟成等研制的 YGPH175 型高含油油料膨化机性能如下：处理量 35t/d，主轴转速 400r/min，物料在机膛停留时间约 1min，出料温度 70℃，膨化料含油25%，膨化料含水 8%，配备动力 44kW。

油菜子膨化料经浸出后，湿粕含溶剂为 30%，浸出粕中残油率 1.5% 以下；对于棉子的挤压膨化浸出，可使棉仁浸出粕残油率达 1% 以下。

（四）在发酵调味品工业中的应用

谷物经膨化处理后，淀粉和蛋白质等大分子物质的分子结构发生巨大变化，原料的表面积增大，大分子物质降解，糊精、还原糖和氨基酸等小分子物质含量增加，脂肪含量大大降低，有利于菌种的生长和发酵。微生物可以直接利用原料中的各种营养成分并迅速调节其本身的代谢机制，缩短了迟滞期，促进个体的旺盛生长，分泌大量的酶有利于提高种曲的蛋白酶活力、缩短发酵间期和提高出品率。由于物料挤压后呈片状或蜂窝状结构，体积膨胀，增大了与酶的接触面积，加快了酶与酵母的作用进程，减少了酶和酵母的用量，缩短了发酵周期，因此作为发酵工业的原料，挤压膨化后的谷物原料均优于蒸煮糊化原料。试验表明，利用挤压膨化原料生产食醋，原料出品率可提高 40%～50%，而且酵母和曲的用量也要减少，发酵时间比传统工艺缩短 10d 左右。用扫描电子显微镜观察到，膨化后的豆粕呈片状或网状结构，从而导致其性质发生变化。用膨化原料生产酱油制曲，与传统工艺制曲相比其蛋白酶活力提高 19%。

另外，膨化技术应用在酿酒工业同样具有许多优点：膨化可改变谷物结构，增大酶作用面积，从而缩短发酵周期，提高原料利用率；膨化还可使原料淀粉获得较高的 α 化度，因而有利于糖化，可省去蒸煮或糊化工序，从而可节约能源，简化工序；膨化过程对原料进行高温高压灭菌，可减少发酵过程中酸败损失，降低成品的酸度，改善产品卫生状况。

（五）在谷物片粥快餐食品中的应用

谷物片粥快餐食品是挤压膨化技术应用的一个典型例子，它成功地革新了传统快餐食品的制造工艺。利用挤压膨化技术加工谷物片粥食品，避免了老工艺的许多局限性，无需昂贵的设备投资，也不需要锅炉，生产过程连续，无废水及废弃物。

（六）在膨化玉米粉生产冰激凌中的应用

玉米含有丰富的蛋白质、脂肪、维生素和矿物质，并含有人体必需的赖氨酸和色氨酸等。过去人们在利用玉米做饮料和冰激凌时，通常要经过粉碎、磨浆、糊化等多道前处理工序，工艺复杂、费时。大连产品质量监督检验所的金芳研究使用挤压膨化机处理物料，将玉米粉膨化成海绵状，淀粉高度 α 化，并且淀粉、蛋白质成分发生降解，糊精、还原糖、氨基酸等成分含量增加，使原料的水溶性增强，有利于消化吸收，而且口感香酥，代替淀粉添加到冰激凌原料中，可制成具有烤玉米风味的冰激凌。

（七）其他应用

由于挤压膨化能起到预糊化的作用，将其应用于抗性淀粉（resistant starch RS）制备的预处理中，能提高淀粉的糊化度。已有资料报道，淀粉经挤压膨化处理后，其糊化度能达到 90％以上，而传统工艺糊化率仅为 80％～90％。

挤压膨化技术在开发保健混合粉中也得到了应用。黑米、薏米、荞麦粉等都具有较高的营养价值和保健功能，但是质地坚硬，正常的蒸煮难以糊化，不易被消化吸收。将这几种原料配合后进行挤压膨化制成具有保健功能的混合粉，此混合粉是预糊化淀粉，可直接食用或作为辅料应用于食品工业，如主食品馒头、饺子、面包等。

此外，将膨化挤压技术应用于微胶囊产品中，微胶囊表面孔面积非常小，能防止挥发和氧气的渗入；表面油量小，货价寿命长；操作温度较低，对风味物质的损害小；具有吸引人的颜色、大小和外观，适合于对外观有较高要求的产品；应用于以大豆粉、鱼粉、羽毛粉等饲料蛋白资源，以及鸡粪、动物内脏废弃物和某些农副产品等饲料原料的加工中，可使一些天然的抗生长因子和有毒物质被破坏，导致饲料变劣的酶被钝化或失活，饲料的一些质量指标得以提高。毒性成分的减少也提高了蛋白酶的消化率，蛋白质利用率得以明显改善，饲料适口性将更好。

随着对挤压膨化机理研究的不断深入，为挤压膨化技术在众多领域中的广泛应用提供了理论依据。挤压膨化技术是一种节能、保鲜、提高原料利用率及生产效率的新型加工技术，在许多领域已经取得显著的经济效益，具有广阔的应用前景。

七、挤压膨化技术的发展方向

（1）膨化机理的研究　膨化技术涉及数学、物理、化学、热学、电学、机械学、计算机、流变学等多门学科，要真正地掌握这门技术，必须在膨化实践中反复深入地开展膨化机理及其物料流变学的研究，用膨化理论进一步指导膨化工艺，不断完善、提高膨化工艺水平。

（2）膨化工艺参数的研究　确定物料膨化时适宜的工艺参数，不仅可以发挥设备的最大工效，降低生产成本，而且可使膨化质量最优，提高物料的前处理效果。

（3）膨化设备的研究　对膨化机的种类、大小、螺杆构造、磨损速度、模孔数量、模孔直径等进行研究，提高膨化机的生产性能和对原料的广泛适应性。

第二节　食品气流膨化技术

一、气流膨化技术的原理及过程

（一）气流膨化技术的原理及区别

气流膨化与挤压膨化的原理基本上一致，即谷物原料在瞬间由高温、高压突然降到常温、常压，原料水分突然汽化，发生闪蒸、产生类似"爆炸"的现象。由于水分的突然汽化闪蒸，使谷物组织呈现海绵状结构，体积增大几倍到十几倍，从而完成谷物产品的膨化过程。

但是，气流膨化与挤压膨化具有很大的区别。第一，加热方式不同，挤压膨化机具有自热式和外热式；气流膨化所需热量全部靠外部加热，其加热形式可以采用过热蒸汽加热、电加热或直接明火加热。第二，高压形成的方式不同，挤压膨化高压的形成是物料在挤压推进过程中，螺杆与套筒间空间结构的变化和加热时水分的汽化，以及气体的膨胀所致；而气流膨化高压的形成是靠密闭容器中加热时水分的汽化和气体的膨胀所产生。第三，原料不同，挤压膨化适合的对象原料可以是粒状的，也可以是粉状的；而气流膨化的对象原料基本上是粒状的。挤压膨化过程中，物料会受到剪切、摩擦作用，产生混炼与均质效果；而在气流膨化过程中，物料没有受到剪切作用，也不存在混炼与均质的效果。

在挤压膨化过程中，由于原料受到剪切的作用，可以产生淀粉和蛋白质分子结构的变化而呈线性排列，可以进行组织化产品的生产，而气流膨化不具备此特点。挤压膨化不适合于水分含量和脂肪含量高的原料的生产；而气流膨化在较高的水分和脂肪含量情况下，仍能完成膨化过程。挤压机的使用范围较气流膨化机的使用范围大得多。挤压机可用于生产小吃食品、方便营养食品、组织化产品等多种产品。但是，气流膨化设备目前一般仅限于小吃食品的生产。主要区别如表8-4 所示。

表 8-4　热挤压膨化与气流膨化的主要区别

项目	气流膨化	热挤压膨化
原料	主要为粒状原料，水分脂肪含量高时，仍可进行生产	粒状、粉状原料均可，脂肪和水分含量高时，挤压加工及产品的膨化率会受到影响一般不适合高脂肪原料加工
加工过程中的剪切力和摩擦力	无	有
加工过程中的混炼均质效果	无	有
热能来源	外部加热	外部加热和摩擦生热
压力的形成	气体膨胀，水分汽化所致	主要是螺杆与套筒间空间结构变化所致
产品外形	球形	可以是各种形状
使用范围	窄	广
产品风味及质构	调整范围小	调整范围大
膨化压力	小	大

（二）气流膨化过程

气流膨化过程可分为 3 个阶段，第一阶段为相变增压阶段，将处理好的原料置于压力罐内，加热使物料内部的液体因吸热或过热发生汽化，罐内压力开始升高；第二个阶段为释压膨化阶段，当罐内压力增大到预期值后（当原料温度上升到超过 100℃，即水蒸气处于过热状态），此时迅速打开连接压力罐和真空罐的减压阀，压力罐迅速卸压，瞬间形成巨大压差，物料内部水分闪蒸逸出带动物料体积膨胀；第三阶段为定型固化阶段，由于压力骤降使物料内部水分闪蒸，导致果蔬表面形成均匀的蜂窝状结构，失水后再继续干燥物料，直至达到所需的水分湿含量，使已膨胀的组织定型，一些大分子物质被固化，形成海绵状的膨化产品，停止加热，使加压罐冷却至外部环境温度时破除真空，打开盖，取出产品进行包装，即得到膨化产品。

气流膨化的顺利进行需要特定条件。其一，在膨化发生以前，物料内部必须均匀含有安全的汽化剂，即可汽化的液体；其二，从相变段到增压段，物料内部能广泛形成相对密闭的弹性气体小室，同时，要保证小室内气体的增压速度大于气体外泄造成的减压速度，以满足气体增压的需要；其三，构成气体小室的内壁材料，必须具备拉伸成膜特性，且能在固化段蒸汽外溢后，迅速干燥并固化成膨化制成品的相对不回缩网架结构；其四，外界要提供足以完成膨化全过程的能量，包括相变段的液体升温需能、汽化需能、膨胀需能和干燥需能等。对于食品物料而言，最安全的液体就是所含的成分水，成膜材料则是其中的淀粉、蛋白质等高分子物质，而成品的网架材料除淀粉、蛋白质外，少量其他高分子物质亦可充填其间，如纤维素等。

（三）工艺流程

与挤压膨化一样，气流膨化的工艺流程也十分简单。其流程和操作要点如下所述。

1. 工艺流程

原料处理—水分调整—进料—加热升温升压—出料膨化—调味—称量—包装

2. 操作要点

（1）原料 用于气流膨化的原料多为谷物类，主要以粒状形式，一般要求原料表面有较致密的皮层或膜，以利于其内部产生较高的膨胀压力。

（2）清理除杂 为保证产品的食用卫生质量，在加工前必须除去原料中的泥块、石块、杂粮粒、金属杂质等，通常可根据杂质与原料间的粒度、相对密度、金属性等方面的差异，采用筛分、风选、磁选等手段对原料进行清理。有时，对黏附在原料表面的泥土等杂质还必须采用擦刷或水洗。常用的清理设备有振动筛、相对密度去石机、磁选器等。

（3）水分调节 一般情况下，气流膨化时要求原料水分含量控制在13％～15％，这是粮谷类食物的一般水分含量。有时根据产品质量要求，需要调整提高水分含量。调整时，采用喷雾着水的方式加水，为了使水分均衡，应该在原料喷水之后，让它有一段恒温恒湿的时间，即均湿过程。

（4）进料 经处理过的物料由进料器送入加热器中，对于间歇式气流膨化机，物料进出加热器均需在停机状态下进行。而连续式膨化机则必须满足进料的连续，由于气流膨化机加热室中的压力可达0.5～0.85MPa，因此，要求进料器在完成连续、均匀、稳定进料的同时，必须保证加热器始终处于密封状态，保证加热室中压力不产生下降或波动，否则难以掌握和控制加热室中物料的受热程度，影响产品的质量。目前，连续式气流膨化机的进料器一般是摆动式密封进料器和旋转式密封进料器。

（5）加热升温升压 物料的升温升压在加热室中完成。加热室的作用是使物料在一定的时间内升温到一定程度，使谷物积聚能量，并创造高温高压环境，温度可达250℃或更高，一般控制在200℃左右，压力可达0.5～0.8MPa，因此，加热室必须耐温耐压。大部分加热室是采用过热蒸汽和电加热。同时，为充分利用能源，防止热量损失，避免车间温度太高，加热室应有良好的绝热保温层。为了保证产品质量，物料在加热室中受热均匀，防止物料局部受热过度而焦化，加热器中应设有翻动和输送物料的机构，常用的有螺旋输送机、多孔板构成的链带式输送机、振动力床、流化床等。

（6）出料膨化 被加工原料在加热室中蓄积大量能量，达到一定的温度和压力后，通过出料器放出而膨化。对间歇式气流膨化机而言，加热结束后，打开加热器密封门让物料喷爆而出即可。而对连续式气流膨化机而言，要求出料器能保障物料均匀连续地从加热室中排出，并完成膨化任务，同时还要做到气密状态下排料，不能在出料时造成加热室压力下降或波动。常用的出料器有旋转式密封出料器和旋转活塞式密封出料器。

（7）调味和包装　为了迎合消费者的需求，增加膨化产品的种类，出料后要进行适当的调味，不同的调料调制不同的风味，如烧烤味、孜然味等。为保证产品的酥脆性，要求把调味料均匀喷洒在膨化产品的表面后立即称量包装。包装材料可根据保存时间来选择，可采用涂蜡玻璃纸、金属复合塑料薄膜袋等进行包装，一般采用充氮包装。

二、气流膨化设备

气流膨化设备主要分传统间歇式气流膨化设备、电加热式气流膨化机、过热蒸汽加热式气流膨化机、气流式连续膨化设备、流动层式连续膨化机、带式连续膨化机等几类。

1. 传统间歇式气流膨化设备

该类设备比较简单，易于操作，原料适应范围广，典型的代表是我国民间广泛使用的手摇式爆米花机，也是最原始的膨化设备。此类设备靠外部加热，空气在密封的容器内受热后压力升高，从而在开启膨化机的瞬间达到高温高压状态，物料发生膨化。间歇式膨化设备的生产工艺主要有 4 个过程，即装料、加盖密封、加热加压、开盖膨化（如图 8-2 所示）。但是这类设备有许多不足之处：首

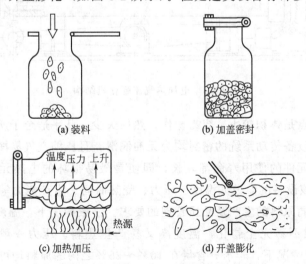

(a) 装料　　　　　　　　　(b) 加盖密封

(c) 加热加压　　　　　　　(d) 开盖膨化

图 8-2　传统间歇式气流膨化设备工作原理

先不能连续生产，产量低，生产效率不高，热效率低；第二物料加热仍不均匀，打开盖时会发生较大的噪声，不适宜大规模工业化生产；第三在加热过程中，物料彼此之间、物料与容器壁直接接触，易造成物料粘连；第四在高温高压下，膨化机锅体有铅渗出，造成物料的重金属污染。这种膨化机将被淘汰。

2. 电加热式气流膨化机

国产电加热气流式膨化机用远红外加热元件对圆柱形加热室加热，生产能力为 150kg/h。其进料器采用摆动式旋转进料器，加热室是由无缝钢管制成的圆筒形压力容器，两端有法兰盖，器内设有螺旋推进器。为了使物料在加热室内既便于推进，又不磨损加热元件，输送器外缘与加热室内表面的间隙选取 1～1.5mm，保证小颗粒物料也能被推向前进。加热室外部用硅酸铝毡保温。螺旋输送器用 0.75kW 的电磁调速电机驱动，转速可在较宽的范围内变化，以适应各种谷物的膨化推进速度。利用半圆形埋入式高频电热陶瓷红外辐射元件扣合而成的圆筒状加热装置进行加热。加热室温度由动圈温度指示调节仪控制和显示。该膨化机采用旋转式密封出料器，进料、出料器采用同一台电机驱动，防止物料在膨化过程中的积料，使膨化连续进行，保证进出料相平衡（如图 8-3 所示）。

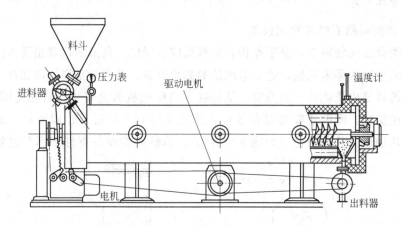

图 8-3　电加热气流膨化机结构

该机的特点是体积较小，容易操作，热损失少，几乎适合于所有谷物原料的加工。由于该设备传动系统的密封均为无油润滑，且压缩空气易净化，因此对食品无污染。各元件的使用寿命都较长，即使是最易损坏的电热元件，寿命也在 4000h 以上。该设备的参数如温度、压力、受热时间、生产能力等的调整均很方便，能满足不同原料的生产及品质管理的要求。一般情况下，温度控制在 180～200℃，温度低不易完全膨化，温度高又易产生焦料。压力一般控制在 0.6～0.8MPa。一般情况下，若水分含量在 10%～25% 之内的原料均可膨化，最适含水量为 11%～13%。

3. 过热蒸汽加热式气流膨化机

图 8-4 所示为过热蒸汽加热式连续气流膨化机，该机主要由摆动式密封进料器、立式加热室、螺旋板输送器、旋转密封式出料器组成。物料在高压蒸汽（也可用压缩空气）的作用下吹入加热室，加热室靠过热蒸汽加热。首先饱和水蒸气由过热器进一步加热，使之成为压力和温度均达要求的过热蒸汽，然后由加热室的底部进入加热室内的螺旋板输送器空腔里，物料在高压蒸汽（也可用压缩空气）的作用下被吹入加热室，在螺旋板上自上而下地形成流化状态，并被加热至所需温度后由下端进入出料器，由出料器送出膨化。该机出料器采用旋转密封式出料器。

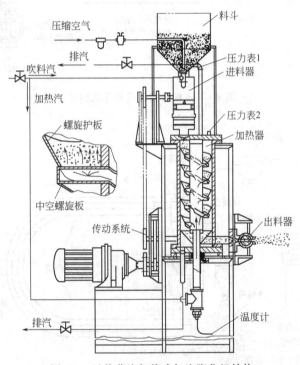

图 8-4 过热蒸汽加热式气流膨化机结构

4. 连续带式气流膨化机

这种设备也是采用过热蒸汽加热的，连续带式气流膨化设备工作原理如图 8-5 所示，主要由旋转活塞式密封进料器、卧式圆形耐压加热室、带式输送机、旋转活塞式密封进出阀组成。过热蒸汽分别以顶部三个孔和侧面两个孔吹入。物料进料器进入加热室，并均匀地撒布在输送带上，经加热后，被输送到出料器，完成出料和膨化过程。

5. 气流式连续膨化设备

图 8-6 所示为气流式连续膨化设备的工作原理。整套设备是由过热器、供料

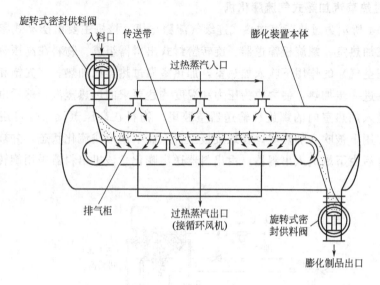

图 8-5 连续带式气流膨化机结构

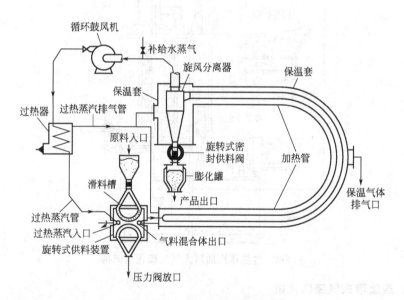

图 8-6 气流式连续膨化设备示意

装置、加热管、分离器、鼓风机和膨化装置等几部分组成的。

来自气源的饱和蒸汽，首先经过耐高温、高压的鼓风机和过热器变成过热蒸汽。然后经过旋转式密封进料器与物料一起进入环形气力输送式加热管和旋风分离器。旋风分离器的排气出口管与鼓风机的进口管相连，形成一个闭合的热风回路。在鼓风机进口管和旋风分离器出口管之间装有蒸汽支管和阀门，可以补充饱和蒸汽。加热管和旋风分离器装有保温套，以防止热量散失。这个热风气流系统为原料连续加热膨化准备了条件。

把待膨化的原料从加料斗下部的"人"字形滑料槽加入旋转式供料装置，被高压的过热蒸汽吹入加热器，原料混在加热管的高温气流中呈悬浮状态，在数秒钟内瞬间加热到所要求的温度，加热后的原料用旋风分离器捕集后，通过一个特殊设计的旋转式高压阀门连续地向膨化罐排出，在这一瞬间，加热管内处于过热状态的原料排出管外，突然从高压变成常压，原料中的水分瞬间汽化膨胀，把原料喷爆膨化为多孔的海绵状膨化制品。

6. 流化床式连续气流膨化设备

图 8-7 所示为流化床式连续气流膨化设备，主要由旋转活塞式密封进料器、立式圆筒形密封耐压罐形加热室、带输送机旋转活塞式出料器组成。加热方式也采用过热蒸汽加热式。

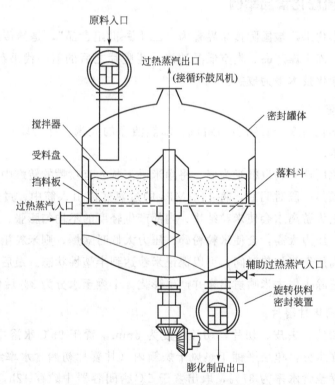

图 8-7　流化床式连续气流膨化设备示意

原料由进料器进料后均匀撒布在由多孔板构成的受料盘上，受料盘的均匀转动使物料便于形成均匀的料层，并在一定流速的过热蒸汽作用下，物料几乎处于悬浮状态，充分与过热蒸汽直接接触加热，受热均匀，在原料转到落料斗时，进入下料管，在下料管底部有一个蒸汽支管进行补充加热。整个加热时间为数十秒左右，加热后的原料由出料口出料，完成整个膨化过程。

7. 真空气流膨化设备

目前常见的真空气流膨化干燥系统主要由压力罐和一个体积比压力罐大 5～10 倍的真空罐组成。果蔬原料经预干燥后，干燥至水分含量为 15%～35%（不同果蔬要求的水分含量不同）。然后将果蔬置于压力罐内，通过加热使果蔬内部水分不断蒸发，罐内压力上升至 0.1～0.4MPa 时，物出口料升温至一定温度，产品处于高温受热状态。随后迅速打开连接压力罐和真空罐（真空罐已预先抽真空）的卸压阀，由于压力罐内瞬间降压，物料内部水分瞬间蒸发，导致果蔬组织形成均匀的蜂窝状结构。在真空状态下维持加热脱水一段时间，直至达到所需的安全含水量（3%～5%），停止加热，使加压罐冷却至外部环境温度时破除真空，取出产品进行包装，即得到膨化果蔬产品。

三、气流膨化食品举例

非油炸膨化果蔬被国际食品界誉为"二十一世纪食品"，是继传统果蔬干燥产品、真空冷冻干燥产品、真空低温油炸果蔬脆片之后的新一代果蔬干燥产品。其中以气流膨化技术最为成熟。

1. 爆米花

大米的膨化由 3 个必需步骤组成：加热洁净的大米；在密闭环境中高压汽蒸；突然减压。

喷射膨化所选原料以糯米为好。将净米手工装入有喷嘴的转鼓中，将转鼓密闭后转动，预热一段时间后，将 14.8MPa 的过热气流引入筒中，过热气流必须是干燥的，因为游离水会使米粒结块，内部产生轻度的不均匀膨胀。气流压力是膨化的关键，压力太高，会使米粒粉碎，压力太低时膨爆，则米粒粗糙没有酥脆感。足够的高压气流加热时间，可以保证米粒达到半塑性状态。最后手工开启封盖，压力急速除去，大米喷射出来并产生膨化，干燥至水分为 3% 后包装。

2. 气流膨化甘薯片

将甘薯清洗、去皮、切片，切片厚度为 5mm，置于 95℃ 水浴中漂烫 3min 取出沥干表面水分，单层平铺于热风干燥箱内（甘薯片初始含水率约为 80%），65℃ 热风干燥至含水率为 37%，取出置于 5℃ 密闭容器中贮存 12h，进行回软，得到预干燥的甘薯片。将预干燥的甘薯片单层平铺于真空微波干燥机腔体内，经微波功率 27.4W/g，真空度 0.085MPa，加热 1min 左右得到预膨化的甘薯片（含水率 18%）。取预膨化的甘薯片 2000g，单层平铺置于气流膨化设备的膨化罐腔体内，膨化罐与真空罐间的压力差为 110kPa，在一定的膨化温度下停滞 6min，然后瞬间降压至真空状态（压力为 0.095MPa）；将温度降至一定的抽真空干燥（简称抽空干燥）温度，抽空干燥一定的时间，将物料取出在 10～20℃

密闭环境中冷却 45min，得到膨化甘薯片（含水率 3%），最后进行充氮包装（N_2 体积分数为 99.99%，压力 0.5MPa，时间 2s）。部分原料的气流膨化主要技术参数列于表 8-5。

表 8-5 气流膨化的主要技术参数

谷物名称	膨化温度/℃	膨化压力/MPa	膨化率/%
玉米	190~225	0.6~0.75	95
大豆	190~220	0.6~0.7	100
籼米	180~200	0.7~0.85	不开花
江米	170~180	0.6~0.7	95
花生米	170~200	0.4~0.6	100
绿豆	140~180	0.7	95
高粱米	185~210	0.75~0.8	95
小黄米	180~210	0.75~0.8	95
蚕豆	185~250	0.75~0.8	85
马铃薯片	180~220	0.6~0.8	不开花
红薯片	170~220	0.6~0.8	不开花
玉米渣	190~225	0.75~0.8	95
葵花籽	200~230	常压	不开花
芝麻	250~270	0.75~0.8	不开花

第九章
食品保鲜技术

食品问题一直被人们所关注，特别是食品的保存问题。食品在物理、生物化学和有害微生物等因素的作用下，可失去固有的色、香、味、形而腐烂变质，变质的食品不好吃也不能吃且有害健康，乃至危及性命。为了避免损失，人们把多余的产品，用罐藏、干制、冷藏等各种传统的方法保存起来。许多传统方法，不是耗能大，就是处理后的产品在风味、质地甚至整个结构特征都发生了变化，存在许多缺陷和不足。因此，研究开发能耗低、操作简单、安全可靠的食品保鲜新技术对食品加工业、食品销售业、消费者来说都是非常重要的。所谓食品保鲜是指从生产到消费的整个环节中，保持食品或其原料品质不降低的过程。因此，保鲜的意义在于加工和贮藏期间，灭杀食品中存在的微生物，阻止微生物的侵入和繁殖，以物理或化学的方法阻止酶和非酶化学反应，保持食品的品质，达到保存食品的目的。

第一节　气调保鲜技术

一、概述

随着经济的发展和人们生活水平的提高，消费者对各种食品新鲜度的要求越来越高，气调保鲜技术作为一项仅通过对物理因素进行调节而实现食品保鲜的新技术，在对新鲜果蔬、肉类、水产品和焙烤制品等产品的保鲜和满足市场需求方面，与传统方法相比，有着极大的竞争优势。

科学家对气调贮藏进行了长时间的研究。1821 年法国蒙利埃学院杰克·丁纳贝·拉特发表了空气对苹果成熟影响的研究成果，获得了科学院物理奖。1929 年英国建立了第一座气调库，贮藏苹果 30t，含氧量为 3％～5％，二氧化碳为

10％，到了 1933 年英国开始了第一次气调贮藏试验，经过十多年的研究于 1941 年发表报告，提供了气体成分和温度参考数据，以及气调库的建筑方法和气调库的操作等有关问题，在这份报告中正式称为气调贮藏，英文为 controlled atmosphere storage，简称 CA 贮藏，又称快速降氧法。1962 年美国研制成功燃料冲洗式气体发生器，用丙烷来燃烧，使空气中氧减少，二氧化碳浓度增高再送入冷库内。从此出现了真正的 CA 贮藏，使气调冷藏技术进入了一个新阶段。目前，在西欧和北欧，超市上就可买到 CA 保鲜的各种新鲜鱼类；英国的 CA 生肉和肉制品的应用居于世界领先地位。由于 CA 技术的无公害优势，十分符合当今全球绿色制造、绿色消费的理念，短短几十年的发展，已经显示出巨大的市场潜力和社会价值。

（一）气调保鲜技术的基本原理及特点

1. 气调保鲜技术的基本原理

气调贮藏是指在特定气体环境中的冷藏方法，主要应用于果蔬的保鲜。果蔬的气调贮藏是目前果蔬贮藏最先进的方法之一，具有保鲜效果好、贮藏损失少、保鲜期长、对果蔬无任何污染的特点。

众所周知，果蔬贮藏是活体贮藏，果蔬采摘后，已不能从母体和光合作用中得到物质和能量，此时只能消耗自身营养物质来保持其旺盛的生命活动和各种生理活动。由于自身营养物质的消耗，从而引起果蔬质量、重量和形状的变化，使果蔬逐渐由成熟走向后熟和衰老甚至变质，造成这些变化的主要因素是果蔬本身的呼吸作用、蒸发作用以及微生物的作用。而这些作用与食品贮藏的环境气体有密切的关系，如氧气、二氧化碳、水分、温度等，尤其是氧和二氧化碳。如果能控制食品贮藏环境气体的组成就能控制果蔬的呼吸和蒸发，抑制微生物的生长，抑制食品成分的氧化或褐变，从而达到延长食品保鲜或保藏期的目的。气调贮藏就是在一定封闭体系内，通过各种调节方式得到的不同于正常大气组成（或浓度）的调节气体（主要是控制氧和二氧化碳的浓度），以此来抑制食品本身引起食品变坏的生理生化过程或抑制食品的微生物活动过程，使食品获得保鲜，并达到延长贮藏期的目的。如降低贮藏环境中氧的含量，可以有效地抑制果蔬的呼吸作用和微生物的生长繁殖，也间接影响其蒸发，并且可以延缓叶绿素的分解，对水果还有保硬效果。适当地提高二氧化碳的含量，可以减缓呼吸作用等。

2. 气调保鲜技术的特点

气调贮藏之所以比常规冷藏优越，其原理是使果蔬在低氧和高二氧化碳的人工控制的空气中进行密闭冷藏，使果蔬处于冬眠状态，以降低果蔬的呼吸强度，延缓成熟过程，延长贮藏期，并获得最佳的保鲜效果。

一般气调库中氧的体积分数由新鲜空气的标准 21％，平均降低了 3/4，即为

5%左右；而二氧化碳的体积分数由新鲜空气的标准 0.3%，提高了 100 倍，即为 3%，或更多一些；其余是氮的含量。而且气调贮藏库是气体密度高的冷藏库，它设有能够调节环境气体组成的装置。因此，气调技术具备的特点包括：①抑制呼吸作用，减少有机物质的消耗和水分的蒸发，可较好地保持食品原有的色泽、口味、形状、营养成分及新鲜度；②抑制某些后熟酶的活性和病原菌的滋生繁殖，抑制乙烯产生，延缓后熟和衰老过程，降低果实腐烂率，相对一般的低温贮藏具有较长的货架期；③属于物理保鲜方法，不会有化学残留的食品安全问题；④有利于产品的运输、展示及增值。

（二）气调贮藏对鲜活食品生理活动的影响

1. 抑制鲜活食品的呼吸作用

鲜活食品以果蔬为主的，果蔬采摘后所具有的呼吸作用，对维持自身的生命活力、抵御微生物入侵等方面有积极作用。但呼吸作用需要以自身营养物质为呼吸底物，不断的消耗使果蔬的营养成分、质量、外观和风味发生不可逆转的变化，这不仅降低了果蔬的食用品质，而且使其组织逐渐衰老而影响耐藏性和抗病性。因此必须抑制果蔬在贮藏中的呼吸作用，在维持其正常生命活动、保证抗病能力的前提下，把呼吸强度降低到最低水平，使之最低限度地消耗自身体内的营养物质，以达到延长保鲜贮藏期，提高贮藏效果的目的。

实验证明，降低氧和提高二氧化碳的浓度，能够降低果蔬的呼吸强度并推迟其呼吸高峰的出现。氧对呼吸强度的抑制必须降到 7% 以下浓度时才起作用，但不宜低于 2%，过低的氧气使正常的需氧代谢无法进行，引发果蔬的无氧呼吸，积累 C_2H_5OH、CH_3CHO 等有毒代谢产物致使细胞中毒，且无氧呼吸在生理上的高消耗低产出直接危及果蔬的品质和寿命。二氧化碳是呼吸的产物，它对呼吸有抑制作用，其抑制作用是浓度越高，抑制作用越强，如在 5% 浓度中呼吸作用强度下降到 70%，但二氧化碳浓度过高，会致使在鲜活食品内产生大量琥珀酸积累，导致果实褐变、黑心等生理病害发生。各类果蔬对高二氧化碳的浓度都有一定的适应性，超过这个适应性称为二氧化碳忍耐浓度，如表 9-1 所示。

表 9-1　部分果蔬对 CO_2 的忍耐含量　　　　　　　　单位：%

食品	CO_2 的忍耐含量	食品	CO_2 的忍耐含量	食品	CO_2 的忍耐含量
洋梨	1	抱子甘蓝	5	樱桃	10
莴苣	1	花椰菜	5	油橄榄	10
苹果	2	茄子	5	无花果	20
芹菜	2	青豌豆	7	菠菜	20
甘薯	2	菜豆	7	甜菜	20
香蕉	3	青洋葱	10	蘑菇	20

续表

食品	CO_2的忍耐含量	食品	CO_2的忍耐含量	食品	CO_2的忍耐含量
胡萝卜	3	黄瓜	10	甜玉米	20
柿子	5	大蒜	10	草莓	20
芒果	5	马铃薯	10	绿叶甘蓝	20
番木瓜	5	韭菜	10	坚果类	100

对贮藏环境中同时降氧和提高二氧化碳浓度，对果蔬类鲜活食品的呼吸抑制作用更为显著，如5％氧和5％二氧化碳浓度组合中，苹果的呼吸强度会降38％。不同氧和二氧化碳浓度的配比条件对果蔬的呼吸作用的抑制程度是不同的。表9-2是苹果在3.3℃低温下贮藏时气体组分对呼吸强度的影响程度。

表9-2 苹果在3.3℃低温下贮藏时气体组分对呼吸强度的影响程度

气体体积分数之比 (CO_2％：O_2％)	呼吸强度		气体体积分数之比 (CO_2％：O_2％)	呼吸强度	
	CO_2	O_2		CO_2	O_2
0：20	100	100	10：10	40	60
0：10	84	80	5：16	50	60
0：5	70	63	5：5	38	49
0：(2～3)	63	52	5：3	32	40
0：1.5	39		5：1.5	25	29

具有呼吸高峰型的果实在贮藏中如降低氧或提高二氧化碳浓度，均可延迟其呼吸高峰的出现，并能降低呼吸高峰顶点的呼吸强度，甚至不出现呼吸高峰，例如柠檬在15.5℃贮藏下，当氧含量降至10％时，其呼吸强度仅为正常空气的50％。油梨在提高二氧化碳含量5％的空气中贮藏，其呼吸高峰推迟八天后才开始上升，但在高峰顶点时的呼吸强度仅为正常空气的40％，而且经21d后方达到高峰顶点，一般正常空气中仅8d就达到了。当低氧和高二氧化碳同时作用时就能取得更明显的效果，如香蕉贮藏在氧为8％和二氧化碳为5％浓度的混合空气中，就可以完全抑制其呼吸高峰的出现。

2. 抑制鲜活食品的新陈代谢

鲜活食品中的营养成分，如糖类、有机酸、蛋白质和脂肪等在生物体呼吸代谢过程中作为呼吸底物，经一系列氧化还原反应而被逐步降解，并释放出大量的呼吸热。在有氧呼吸情况下，上述呼吸底物被彻底氧化为二氧化碳和水；而在缺氧呼吸情况下，则被降解为二氧化碳、乙醇、乙醛和乳酸等低分子物质。由于气调冷藏抑制了鲜活食品呼吸作用，减少了呼吸底物的消耗，因而可以减少生物体内营养成分的损失。这样既减少食品的轻耗和呼吸热，与一般冷藏法相比，又提高了食品营养价值和食用品质。例如，低氧可以抑制叶绿素的降解，达到食品保绿的目的；减少抗坏血酸的损失，提高食品的营养价值；降低不溶性果胶物质的减少速度，增大食品的脆硬度。高二氧化碳则能降低蛋白质和色素的合成作用；抑制叶绿素的合成和果实脱绿；减少挥发性物质的产生和果胶物质的分解，从而推迟成熟到来和减慢衰老速度。

3. 抑制果蔬乙烯的生成和作用

乙烯是植物中天然存在的一种生长激素，能促进果实的生长和成熟，并能大大加快产品的后熟和衰老的过程，故有"催熟激素"之称。通常情况下，高等植物各器官都能产生乙烯，但不同组织、器官和生长时期，乙烯的释放量是不同的。在某些生长阶段，如种子萌发、果实成熟、花叶脱落时产生的乙烯较多；外界因子例如机械损害、逆境胁迫（冷害、干旱和水淹）也能诱发较多的乙烯产生。

果蔬内乙烯的产生过程为：MET（即甲硫氨酸、蛋氨酸）—SAM（即 S-腺苷酰蛋氨酸）—ACC（即 1-氨基环丙烷-1-羧酸）—乙烯。如果能抑制果蔬组织细胞中乙烯的生成，或减弱乙烯对成熟的促进作用，就可以推迟果蔬呼吸高峰的出现，延缓果蔬的后熟及衰老。在乙烯合成的最后一步即从 ACC 到乙烯这一步是需氧过程，在低氧或缺氧情况下就可以抑制 ACC 向乙烯转化，抑制乙烯的形成，并且减弱乙烯对新陈代谢的刺激作用。低浓度二氧化碳会促进 ACC 向乙烯的转化，而高浓度二氧化碳则可抑制乙烯的形成，延缓乙烯对果蔬成熟的促进作用，干扰芳香类物质的合成及挥发。所以在低氧、高二氧化碳和合理低温共同作用下，可以抑制乙烯的生成，并减弱乙烯对成熟的刺激作用。由乙烯所引起的生理作用也受到了抑制，如叶绿素的降解、果实的退绿和成熟、蛋白质的合成、组织器官的脱落和开裂、呼吸跃变和贮藏物质的水解等，从而延缓了果蔬的后熟和衰老的进程。

（三）气调贮藏对鲜活食品成分变化的影响

食品在较长的贮藏过程中，其中的多种成分发生氧化反应，如抗坏血酸、半胱氨酸、芳香环、脂肪、糖类等。例如脂肪在氧气作用下容易发生自动氧化作用，降解为醛、酮和羧酸等低分子化合物，导致食品发生脂肪酸败。采用气调冷藏，由于低氧、充氮及适当低温，可使食品的脂肪氧化酸败减弱或不会发生，这样既防止了食品因脂肪酸败所产生的异味，并且也防止了因"油烧"所产生的色泽改变，同时还减少了脂溶性维生素的损失。食品成分的氧化不仅降低了食品的营养价值，还会产生过氧化类脂物等有毒物质，同时还会使食品的色、香、味的品质变差。而采用气调贮藏既可避免或减轻这些变化，还有利于食品质量的稳定性。

（四）气调贮藏对微生物生长繁殖的影响

在低氧环境下，好氧性微生物的生长繁殖就受到抑制，例如在氧浓度低于2％的环境中，葡萄孢、链核盘菌和青霉菌的生长减弱、发育受阻，甚至停止了生长；葡萄孢在1％氧浓度下不能在寄主内形成孢子。另外氧的浓度还和某些果蔬的病害发展有关，如苹果的虎皮病会随氧浓度的下降而减轻。

高浓度的二氧化碳也能较强抑制贮藏果蔬的某些微生物生长繁殖，当二氧化碳在10.4％时，葡萄孢、青霉菌、根霉的菌丝生长和孢子形成都会受到抑制。但某些霉菌对二氧化碳的抗性极强，少数真菌在二氧化碳浓度增加时反而有利于其生长，如麦霉即使在90％二氧化碳浓度下仍能继续发育，高二氧化碳浓度可刺激白地霉菌的生长，还有些细菌、酵母菌可将二氧化碳作为所需的碳素来源。

但是，二氧化碳过高和氧气过低都会对果蔬组织产生毒害作用，如若处理不当，对果蔬的伤害作用会高于对抑制微生物的作用，因此，单靠增加二氧化碳或降低氧浓度来抑制微生物的生长繁殖是行不通的，必须根据果蔬的不同特性，选择适当低温和相对湿度及氧和二氧化碳浓度的适当比例，在保持果蔬正常代谢基础上采取综合防治措施，才能抑制其微生物的生长繁殖，并延缓后熟进程，硬度增大，有效地保持果蔬完好率，降低贮藏腐烂率。

二、气调保鲜的方法和工艺

（一）气调保鲜的方法

气调保鲜的方法有多种，因设备条件和气体浓度指标要求不同而不同，总的来说，可以分为以下几种：自然降氧、充氮降氧、最适浓度指标气体置换、减压气调和气调包装。

1. 自然降氧（Modified Atmosphere Storage，简称 MA）法

自然降氧法即靠果蔬自身的呼吸作用来改变贮藏环境中的氧和二氧化碳的含量。其特点是工艺简单，不需要专门的气调设备，但降氧时间长，贮藏环境中的气体成分不能较快地达到一定的配比，影响果蔬气调效果。

（1）自然呼吸降氧法（普通气调冷藏）　在气密的库房或塑料薄膜帐里，利用果蔬本身的呼吸作用达到自然降氧的目的。当空气中的氧减少到要求的含量范围后，要加以调节并控制在需要的范围内。对于贮存初期果蔬呼吸强度较高，产生过多的二氧化碳可用硝石灰来吸收或利用塑料薄膜对气体的渗透性来排除或用二氧化碳洗涤器来消除，以减少对果蔬的生理病害。这种方法操作简单、成本低、易推广，并特别适用于库房气密性好，贮藏的果蔬为一次整进整出的情况。它缺点是降氧速度慢，一般为20天，中途不能打开库门进货或出货。同时由于呼吸强度高，贮藏环境的温度也高，故前期气调效果较差，如不注意消毒防腐，就难免微生物对果蔬的危害。

（2）气体通过交换法 聚乙烯塑料薄膜透气性能好、化学性质稳定、耐低温、密封性好、合乎卫生且价格便宜。将新鲜果蔬放入聚乙烯薄膜内，并密封。由于果蔬自身呼吸作用吸收氧气而放出二氧化碳，在薄膜内会产生气体成分的改变和薄膜内外的压差两种变化，导致气体从分压高的一侧向低的一侧移动，而这种移动都是通过薄膜进行内外交换的。气体通过交换法的具体方法有以下几种：

① 大塑料帐气调冷藏 在冷藏库内挂起聚乙烯大篷，将装有果蔬的箱或筐放在其中贮藏。当二氧化碳浓度聚积到一定浓度以上便会从内透出；当氧浓度低到一定程度时外界氧会从外透入。从而使大帐内气体成分自然的形成气调贮藏状态。

② 袋装气调冷藏 将果蔬装入聚乙烯袋中，扎紧袋口或不完全封口放入冷藏库货架上。这种袋有小包装和大包装。如甜橙、柠檬和沙田柚等都采用这种贮藏方法，用此法贮藏失重和干疤较少，好果率大幅度增加，新鲜度和饱满度显著提高。

生理包装也是袋装气调冷藏的一种方式。它是在恒温下通过水果的呼吸作用和聚乙烯袋透过氧和二氧化碳的双重活动，可以在袋内原有空气的基础上获得一种适当减少氧气和增加二氧化碳的稳定组合气体。当水果呼吸作用放出的二氧化碳量与通过塑料袋透出的二氧化碳量相等，水果吸收氧气的总量与进入塑料袋的氧气总量相等，此时包装袋内的组合气体便可保持稳定。生理包装在贮藏时，由于袋内空气逐渐减少以及原来袋内的氮气有一部分被排除，气压会有明显下降，使包装发生收缩，与水果表面紧贴，出售时很美观。

生理包装是用 $50\mu m$ 厚的聚乙烯组成圆柱形套袋，苹果或梨一个挨一个放进去，排列成行，一般以 5～6 只或 1kg 左右为好。袋子装好水果后，烫口密封，袋上没有任何孔洞。

③ 箱装气调冷藏 将聚乙烯薄膜垫在木箱或纸箱或瓦楞纸箱的里边，箱内装入果蔬，然后将聚乙烯薄膜密封或不密封放在冷藏库贮藏。

④ 硅窗气调冷藏 硅橡胶是一种有机高分子聚合物，其薄膜比聚乙烯薄膜大 200 倍的透气性能，不但对氧和二氧化碳具有良好的透气性和适当的透气比即使氧气和二氧化碳气可以在膜的两边以不同的速度穿过，而且可以自动排出贮藏帐内的乙烯和其他有害气体，防止贮藏果蔬中毒。根据不同果蔬及贮藏要求的温湿度条件，选择面积大小合适的硅橡胶织物膜，热合于用聚乙烯或聚氯乙烯制作的贮藏帐上，作为气体交换的窗口即硅窗，再将果蔬装入其中后放在冷藏库贮藏。这样果蔬所要求的低氧和高二氧化碳浓度指标通过硅窗自动调节得以实现。选用合适的硅窗面积制作的塑料帐，其气体成分可自动衡定在氧含量为（体积分数）3%～5%，二氧化碳含量（体积分数）3%～5%。

一般情况下，在镶嵌硅窗的聚乙烯薄膜上有一气压平衡孔，这是为硅窗承受不了袋（帐）内压力降低而设置的。其目的是维持帐内外气压平衡，使硅窗得到保护而不至于破裂，为帐内提供氧的不足；采样品进行气体分析测试。

所以硅窗气调冷藏是一个"自发理想的气调装置"，无需装有调节气体的繁琐操作和各种仪器机械，它是由法国首先研究成功并得到广泛的应用。而且操作管理技术比较简单有效，是一种优良的贮藏方法，受到生产单位的欢迎。

2. 快速降氧法（即 CA 贮藏）

快速降氧法是人为地将 O_2、CO_2 等气体按最适浓度指标配置成混合气体，向贮藏环境输入并同时将贮藏环境中的原有气体抽出，以维持最适浓度指标的一种气调方法，又称人工控制气调法（Control Atmosphere Storage，简称 CA 贮藏）或气调冷藏库法（CA 库法）。

（1）机械冲洗式气调冷藏　把库外气体通过冲洗式氮气发生器，加入助燃剂使空气中氧气燃烧来减少氧气，从而产生一定成分的人工气体（氧气为 2%～3%，二氧化碳气为 1%～2%）送入冷藏库内，把库内原有的气体冲出来，直到库内氧气达到所要求的含量为止，过多的二氧化碳气体可用 CO_2 洗涤器除去。该法对库房气密性要求不高，但运转费用较大，故一般不采用。

（2）机械循环式气调冷藏　把库内气体借助助燃剂在氧气发生器燃烧后加以逆循环再送入冷藏库内，以造成低氧和高二氧化碳环境（氧为 1%～3%，二氧化碳为 3%～5%）。该法较冲洗式经济，降氧速度快，库房也不需高气密，中途还可以打开库门存取食品，然后又能迅速建立所需的气体组成，所以这种方法应用较广泛。

相对于自然降氧法，快速降氧法具有以下优点：降氧速度快，贮藏效果好，尤其对不耐贮藏的果蔬更加显著。如草莓，自然降氧贮藏 2～3d，就有坏的；而用快速降氧可贮藏 15d 以上，且果实新鲜、优质。及时排除库内乙烯，推迟果蔬的后熟作用。同时可防止因冷藏而使果蔬产生的中毒性病害。库内气密性要求不高，减少建筑费用。快速降氧法要求的气密性不像自然降氧法那样高，只要 2d 的漏气量为一次换气量就可以。而自然降氧法则要求在 50d 内漏气量为一次换气量。由于要求气密性低，可将普通的高温库改造成 CA 贮藏，这样气密结构所需的经费就可以减少。如我国第一个高温库改建为气调冷藏苹果、梨的 CA 贮藏，于 1979 年在山东省青岛外贸冷库建成。

3. 混合降氧法（又称半自然降氧法）

（1）充氮气自然降氧法　这种方法是自然降氧法与快速降氧法相结合的一种方法，用充氮的方法置换库内气体以达到降氧的目的。此方式可实现快速降氧，一般可在 24h 或稍长点时间内达到气体浓度规定值。实践证明，采用快速降氧法把氧含量从21%降到10%较容易，而从10%降到5%就要耗费较多的氮气，大约是前者的两倍，成本较高。因此，先采用快速降氧法向冷藏库内充氮，使氧迅速降至10%左右，然后再依靠果蔬的自身呼吸使氧的含量进一步下降，二氧化碳含量逐渐增多，直到规定的空气组成范围后，再根据气体成分的变化进行调节控制。所用氮气可以有三个来源：其一是利用制氮厂生产的氮气或液氮钢瓶充氮；其二是用碳分子筛制氮机制氮；其三是用中空纤维制氮机制氮。后两者一般用于大的气调库。

(2) 充二氧化碳自然降氧法　它是在果蔬进塑料薄膜帐密封后，充入一定量的二氧化碳，再依靠果蔬本身的呼吸及添加消石灰，使氧和二氧化碳同步下降。这样，利用充入二氧化碳来抵消贮藏初期高氧的不利条件，因而效果明显，优于自然降氧法而接近快速降氧法。

此法因开始时氧气下降快，控制了果蔬呼吸作用，防止了像草莓那样易腐产品的腐烂，因此混合降氧法比自然降氧法优越；而在中后期又靠果蔬的固有呼吸自然降氧，所以较快速降氧法成本低。

4. 减压降氧法

所谓减压降氧法，也称低压气调冷藏法或真空冷藏法，是气调冷藏的进一步发展。减压贮藏是将产品保持在低于大气压的压力环境下，维持低温，并连续地补给相对湿度饱和的空气，这种减压条件可使蔬菜水果的贮藏期比常规冷藏延长几倍。

减压气调是通过真空泵将密闭贮存室中的部分气体抽出以降压，同时将外界新空气减压、加湿后输入贮室。这种方式是通过降低气体密度来造成低氧环境，它通过不断抽气和输入新鲜空气使水果蔬菜的代谢产物排出室外，以延缓衰老。在低氧情况下，果蔬组织内部有氧呼吸降低，抑制了代谢活动，同时，也就减少了果蔬组织内部的乙烯的生物合成及含量，起到延缓成熟的作用。抽空后冷藏库内水分蒸发吸热，使室内温度也下降。所以减压降氧法实际上是降氧和不断地把乙烯等催熟气体从库内抽出，并补充高湿低压新鲜空气。因而能显著减慢果蔬的成熟衰老过程，延长贮藏期，保鲜质量很高。故此法优于冷库和气调库的冷藏，但是减压气调对设施的强度和密闭性要求较高。

减压贮藏的贮藏室内真空度的大小根据不同果蔬、不同的成熟度而确定，工艺流程为：产品预冷→入减压贮藏室(10)→完成各项气密处理→启动制冷系统(13)→启动真空泵(12)→调节真空节流阀(11)→观察真空表(1)使压力保持某一定值→打开真空调节器(6)输入新鲜空气→观察并保持一定值空气流量(7)→新鲜空气经过加湿器(8)中的液体→使减压贮藏室内保持一定温度、湿度、气体(O_2和CO_2)、压力即可。压力平衡后的气体流量每小时约为减压室容积的1~4倍(如图9-1所示)。

一般的果蔬冷藏法，出于冷藏成本的考虑，没有经常换气，使库内有害气体

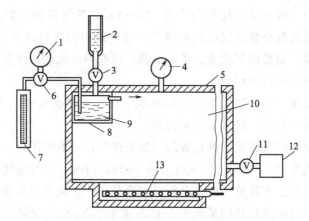

图 9-1　减压气调贮藏的基本设备

1—真空表；2—加水器；3—阀门；4—湿度表；5—隔热墙；6—真空调节器；

7—空气流量表；8—加湿器；9—水；10—减压贮藏室；11—真空节流阀；

12—真空泵；13—制冷系统的冷却管

慢慢积蓄，造成果蔬品质降低。而减压贮藏是将果蔬放置在气密性极好的贮藏室内，用真空泵抽出室内部分空气，使贮藏室内减压贮藏，由于贮藏环境和果蔬组织内部的压力存在差异，有助于果蔬组织内的氧和挥发性代谢产物乙烯、乙醇、乙醛等气体迅速逸出，再通过真空泵散发到室外，从而避免果蔬中毒伤害；能抑菌、灭菌，某些侵染性病害在 3.705×10^4 Pa 条件下菌丝生长受到抑制，因此具有较好的贮藏效果。同时，也减少了果蔬组织内部的乙烯的生物合成及含量，起到延缓成熟的作用。

但是，在减压贮藏过程中，减压的条件使果蔬组织内的水分极易蒸发，容易造成萎蔫现象的发生，因此，在利用减压贮藏时，贮藏室内要保持较高的湿度，一般在95％以上，而高湿度又会加重病菌的污染，所以减压贮藏应配合化学防腐剂的应用。由于减压贮藏要求贮藏室气密性高，否则达不到减压要求，因此，减压贮藏设备投资大，操作复杂，目前在生产上还未被广泛应用，但它克服了气调贮藏中的一些缺点，所以仍为果蔬贮藏中的一种较为先进的方法。

5. 气调包装法

气调保鲜包装是当前食品包装中较新型的工艺，国外又称 MAP 或 CAP，国内称气调包装或置换气体包装、充气包装。此法是采用具有气体阻隔性能的包装材料包装食品，根据客户实际需求将一定比例 $O_2 + CO_2 + N_2$，$N_2 + CO_2$，$O_2 + CO_2$ 混合气体充入包装内，防止食品在物理、化学、生物等方面发生质量下降或减缓质量下降的速度，从而延长食品货架期，提升食品价值。包括脱氧包装和充气包装。

（1）脱氧包装　脱氧包装就是利用不断充氮后抽真空，排除包装容器内的氧气后密封包装。一般此法处理后仍会有 $2\%\sim3\%$ 的氧气残留，因此往往还需在包装袋中加入脱氧剂小包装或脱氧剂薄片。经常使用的脱氧剂有：还原态铁粉、亚铁盐类、铂膜、葡萄糖氧化酶、抗坏血酸、油酸等。此法由于包装容器中基本无氧，不适合新鲜果蔬的包装。

(2) 充气包装　充气包装是在包装容器中充入一种或几种气体后密封包装，常用的填充气体有氧气、氮气、二氧化碳。

包装内所填充的气体要根据包装的对象来选择。一般情况下，新鲜果蔬在包装中的气体组成为 $O_2\ 2\%\sim5\%$、$CO_2\ 3\%\sim8\%$。同时，充气包装的新鲜果蔬产品必须在适当的低温下存放，防止升温造成呼吸强度过高使产品缺氧，导致呼吸失调。对于新鲜肉和肉制品则采用 $60\%CO_2$ 和 $40\%N_2$ 充气包装效果好些。低氧可防止氧合血红蛋白的形成，有利于保持生鲜肉的鲜红色。同时还可防止肉制品中好氧微生物的生长和不饱和脂肪酸的氧化变质。据验证，通过 $60\%CO_2$ 和 $40\%N_2$ 充气包装的火腿，其走油情况、氧化哈变程度、保存时间等各项指标均优于单纯的真空包装。

(二) 气调保鲜的工艺条件

气调技术包括人工气调贮藏 CA 和自发气调贮藏 MA。果蔬的 CA 和 MA 贮藏能减弱水果的呼吸活性，减少重量损失，延缓成熟和软化，使果蔬生理紊乱和腐烂程度降到最小。CA 技术在国外已推广应用，它是利用机械制冷的密闭贮库，配用气调装置和制冷装置，使贮库内保持一定程度的低氧、低温、适宜的二氧化碳浓度和空气湿度，并及时排除贮藏库内产生的有害气体，从而有效地降低所贮果蔬的呼吸速率，以达到延缓后熟、延长保鲜期的目的。

气调保鲜技术的关键是调节气体，此外，在选择调节气体组成与浓度的同时，还必须考虑温度和相对湿度的控制条件。

1. 调节气体

调节气体组成的选择与被气调食品的种类、品种、贮藏期要求、气调系统的封闭形式、温度条件等多方面因素有关。因此，适宜的调节气体组成与浓度必须经过多因素试验才能确定。

(1) 氧含量　对于新鲜果蔬，低氧浓度可以降低呼吸强度、基质氧化损耗；延缓成熟过程，延长果蔬的商品寿命；抑制叶绿素降解；减少乙烯产生；降低抗坏血酸损失，改变不饱和脂肪酸比例；延缓不溶性果胶物质的减少。但氧含量并非越低越好。氧浓度过低，也会引起不良的效应。所以必须保证果蔬气调贮藏室内的氧浓度不低于其临界需氧量。一般用于果蔬气调的氧含量水平多控制在 3% 左右，而氮含量控制在 $92\%\sim95\%$ 之间。

对于新鲜的动物性食品，调节气体的氧含量以取得最佳的色泽保持效果为宜。低氧浓度或者不含氧可以抑制氧化性变质，可以抑制需氧微生物的生长，但也会使诸如新鲜猪牛瘦肉等含有肌红蛋白的产品失去鲜红的色泽。因此，对于含肌红蛋白的生鲜产品，常将调节气体的氧含量提高到占总组成的80％左右。而对于不含肌红蛋白（或含肌红蛋白，但热处理加工过的）动物产品，则尽量使氧含量降低，如用100％的氮气将处理过的瘦肉进行充气包装。

对于以抑制真菌为目的的气调处理，则氧的浓度要降低到1％以下才有效。

（2）二氧化碳　高浓度的二氧化碳对于果蔬一般会产生下列效应：降低导致成熟的合成反应（蛋白质、色素的合成）、抑制某些酶的活动（如琥珀酸脱氢酶、细胞色素氧化酶）、减少挥发性物质的产生、干扰有机酸的代谢、减弱果胶物质的分解、抑制叶绿素的合成和果实的脱绿、改变各种糖的比例；对于肉类、鱼类产品可以明显抑制腐败微生物的生长，而且这种抑菌效果会随二氧化碳浓度升高而增强。

过高的二氧化碳含量，也会产生不良效应。一般的用于水果气调的二氧化碳含量水平控制在2％～3％，蔬菜的应控制在2.5％～5.5％；肉类要使二氧化碳在气调保鲜中发挥抑菌作用，其浓度必须控制在20％以上。

（3）氧和二氧化碳的配合　由于果蔬的呼吸作用会随时改变已经形成了的氧和二氧化碳的浓度比例，同时，各种果蔬在一定条件下都有一个能承受的氧浓度下限和二氧化碳浓度上限。因此，在气调贮藏中，选择和控制合适的气体配合比例是气调操作管理中的关键点。从 O_2 和 CO_2 的配合比例来看，目前应用的有以下3种方式：

① 双指标总和约为21％　普通空气中含 O_2 约21％，CO_2 含量极少，仅约0.03％。产品贮藏在密闭容器内，植物器官通常情况下呼吸消耗的 O_2 约与释放的 CO_2 体积相等，即 O_2 和 CO_2 体积之和仍近于21％。如果把气体组成定为两者之和等于21％，例如 O_2 10％、CO_2 11％或 O_2 6％、CO_2 15％，管理上就很方便。只要把蔬菜封闭后经过一定时间，当 O_2 分压降至要求指标时，CO_2 分压也就上升达到了要求的指标。此后，定期连续地使封闭器内排出一定体积的气体，同时充入等体积的新鲜空气，就可以稳定地维持这个配合比例。这是气调贮藏法发展初期常应用的气体指标。但是如 O_2 较高（＞10％），CO_2 低，不能充分发挥气调贮藏的优越性；如 O_2 较低（＜10％），又可能因 CO_2 过高而招致生理损害。将 O_2 和 CO_2 控制相接近的指标（两者各约10％，有时 CO_2 稍高于 O_2 简称高 O_2 高 CO_2 指标），这种配合效果终究不如低 O_2 低 CO_2 好。虽然如此，这种指标因其设备和管理简单，在条件受限制的地方仍是值得应用的。

② 双指标总和低于21％　O_2 和 CO_2 的含量比较低，两者之和不到21％。这是当前国内外广泛应用的配合方式，效果好于上一种方式。习惯上把气体含量在2％～5％范围的称低指标，5％～8％范围的称中指标。比较地说，大多数果

蔬都以低 O_2 低 CO_2 指标为佳。但这种配合指标，在操作管理上较麻烦，所需设备也较复杂。

③ O_2 单指标　上面两种指标配合，都需要同时控制 O_2 和 CO_2 在适当含量，为了简化管理手续，对于一些对 CO_2 敏感的作物，则可采用 O_2 单指标，即只控制 O_2 的含量，CO_2 用吸收剂全部吸收掉。O_2 单指标必须是一个低指标，因为当无 CO_2 存在时，O_2 影响植物呼吸的阈值约为 7%。选择氧含量指标必须低于这个水平，才能有效地抑制呼吸强度。对于多数果蔬来说，这种方式的效果不如上述第二种方式好，但比第一种方式要优越些，操作上也比较简单，比较容易推广普及。

对于混合气体来说，氮气在气调贮藏中多半作为氧和二氧化碳的填充气体使用。

2. 贮藏温度

从生物学角度看，降低温度可以减缓细胞的呼吸强度，从微生物学意义上看，低温可以抑制微生物生长。

对于果蔬类产品来说，采取气调措施，即使温度较高也能收到较好的贮藏效果，但气调保鲜技术也需低温条件配合，具体的温度要根据气调的具体对象而定。例如，在不同的温度条件下气调贮藏黄瓜 30d，结果在 $10\sim13℃$ 下，绿色好瓜率为 95%；在 $20℃$ 下，绿色好瓜率仅为 25%，其余为半绿或完全变黄，没有烂瓜；在 $5\sim7℃$ 下，虽然全部保持绿色，却有 70% 发生冷害病和腐烂。果蔬的气调贮藏中，选择的温度通常要比普通空气冷藏温度高 $1\sim3℃$。因为这些植物组织在 $0℃$ 附近的低温下对 CO_2 很敏感，容易发生 CO_2 伤害，在稍高的温度下，这种伤害就可以避免。水果的气调贮藏温度，除香蕉、柑橘等较高外，一般在 $0\sim3.5℃$ 的范围。蔬菜的气调温度控制点应高一些。

对于新鲜动物产品来说，气调的主要好处是可以在非冻结状态下延长它们的货架寿命。多数的试验报告指出，温度对高浓度二氧化碳条件下的这类产品的气调效应（抑制微生物的效应）没有显著的影响，但从安全的角度出发，气调温度应尽量低为宜。至于温度的下限，以不影响这类产品"新鲜状态"为度。

3. 相对湿度

气调库贮藏的食品一般整进整出，食品贮藏期长，封库后除取样外很少开门，在贮藏的过程中也不需通风换气，外界热湿空气进入少，冷风机抽走的水分基本来自食品，若库中的相对湿度过低，食品的干耗就严重，从而极大地影响食品的品质，使气调贮藏的优势无法体现出来。所以，气调库中湿度控制也是相当重要的。

在气调贮藏中，较高的相对湿度可以避免果蔬中的水分过多地散失，可使果蔬保持新鲜的状态，保持较强的抗病力。对于水果，调节气体的相对湿度控制范围一般为90％～93％，蔬菜为90％～95％，但也要防止因湿度过高而出现结露现象。动物产品，一般没有对于调节气体相对湿度进行专门控制要求。不过，选用的包装材料应该有很好的水分阻隔性，这样才能保持这类产品的新鲜外观。

为了减少贮藏中果蔬的失水干耗，气调冷库加湿一般采用喷水加湿，库内的气体流速一般为0.2m/s。

三、气调保鲜技术的应用

1. 在果蔬贮藏中的应用

气调技术在果蔬保鲜方面的应用是最早的，大多以气调库贮藏，也有用冷藏条件结合气调包装来实现的，关键都是要建立适宜于果蔬的气体环境以达到保鲜的目的。表9-3、表9-4为蔬菜、水果气调贮藏的应用效果。

表9-3　蔬菜气调保鲜技术参数

品名	温度/℃	氧气/%	二氧化碳/%	湿度/%	保鲜期/d
红番茄	10～13	2～5	2～4	80～85	30
绿番茄	8～12	3～5	0	80～85	50
花菜	0～5	2～5	2～5	80～85	30
青椒	5～10	3～8	1～2	85～95	45
黄瓜	8～10	2～5	0～5	90～95	20～40
菜豆	8～10	6～8	1～2	85～95	20～45
大白菜	0～2	1～6	0～5	85～95	90～120
菠菜	0～2	21	10～20	95	20～30
甘蓝(包菜)	0～5	3～5	3～7	85～95	60～120
西兰花	0～2	1～2	0～5	95～100	20～90
胡萝卜	0～2	1～2	2～4	90～95	90～120
山药	5～10	5～10	0～2	75～85	90～150
马铃薯	2～3	3～8	0～2	85～90	120～180
茭白	0～2	3～10	1～2	90～95	15～45
芹菜(茎)	0～2	3～5	1～4	90～95	40～80
生菜	0～3	8～12	1～2	90～95	10～30
莴笋	0～5	3～8	1～2	90～95	15～30
大葱	0～1	5～10	1～2	80～85	30～90
洋葱	0～2	1～4	1～5	70～80	60～120
蒜薹	0～1	2～5	1～5	85～95	90～180

表 9-4　水果气调保鲜技术参数

品名	温度/℃	氧气/%	二氧化碳/%	湿度/%	保鲜期/d
苹果	0～5	2～5	1～3	80～92	180
梨	0～2	7～10	0～2	80～92	90
桃	0～±1	1～3	2～4	80～92	20～30
草莓	0～2	5～10	12～20	80～92	20～40
葡萄	0～2	4～6	1～3	90	60
柠檬	10～15	5	0～5	80～92	120
柑橘	3～5	6～8	1～3	80～92	100
鲜枣	0～±1	13～16	1～3	80～92	30～40
杏	0～2	1～3	1～3	80～92	30～60
菠萝	10～15	1～3	1～3	80～92	60～90
荔枝	0～3	5	10	80～92	20～50
龙眼	0～3	6～8	2～4	80～92	30～40
香蕉	12～15	2～5	2～5	80～92	20～50
芒果	10～15	3～7	5～8	90	30～50
枇杷	0～2	4～6	0～1	80～92	40～60
哈密瓜	3～5	4～6	2～4	80～92	40～90
樱桃	0～2	3～10	10～15	5～90	20～40

由于不同果蔬品种具有不同的生理特性，使得它们对低氧浓度和高二氧化碳浓度的忍耐力和生理反应不一样，气调贮藏的效果也有差异。一般而言，气调对有明显呼吸高峰果实的贮藏效果最好，特别是贮藏期较长的果实，如苹果、梨和桃，而蔬菜对气调贮藏效果的反应较差。

2. 在肉类等贮藏中的应用

气调在肉类贮藏中的应用主要是以复合气调保鲜包装的形式来保鲜。复合气体组成配比根据食品种类、保藏要求及包装材料进行恰当选择而达到包装食品保鲜质量高、营养成分保持好、能真正达到原有性状、延缓保鲜货架期的效果。

在气调包装中，氮气作为一种惰性气体，是气调贮藏中的一种填充剂，能防止肉品的氧化和酸败，氮气不影响色泽，也不抑制微生物的生长，但充入包装内可降低肉品所受的压力。据资料表明，$V(O_2):V(CO_2)$ 分别为 10:20，20:20，10:40，20:40 等不同比例时，在 2～4℃ 下贮藏鲜肉，与单纯真空包装比较，调节 O_2 和 CO_2 的百分比更能控制微生物的繁殖，降低失重（汁液损失）50%。在高浓度 CO_2（体积分数 40% 以上）条件下，对鲜肉的色泽产生不良影响，对脂肪氧化起加速作用。表 9-5 为肉制品气调贮藏的工艺条件。

表 9-5　气调包装肉制品的工艺条件

制品种类	气体比例(O_2：CO_2：N_2)	保藏时间/d
新鲜猪肉	70：20：10	5～12
新鲜牛肉	0：0：100	8～14
家禽肉	50：25：25	6～14
熏制香肠	75：25：0	42～70
熟肉	75：25：0	28～56
鸡蛋(0～1℃)	0：88：12	180～240

新鲜水产及海产鱼类的变质主要有细菌使鱼肉的氧化三甲胺分解释放出腐败味的三甲胺、鱼肉脂肪氧化酸败、鱼体内酶降解鱼肉变软、鱼体表面细菌（需氧性大肠杆菌、厌氧性梭状芽孢杆菌）产生中毒毒素，危及人健康。

用于鱼类气调包装的气体由 CO_2、O_2、N_2 组成，其中 CO_2 气体浓度高于 50%，抑制需氧细菌、霉菌生长又不会使鱼肉渗出；O_2 浓度 10%～15% 抑制厌氧菌繁殖。鱼的鳃和内脏含大量细菌，在包装前需清除、清洗及消毒液处理。由于 CO_2 易渗出塑料薄膜，因此鱼类气调包装的包装材料需用对气体阻隔性高的复合塑料薄膜，在 0～4℃ 温度下可保持 15～30d。英国金枪鱼采用 35%～45%，CO_2/55%～65%N_2 气体保鲜包装货架期 6d。虾的变质主要由微生物引起，其内在酶作用导致虾变黑。采用气调包装可对草虾保鲜。先将虾浸泡在 100mg/L 溶菌酶和 1.25% 亚硫酸氢钠的保鲜液中处理后，采用 40% 的 CO_2 和 60% 的 N_2 混合气体灌充气调包装袋内，其保质期较对照样品延长 22d，是对照样品保质期的 6.5 倍。

3. 在焙烤食品贮藏中的应用

焙烤食品包括糕点、蛋糕、饼干、面包等，主要成分为淀粉。由细菌霉菌等引起的腐变、脂肪氧化引起的酸败变质、淀粉分子结构老化硬变等造成食品变质。

在一定温度下，面包和蛋糕的货架期随着 CO_2 浓度（体积分数 0～60%）的增加而增加。充氮包装（包装内有 1% 体积分数的 O_2）与 99% 体积分数的 CO_2、1% 体积分数的 O_2 的气调包装相比较，前者 5d 后就有霉菌繁殖，后者的无霉菌货架期可达 100d。低水分活度的产品比高水分活度的产品，如烤饼、水果馅饼和面包的无霉菌货架期长，尤其是在 80%～100% 体积分数的 CO_2 浓度下。相对湿度降低时，对货架期的影响是霉菌的种类而不是增加 CO_2 浓度的效果。如果采用合适的气体混合配比，气调包装的焙烤食品在室温时的货架期可达 3 周到 3 个月。

第二节　涂膜保鲜技术

一、概述

早在 12～13 世纪，我国劳动人民就用蜂蜡来保存橘子和柠檬。16 世纪，英国人为了减缓食品失水，在食品表面涂抹油脂。19 世纪后期，有人提出可使用明胶薄膜来防止肉类和其他食品的腐败。20 世纪 30 年代，热溶石蜡被用于涂抹柑橘，以减少失水。20 世纪 50 年代初，巴西棕榈蜡油/水乳化剂被开发用于涂抹新鲜果蔬。前西德在 20 世纪 70 年代就有人研究用从猪油或菜子油中提炼的乙酰单甘酯，以浸沾的方式涂在牛胴体的前后和猪胴体的后腿表面，然后放入冷库贮存，结果发现贮存 25d 后，涂抹的牛肉重量损失比对照组减少 9%；涂抹的猪肉重量损失比对照组减少 6%，且风味与鲜肉基本相同。美国有人研究发现，一定浓度的海藻酸钠溶液涂抹在宰后鲜肉表面，不仅可以很好地降低热鲜肉冷却时的重量损失，而且还可抑制细菌的生长繁殖，减少肉色的变化，保持肉的鲜度。

涂膜保鲜是一种将食品涂膜或浸泡特殊的保鲜剂，在其表面形成一层保护性薄膜，防止外界微生物的侵入，减少食品与外界空气的接触，改变其表面的气调环境而实现保鲜的方法。

（一）涂膜保鲜技术的原理及作用

涂膜保鲜常用于果蔬的保鲜。果蔬在贮藏过程中会出现老化、失水以及腐烂等主要问题。而果蔬失水及气体运输是通过表皮系统进行的，表皮系统包括角质层、表皮细胞、气孔和表面毛状体等，角质层厚的果蔬在贮藏期间水分损失就少。涂膜是人为形成的一种有一定阻隔性的膜，与果蔬表面角质层类似可阻止果蔬失水。果蔬涂膜保鲜技术是根据果蔬采后生理变化的特点，科学地选用对人体无毒害作用的食用级抗氧化护色剂、杀菌剂、抑菌剂、成膜剂复合成果蔬涂膜保鲜液，将该液浸、喷或涂于果蔬表面即可形成一层透明质半透气性可食用保鲜薄膜，它能够适当调节食品表面的气体（O_2、CO_2 和乙烯等）交换作用，调控果蔬等食品的呼吸作用；能够减少食品水分的蒸发，改善食品的外观品质，提高食品的商品价值；具有一定的抑菌性，能够抑制或杀灭腐败微生物；或者涂膜本身虽然没有抑菌作用，但是，可以作为防腐剂的载体，从而防止微生物的污染；能够在一定程度上减轻表皮的机械损伤。采用涂膜处理后的果蔬，色泽鲜艳、光亮诱人、商品价值高、货架期长，促进销售，增强市场竞争力。总的来说，涂膜保鲜技术的作用主要表现在如下几个方面。

1. 隔离保护作用

这是涂膜保鲜技术基本作用之一。通过在食品表面形成一层保护膜，将食品与外界环境隔离，这样对食品质量具有危害作用的因子（如尘埃、空气中的氧、微生物等）便不能直接与食品接触，也就不便于发挥其危害作用。

此外，涂层一般具有一定的机械强度、弹性和韧性，它对食品具有一定的"加固"作用，从而可减轻食品遭受机械性损伤。

2. 抑制食品水分变化，增强保水性

果蔬在流通中由于自身蒸发及外界环境的影响极易失水，果蔬失水超过5％，其商品和食用价值大大降低甚至丧失。涂膜后，食品表面的涂层往往具有一定的阻湿性，对高水分食品（如鲜果蔬、鲜肉、鲜蛋等），它可以阻止食品中的水分蒸发，减少食品失重，防止食品干缩、萎蔫等；对低水分食品，它通过阻止食品对空气中水汽的吸收，防止食品因吸湿发生溶化、结块、粘连、软化、霉变等。如 Kamper 等（1984）开发的由水溶性乙醚纤维（如 HPMC）与棕榈酸和硬脂酸的混合物组成的涂膜剂，其涂层的阻湿性即使在相对湿度为90％时也很好。另外，由于保护膜具有吸水性能，可吸收外界的水分，使果蔬处于一个良好、稳定的湿度环境，有利于保持果蔬的新鲜度。

3. 发挥气调作用

O_2 和 CO_2 与食品（特别是鲜果蔬）的质量有着密切关系，果蔬涂膜后，这层具有选择通透性的保护膜对气体和湿度起到屏障的作用，使食品处于一个微气调环境中，不但减少水分的损失，而且可抑制空气中氧向食品内扩散，阻止果蔬从外界吸收氧气、抑制呼吸、延迟乙烯产生、防止芳香成分挥发，可延缓果蔬的完熟。

1984 年，Banks 研究了 CMC-蔗糖酯涂层对绿色的、将达到采收成熟期的香蕉的内部气体组成的影响，结果发现，经涂膜的香蕉其平均透氧性比对照组下降近5倍，而透二氧化碳性下降不到2倍。这一结果证实了 CMC-蔗糖酯涂层具有不同的透氧性和透二氧化碳性。香蕉内部气体组成的变化抑制了氧的呼吸，减缓了成熟速度。此外，涂膜未成熟水果还可减缓叶绿素的衰减速度，阻止水果从最佳成熟阶段向衰老的发展。

4. 阻止油脂迁移作用

对于油炸、肉及肉制品等富含油脂的食品，其油脂的损失不仅会影响食品的质量，而且会对包装、环境等造成污染。但有些涂膜剂，特别是亲水性聚合物所形成的涂层一般具有较高的阻油性，它不仅可以防止食品中油脂外渗，而且可防止外界油污对食品的污染。

5. 防止病原微生物侵染

保护膜能抵抗外面浮游和散落的病菌对果蔬的二次感染。有些成膜物质本身具有一定的抑杀菌作用，特别是一些新型多功能涂膜剂，往往配有杀菌剂，因此

用它们处理食品可杀灭或抑制食品表面污染的微生物，使微生物不能在涂层表面生长繁殖，更不会穿透涂层到达食品表面，从而可避免微生物对食品的危害。有些涂膜剂成分具有抗氧化性或在涂膜剂中配有抗氧化剂，它们可以消耗掉涂层内的氧或抑制引发或终止食品表面氧化作用，从而可起到抑制食品的氧化变质的发生。

涂膜也可作为具有特殊功能的食品添加剂的载体，如维生素、营养强化剂等，保持果蔬色泽、风味及营养价值。

另外，涂膜保鲜剂与普通保鲜剂相比可发挥保鲜增效作用，均匀分散于保护膜中的保鲜功能主剂能均匀持久地发挥保鲜功能，特别是保护膜具有缓释功能时，将最大限度地发挥功能主剂的保鲜作用。

（二）涂膜保鲜技术的方法

涂膜方法大致可分为浸染法、刷涂法和喷涂法三种。浸涂法最简单，即将涂膜剂配制成适当浓度的溶液，将食品浸入，蘸上一层薄薄的涂料后，取出晾干即成。因为浸涂常在果蔬表面留有较多的涂膜剂，这个方法不常用。刷涂法即用细软毛刷蘸上涂膜剂溶液，在食品上刷擦一层薄薄的保鲜膜。喷涂法即用机器在经过清洗、干燥的食品表面喷上一层均匀而极薄的保鲜膜。目前普遍用涂膜机（打蜡机）涂膜，涂膜机由清洗、擦吸干燥、喷涂、低温干燥、分级和包装等部分联合组成。

二、涂膜保鲜剂的种类及特性

涂膜分为多糖类、蛋白质类、脂质类和复合膜类等类型。

（一）多糖类膜

多糖类涂膜是目前应用最广泛的涂膜，主要包括壳聚糖、纤维素、淀粉、褐藻酸钠、魔芋葡甘聚糖及其衍生物等。多糖类涂膜剂它们都属亲水性聚合物，阻湿性一般较差，但某些透湿性大的多糖涂层往往具有良好的成膜性和有一定的黏度；其阻氧性较强，可用于保护脂质和其他食品成分的不被氧化。有些多糖类涂膜剂还具有较强的抑杀菌功能。

1. 壳聚糖涂膜剂

壳聚糖是甲壳素的一种衍生物。甲壳素又称甲壳质、蟹壳素、壳蛋白、壳多糖、几丁质等，广泛存在于虾、蟹、昆虫等节肢动物的外壳及真菌、藻类等一些低等植物细胞壁中。甲壳素通过改性处理，如脱乙酰化、羟乙基化、羧甲基化、氰乙基化、黄原酸化、硫酸酯化等，便可转化成其他衍生物。目前在食品保鲜方面应用较广泛的是经过脱乙酰化处理所得到的脱乙酰甲壳素（NOCC），即壳聚糖又称为可溶性甲壳素，属氨基多糖，有良好的成膜性和广谱抗菌性，不溶于水，溶于稀酸，而且无味、无毒、无害，可被生物降解，不会造成二次污染。

壳聚糖具有良好的成膜性，将其涂敷在食品表面可形成一层无色透明的薄膜。这不仅使食品的外观得到改善，更重要的是这种膜属半透性膜，在果蔬表面可起到"微气调"的作用，使蔬内氧的浓度降低，而二氧化碳浓度提高，从而可抑制果蔬的呼吸及后熟。对脂肪及富含油脂的食品，可以防止油脂的氧化酸败。此膜对水蒸气的通透性也较差，因此，在食品表面，对果蔬来说可以阻止水分蒸发，延缓萎蔫；对含水量低的食品可以防止食品吸潮变质；对于面包等淀粉质食品，可以延缓因水分蒸发引起的老化。由于壳聚糖不溶于水，溶于稀酸，所以在保证壳聚糖涂膜保鲜效果时，选择合适的酸作为壳聚糖的溶剂是重要的因素，酸度过低，溶解不完全，酸度过高则易对食品产生酸伤。研究表明，酒石酸和柠檬酸的效果较好且可以制成固体保鲜剂。另外，加入表面活性剂如吐温、司盘、蔗糖酯等，可改善其黏附性。脱乙酰度和分子量对壳聚糖膜的性质影响较大，脱乙酰度越高，分子量越大，则分子内晶形结构越多，分子柔顺性越差，膜抗拉强度越高，通透性越差。

壳聚糖还具有良好的抑杀菌作用。据资料报道，壳聚糖对腐败菌、致病菌均有一定的抑制作用；浓度为0.4%的壳聚糖对大肠杆菌、枯草杆菌、金黄色葡萄球菌均有较强的抑制作用；1%NOCC和2%醋酸混合液，对乳酸杆菌、葡萄球菌、微球菌、肠球菌、梭状芽孢杆菌、肠杆菌、科菌、霉菌、酵母菌等腐败菌及金黄色葡萄球菌、鼠伤寒沙门菌、李斯特单核增生菌等致病菌均有抑制作用，且抑菌效果明显优于2%的醋酸。研究发现，壳聚糖的防腐效果与其分子量之间有很大关系。相对分子质量为20万和1万左右的壳聚糖防腐效果最好，二者最佳浓度分别为1%和2%。将草莓在1%壳聚糖溶液中浸渍1min，晾干后于4~8℃冰箱中贮存，定期测定超氧化物歧化酶（SOD）活力和维生素C含量，结果表明，壳聚糖处理能明显阻止草莓中SOD活力下降，减少维生素C损失，抑制腐烂。因此，将壳聚糖涂敷在食品表面可以防止微生物对食品的侵害，将其添加到食品内，可以抑制或杀死食品中的微生物。

壳聚糖分子中含有大量羟基（—OH）和氨基（—NH$_2$），是一种天然的高分子螯合剂，可与许多重金属离子生成稳定的络合物。因此，将其添加到食品中，可利用其对铁、铜等金属离子的结合，延缓脂肪的自动氢化酸败。而且通过一些研究发现，含铁、钴、镍等金属离子的壳聚糖膜对葡萄的保鲜效果优于无金属离子的壳聚糖膜，其中，含钴离子的膜保鲜效果最好。其主要原因在于金属离子对壳聚糖复合膜通透性的影响。

2. 淀粉涂膜剂

淀粉作为一种可再生、可降解、无环境污染的生物资源，广泛存在于多种天然植物体内，并且已被充分应用到食品生产和加工中，如各种酱类、软糖、米粉等。淀粉除了具有大家熟知的增稠性、持水性、凝胶性以及老化性等性能之外，淀粉的成膜性也非常重要，常用来生产食品的包衣、被膜，而淀粉成膜性的好坏则直接影响制成品的品质。

制作淀粉膜可选用马铃薯淀粉、玉米淀粉、木薯淀粉等。淀粉在水中加热煮成糊，将淀粉糊涂抹于固体表面，然后干燥使水分散失，水分散失导致淀粉糊层空间缩小，淀粉链之间相互连接，形成交叉网状结构，水分继续散失直至形成有一定强度的薄膜。这种淀粉膜必须具有所需用途的某些质量特性（即所谓成膜性的好坏），这些性质包括可塑性、内强度、水溶性、吸湿性、透明度和光泽度。

不同的淀粉由于其分子量和分子形状的差异，在成膜性和膜性能方面有显著的差别。一般来说，分子量大、直链淀粉含量高的淀粉成膜性比较好。相对而言，马铃薯和木薯等薯类淀粉所形成的膜与玉米、小麦等普通谷类淀粉形成的膜相比，具有更高的柔韧性、溶解性、抗张强度和透明度。淀粉的成膜性与其颗粒结构、直链淀粉和支链淀粉的比例有关，这些淀粉所固有的特征决定了淀粉的糊化性能，糊化性能则影响着淀粉的成膜性。淀粉糊化后淀粉链的松散程度越高，链与链之间的亲和力越大，越易形成强度大的膜；淀粉糊越透明则形成的淀粉膜也透明；淀粉膜的水溶性（对于某些用途需使淀粉膜在常温水中快速溶解），普通谷类淀粉膜水溶解性较差的主要原因是这类淀粉直链淀粉含量较高，直链淀粉组分与脂肪类物质结合影响了水溶性，且谷类淀粉的小直链分子干燥成膜时将陈化，不仅本身变得不溶解，还把支链淀粉分子缠在不溶性的网状结构上，因而水溶性大大降低。

为了使淀粉更利于成膜，需经过一些处理。A. G. Maria 等对淀粉膜的应用作了初步的探讨。用稀碱溶液对淀粉进行改性处理，并加入甘油作为增塑剂，用这种配制好的涂膜液处理新鲜草莓并在 0℃相对湿度为 84.8％的条件下贮存，结果表明，处理过的草莓在失重率、硬度和腐败率等指标上均优于对照组。30d后，处理组的腐败率仅为 30％，而对照组的腐败率就已高达 100％。

3. 纤维素类涂膜剂

纤维素类也是常用的多糖类涂膜剂。天然状态的纤维素聚合物分子链结构紧密，不溶于中性溶剂，碱处理使其溶胀后与甲氧基氯甲烷或氧化丙烯反应，可制得羧甲基纤维素（CMC）、甲基纤维素（MC）、羧丙基甲基纤维素（HPMC）、羧丙基纤维素（HPC）等。

改性后的纤维素有良好的成膜性能，但对于气体的渗透阻隔性不佳。在当前研究中，通常要加入脂肪酸、甘油、蛋白质以改善其性能。J. W. Park 和R. F. Testin 等用两次成膜法研制成纤维素膜，并研究了脂肪酸的含量和链的长度对氧气渗透性的关系。具体做法是：将玉米蛋白质 25g 加入 105g 乙醇中搅拌，再加入由肉桂酸和棕榈酸组成的混合脂肪酸，设置不同的浓度水平，然后加入5.48g 聚氧乙酸和 6.08g 甘油，配成的溶液经过搅拌，升温至 85℃，再冷却到40～50℃，取出 20～30mL 倒在已经制好并干燥的改性纤维素膜上，在 80～85℃下干燥 30min，随后在电镜下对复合纤维素膜进行观察。研究者发现脂肪酸在两层膜（纤维质膜和玉米蛋白质膜）之间的分布在第一天就达到平衡，而且脂肪酸链越长，浓度越高，越容易达到平衡。而氧气的渗透性则随着链的缩短和浓度的升高而增大。

4. 魔芋精粉涂膜剂

魔芋是天南星科草本植物，在中国广大地区均有栽培。魔芋精粉中含50%～60%的魔芋葡萄糖甘露聚糖，能防止食品腐败、发霉和虫害，是一种经济高效的天然食品保鲜剂。所成膜在冷热水及酸碱中均稳定，膜的透水性受添加亲水物质或疏水物质的影响，添加亲水性物质，则透水性增强，添加疏水性物质，则透水性减弱。

改性后魔芋精粉的保鲜效果将得到明显改善。用磷酸盐对魔芋葡甘聚糖改性后用于龙眼涂膜保鲜，分别于常温（29～31℃）和低温（3℃）条件下贮存，常温下保藏 10d 后，处理组好果率82.86%，失重率 2.56%，对照组好果率仅 41.67%，失重率 4.49%。低温下保藏 60d 后，处理组好果率 88.89%，失重率 2.03%，对照组已全部腐烂。另外，处理组的总糖、维生素 C 等指标均优于对照组。用 1% 的魔芋精粉与丙烯酸丁酯接枝共聚产物对柑橘涂膜保鲜，室温下贮藏 130d 后，与对照组相比，失重率下降36.2%，烂果率下降 89.6%，维生素 C 损失率下降 53.5%，且外观良好，酸甜适中，保鲜效果显著好于未改性的魔芋精粉。

5. 海藻酸钠涂膜剂

海藻酸是糖醛酸的多聚物，是一种天然有机高分子电解质，由 D-甘露糖醛酸和 L-古洛糖以 (1,4) 糖苷键连接而成，直线型结构，其钠盐具有良好的成膜性。海藻酸钠涂膜可减少果实中活性氧的生成，降低膜脂质过氧化程度，保持细胞膜的完整性，使果实保持较低的酶活性，阻止膜表层微生物的生长。实验结果表明，海藻酸钠涂膜对红富士苹果有显著的保鲜效果。涂膜后在果面形成一层膜，起到限气贮藏的作用，使果实内部处于高 CO_2 低 O_2 的状态，从而抑制果实的代谢活动，达到保鲜效果。用海藻酸钠膜对胡萝卜进行保鲜，其腐烂率要低于纤维素膜和魔芋精粉膜。

由于海藻酸钠膜阻湿性有限，研究表明，海藻酸钠膜厚度对抗拉强度影响不大，但透湿性随着膜厚度的增加而减小。适量增塑剂不仅使膜具有一定的抗拉强度，而且不会明显增加透湿性。交联膜的性质明显优于非交联膜，环氧丙烷和钙双重交联膜的性能最好，在环境湿度高于 95% 时，仍能显著地阻止果蔬失水。

脂质可显著降低海藻酸钠膜的透水性。绿熟番茄经 2％的海藻酸钠涂膜后，常温下可延迟 6d 后熟，且维生素 C 损失减少，失重率降低。

王嘉祥等以海藻酸钠为主要原料，配以明胶或鸡蛋液或玉米淀粉，以氯化钙为钙化凝固剂制得一种组合涂膜剂。该涂膜剂具有一定的弹性、韧性，较透明、可食用、不易氧化。在冻结、解冻及烹调过程中始终成膜状，具有保护冷冻食品品质的特点。将食用明胶用少量热水溶化，再加海藻酸钠加水至 100g，得混合液。该混合液浓度为：明胶 1％，海藻酸钠 1％～1.5％。将该混合液涂敷于食品表面后，用 4％的氯化钙溶液进行钙化处理，使其凝固。该凝固物的弹性和韧性均比单用海藻酸钠好，有光泽、半透明，冻结、解冻后不破碎，且有一定韧性，适于作涂膜剂。

（二）蛋白质类

蛋白质类也是常用的涂膜材料，用于涂膜制剂的蛋白质主要有小麦面筋蛋白、大豆分离蛋白、玉米醇溶蛋白、酪蛋白、胶原蛋白及明胶等。

1. 小麦面筋蛋白膜

小麦面筋主要由麦谷蛋白和麦醇蛋白组成，其中麦谷蛋白含量占 30％～40％，麦醇蛋白含量占 40％～50％。由于麦谷蛋白具有弹性，麦醇蛋白具有延伸性，能与水形成网络结构，从而具有优良的黏弹性、延伸性、吸水性、吸脂乳化性和成膜性等独特的物理特性。

用小麦蛋白质研制的可食用膜柔韧、牢固，阻氧性好，但阻水性和透光性差，限制了其在商业上的应用。Contard 等用 95％的乙醇和甘油处理小麦面筋蛋白，可以得到柔韧、强度高、透明性好的膜。此后，有人在此基础上改进，并优化了设计工艺，使用交联剂，得到的膜氧气渗透性较低，膜的强度和伸展性比原来提高 4～5 倍。

当小麦面筋蛋白膜中脂类含量为干物质含量的 20％时，透水率显著下降。目前，小麦面筋蛋白在果蔬保鲜上很少使用。

2. 大豆蛋白质膜

大豆分离蛋白是近年来研究较多的蛋白质类涂膜剂，最早的蛋白质膜是直接用豆奶制成的。大豆蛋白膜较之豆奶膜，外表较为光洁。研究表明，pH 值是影响蛋白质成膜质量的关键因素，大豆分离蛋白制膜液的 pH 值应控制在 8，小麦面筋蛋白应控制在 5。大豆分离蛋白膜的各项性能均优于小麦面筋蛋白膜。此外，经碱处理的大豆分离蛋白的成膜性能、透明度、均匀性及外观均优于未经碱处理的大豆分离蛋白，因用弱碱处理后，团状卷曲的蛋白质四级结构就会被溶解，散开而成为长链状结构，这种结构有更多的机会发生交联，所形成的膜就会有更好的阻氧性和更高的强度，但两者的透水率几乎一致。

大豆分离蛋白膜的透氧率相当低，比小麦面筋蛋白低 72％～86％。由于大豆分离蛋白膜的透氧率太低，透水率又高，因而不单独用于果蔬保鲜，常与糖类、脂类复合后使用。

3. 玉米蛋白质膜

玉米醇溶蛋白具有其他蛋白膜所没有的良好疏水特性，易于成膜，其在醇-水溶液中形成无规则线团结构，溶剂蒸发后可制成一种透明、有光泽的薄膜，具有防潮、隔氧、抗紫外线、保香、阻油和防静电等特性，且对细菌有一定抑制作用，能延长食品货架寿命。

香蕉保鲜实验表明，效果较好的膜为 0.8mL 3％甘油＋0.4mL 油酸＋10mL 玉米醇溶蛋白制成的膜。将玉米醇溶蛋白、甘油、柠檬酸溶解于 95％的乙醇中，用于转色期番茄的涂膜保鲜，贮存条件为 21℃、相对湿度 55％～66％。结果表明，涂 5～15μm 膜的番茄后熟延迟 6d，无不良影响，涂 66μm 膜的番茄则发生无氧呼吸。上述实验表明，涂膜厚度也会影响涂膜保鲜的效果。涂膜太薄，起不到隔氧、阻湿作用，涂膜太厚，又会阻碍必要的新陈代谢活动，导致异常生理活动发生。

由于蛋白质膜有股令人不快的气味，而且价格昂贵不易得，也限制了它在商业上应用。

4. 花生分离蛋白膜

花生分离蛋白具有较好的成膜性能。花生分离蛋白膜具有一定的抗拉强度和阻止水蒸气迁移的能力，是一种很有发展前景的可食性膜。甘油作为增塑剂的效果最好，甘油与蛋白质的质量比为 0.67～1.67 时，不会影响水分的渗透性和氧渗透性，却能够使断裂伸长率明显提高。使用花生分离蛋白膜对蔬果进行涂膜处理，发现能明显防止蔬果褐变，抑制其呼吸作用，延缓贮藏过程中有机酸和总糖等营养成分的损失，有效地延长了蔬果的保藏期。

除了以蛋白质类涂膜剂之外，还有蚕丝丝素蛋白膜、葵花蛋白膜、肌原蛋白膜、乳清蛋白可食性包装膜等。

酪蛋白、胶原蛋白、明胶等在食品涂膜保鲜上用得较少。蛋白质类膜具有相当大的透湿性，因而常与脂类复合使用。

（三）脂类

可用作涂膜材料的脂质类物质很多，其中主要有果蜡、乙酰甘油酸酯和表面活性剂等。由于脂质类物质极性较低，因此，将它们涂于食品表面可阻止食品中水分的蒸发；水果的脂质涂层还可减少操作过程中水果表面的磨蚀，并能减少贮藏苹果的"软褐斑点病"。

1. 果蜡

植物为了调节自身的生理活动，以适应外界复杂的环境，在其外表自然形成一层具有保护作用的蜡质层。那么人工涂蜡更进一步加强果蔬的这一保护功能，因而能更长时间地保持果蔬的良好。

果蜡1930年在美国问世，是果蔬保鲜剂中最先使用的。果蜡是一种把树胶、蜂蜡、虫胶之类的物质用有机溶剂制成的液态蜡水溶性乳液，喷涂在果实的表面，待干燥后，固化留在果皮表面形成薄膜，薄膜中有许多微孔，这些微孔弯弯曲曲，三维相通。果蜡能抑制果实的新陈代谢等生理生化过程，减少表面水分蒸发，推迟生理衰老。经过打蜡的水果，色泽鲜艳，外表光洁美观，商品价值高，货架期长，且包装入库简单，一经问世，便取得了广泛的推广和应用。中国在20世纪80年代末引进了这项技术，之后研制出了自己的保鲜果蜡，如中国林业大学林化所的紫胶涂料，中国农业科学院的京2B系列膜剂，重庆师范大学研制的液态膜保鲜剂，北京化工研究所开发的CFW型果蜡。其中，CFW型果蜡经处理蕉柑的保鲜实验后，已证明有良好的保鲜效果，在某些指标上甚至已经超过了引进技术的果蜡。

2. 蔗糖脂肪酸酯

蔗糖脂肪酸酯（Sucrose Fatty Acid Esters SE）是由蔗糖和正羧酸合成的多元醇非离子型表面活性剂。SE能在果实表面形成半透膜，使果实表面的气孔有一定程度的"堵塞"，使果实处于单果实气调的状态，从而既减弱了蒸发失水、降低了呼吸强度，还有一定的抑菌作用，使果实失重率和烂果率明显降低，较好地保持了果实的营养成分。

中国农科院柑橘研究所、重庆江北农场、四川日化研究所等单位以蔗糖脂肪酸酯为主，配入适量糖、油脂等物，研制出的柑橘保鲜剂，柑橘在贮藏的前5d，保持库房通风，使果实表面保鲜剂中的水分蒸发，然后关闭门窗，只留通风孔，在室温下进行贮藏。贮藏14d后，柑橘风味正常，外观饱满，腐烂率、失水率均较对照组明显降低。李琳等采用3.75%蔗糖脂肪酸酯、0.50%海藻酸钠配合防腐剂制成复合膜保鲜黄瓜，明显地延长了黄瓜的货架寿命。祝美云等在甘薯保鲜上也有类似报道。

3. 食用脂肪

以食用油脂、乳化剂等组成的涂膜剂，不仅可减少食品贮存中的干耗，防止氧化，有效地保持食品的鲜度，而且不与食品产生任何化学反应，对一般食品皆适用。这种涂膜剂资源丰富，价格低廉，所形成的膜易除去，并可食用。

该涂膜剂以可食用的脂肪为基础原料，由低级脂肪、猪油、乳化剂三部分组成。低级脂肪占涂膜剂成分的50%～70%，它可以从某些动物脂肪中获得，如牛的脂肪，猪油由猪脂肪炼制而成；乳化剂占涂膜剂重量不超过 1%，其作用是促进脂肪与水分子之间的结合。常用对人体无副作用的卵磷脂，同时卵磷脂也起抗氧化剂的作用。低级脂肪、猪油和乳化剂的比例大体为 70：30：1；50：50：1 或 60：40：1。以上比例主要取决于被涂膜食品的种类和涂层的厚度。如果要涂得厚一些，低级脂肪所占比重就可大一点；反之，则可小一点。

但是，脂质膜在制备时易产生裂纹或孔洞，从而降低阻水能力，还会产生蜡质口感。因此，20 世纪 90 年代后，脂质材料已很少单独使用制备涂膜剂，尤其在可食用膜研究报道中，通常与蛋白、多糖类组合形成复合膜作为涂膜剂以达到理想的保鲜效果。

（四）复合类

复合膜是由多糖类、蛋白质类、脂质类中的两种或两种以上物质经一定处理而成的涂膜。由于各种成膜材料的性质不同，功能互补，因而复合膜具有更理想的性能。复合膜中多糖类物质提供了结构上的基本构造；蛋白质通过分子间的交叠使结构致密；而脂类则是一个良好的阻水剂。

由于复合膜中的多糖、蛋白质的种类、含量不同，膜的透明度、机械强度、阻气性、耐水耐湿性表现不同，可以满足不同果蔬保鲜的需要。在猕猴桃涂膜试验中发现，采用 0.080% 支链淀粉、0.165% 硬脂酸和 0.775% 大豆蛋白溶液对猕猴桃浸泡 30s 后存放在 15℃、相对湿度 50% 的环境中，20d 后涂膜处理的猕猴桃失水率在 6.48%，而对照组则在 8.26%，失水率显著降低。由多糖与蛋白质组成的复合天然植物保鲜剂膜具有良好的保鲜效果，对金冠苹果、鸭梨和甜椒的保鲜研究表明，苹果、鸭梨涂膜处理后开放放置 1 个月，外观基本不变，对照组已全部变黄。80d 后，处理果仍呈绿色，对照果则已失去商品价值。甜椒处理后 15d，无皱缩，维生素 C 含量高达 136.4mg/100g，对照果已干缩，无商品价值。

TAL Pro-long 是英国研制的一种果实涂膜剂，由蔗糖脂肪酸酯、CMC-Na 和甘油酯或甘油二酯组成，可改变果实内部 O_2、CO_2 和 C_2H_4 的浓度，保持果肉硬度，减少失重，减轻生理病害。Superfresh 是它的改进型，含蔗糖脂肪酸酯 60%、羧甲基纤维素钠 26% 和双乙酰脂肪酸单酯 14% 构成，其中蔗糖脂肪酸酯的作用是减少氧向果实内渗透和果实中的水分蒸发；羧甲基纤维素钠能促使膜的形成，并使其黏附在果实表面；双乙酰脂肪酸单酯是乳化剂，可用于多种果蔬，已获得广泛应用。

OED 是日本用于蔬菜保鲜的涂膜剂，配方为：10 份蜂蜡、2 份蛋白酪、1 份蔗糖酯，充分混合使成乳状液，涂在番茄或茄子果柄部，可延缓成熟，减少失重。

尽管有些膜已成功地用于果蔬保鲜，但有时不适当的涂膜反而会使果蔬品质下降，腐烂增加。例如，用 0.26mm 厚的玉米醇溶蛋白膜会使马铃薯内部产生酒味和腐败味，原因是马铃薯内部氧含量太低而导致无氧呼吸。另外，涂有蔗糖酯的苹果增加了果核发红现象。

涂膜保鲜是否有效关键在于膜的选择，欲达到好的涂膜保鲜效果，必须注意以下几方面的问题：①研制出不同特性的膜以适用于不同品种食品的需求；②准确测量膜的气体渗透特性；③准确测量目标果蔬的果皮与果肉的气体及水分扩散特性；④分析待贮果蔬内部气体组分；⑤根据果蔬的品质变化，对涂膜的性质进行适当调整，以达到最佳保鲜效果。

三、涂膜保鲜技术的应用

1. 在果蔬保鲜中的应用

在果蔬表面包裹一层膜，除可防止病菌感染外，还由于在表面形成了一小型气调室，大大减弱了水分挥发，同时也减缓果蔬的呼吸作用，推迟果蔬的生理衰老，从而达到保鲜目的。如壳聚糖保鲜膜，可使柑橘、猕猴桃、番茄、青椒等水果在常温下的保鲜期延长二三倍，甚至可以达到与冷库贮存保鲜同样的效果。

2. 在肉类及水产品保鲜中的应用

常用的肉类保鲜是涂膜保鲜法。将肉浸渍于涂膜液中，或将涂膜液喷涂于肉表面，使其在肉的表面形成一层保护性薄膜，以防止外界微生物的侵入。涂膜还减少了肉与外界空气接触的机会，防止了脂肪氧化酸败和肉色变暗，此外，涂膜还可减少肉汁流失，从而在一定时间内保持肉类的新鲜。近年来，将可食性涂膜应用于肉食品保鲜的研究取得了一定成果，应用较多的成膜物质有壳聚糖、海藻酸钠、羧甲基纤维素、淀粉和蜂胶等。

选用海藻酸钠、甘油、抗坏血酸、茶多酚、甘草提取物及氯化钙等天然性的无毒无害材料作为鱼、虾、贝的复合涂膜剂，使其在物料表面上形成一层具有一定机械抗拉强度和持水性强的光亮透明的薄膜。该薄膜弥补了包冰衣的一些不足，可更有效地延长物料的保质期，又因这种保护膜系天然性的无副作用材料，故不必在食用之前将膜去除。涂膜后的物料外观更佳。因此，该法是一种行之有效的保鲜方法，也可作为超级市场或自选商场内销售冷冻水产品的预包装。有研究表明对带鱼、虾仁、扇贝柱进行涂膜保鲜可延长保质期，减少汁液流失，降低煮汁损失及冷藏干耗率。

3. 在禽蛋保鲜中的应用

禽蛋在保藏过程中，常发生微生物污染、蛋壳内气体逸出、重量下降等问题，使货架期缩短。可以采用低温冷藏和气调保鲜等方法，但成本较高，对禽蛋而言，涂膜保鲜是一种经济实用的方法。禽蛋的涂膜保鲜法是将一种或几种具有一定成膜性，且所成膜阻气性较好的涂膜材料涂布于蛋壳的表面，封闭气孔，阻隔蛋内水分蒸发和二氧化碳气体的外逸，减少外界腐败微生物对蛋的污染，从而抑制蛋的呼吸作用以及酶的活性，延缓禽蛋的腐败变质，达到较长时间保持鲜蛋品质和营养的目的。可用于禽蛋涂膜保鲜剂的有淀粉、壳聚糖、聚乙烯醇、脂肪醇聚氧乙烯醚、大豆多糖、玉米醇溶蛋白、蜂胶、石蜡等。

4. 在焙烤制品中的应用

可食性膜可作增进焙烤食品外观的光滑层。如小麦谷蛋白膜可取代传统的鸡蛋膜，它可避免由生鸡蛋引起的微生物问题从而起到防止水分损失的阻隔作用；利用紫胶可食性膜液对面包进行涂膜处理可以有效防止霉变，延长保质期；将壳聚糖涂敷在面包表面，可防止面包失水而干裂。

5. 在油炸食品中的应用

选择适当的成膜剂对油炸食品预先涂膜，可以降低产品的耗油量，延长油的使用寿命。比如，果胶膜可使鱼鸡块、蔬菜在煎炸时油的吸收减少 20%～40%，羟甲基纤维素和甲基纤维素可用于炸薯条和炸洋葱圈时减少油的吸收，淀粉基材料可用作快餐油炸食品的包装，避免了长期以来食品包装所带来的安全问题。

6. 在糖果工业中的应用

在糖果工业中，对于巧克力以及表面抛光的糖果生产来说，当巧克力用于包裹花生酱或小甜饼等含油脂的材料时，油脂可向外层巧克力迁移，造成巧克力变软变黏而"反霜"，内部材料则变干，最终导致风味的改变。而水溶性的乳清蛋白膜有优良的阻氧性和油性光泽，可以减少糖果中挥发性有机组分的扩散，还减少了涂敷步骤，可以有效地解决这一问题。

第三节　其他的保鲜技术

一、钙处理保鲜技术

钙作为一种大量的营养元素，不仅是影响果实品质最重要的矿质元素之一，而且钙离子在植物生理生长发育、成熟衰老等生理生化过程中具有重要作用。钙处理可以提高植物果实的硬度，防止贮藏病害，延长贮藏时间，在水果贮藏中逐渐引起人们的重视。

1. 作用机理

近年来研究表明，钙用在水果上作用特别明显，特别是呼吸速率、乙烯和一些酶类等衰老指标被降低；钙也能降低叶绿素和蛋白质降解的速率，对果蔬的衰老有显著性影响。许多生理病害与果实组织中钙含量较低有关。钙缺乏时，会导致果实细胞功能减弱，组织容易衰老或者坏死，细胞壁降解加快，从而加剧了果实的成熟衰老、软化和生理病害。如在苹果中，果心区钙含量相当低时易发生水心病和衰败，果皮和果肉的钙含量相当低时，则易发生苦痘病；在鸭梨中，果肉钙含量低时，发生黑心病；此外，低钙往往会导致柑橘浮皮病、樱桃果实的开裂、葡萄腐烂、桃和番茄的软化、油梨的褐变和冷害、芒果的冷害等。采摘后进行钙处理可矫正潜在的缺钙和减轻生理病害，甚至不发生病害。

果实组织中的钙含量与采摘后果实的呼吸强度和乙烯释放量有关，钙是通过抑制呼吸作用和乙烯生成而延缓果实的衰老和成熟的。香蕉、杨桃、油梨、芒果、苹果和梨等果实，采摘后进行钙处理，可降低果实的呼吸强度，抑制乙烯的释放和细胞壁的降解，从而延缓了果实的衰老，保持了果实的硬度。

2. 处理方法及应用

钙处理的方法有多种，如采前喷钙，采后用钙溶液喷涂、浸泡、减压或加压浸渗等，目前主要采用氯化钙溶液浸泡的方法。由于减压浸渗能使钙离子有效地渗入果实组织，同时又能将少量的乙烯从组织中排除，而且处理时间短（1～2min），因而被广泛地采用。钙溶液的浓度一般为2%～12%。

草莓对乙烯比较敏感，乙烯的存在可以加速其成熟，经过浓度大约5%的含钙溶液处理后，可以延长保鲜时间，在20℃下，成熟的草莓经过处理后可以保鲜2d，稍青一点的草莓经过处理后可以保鲜4d，活性钙可以抑制发霉。

番茄、甜瓜、圆辣椒等，其处理条件依成熟的情况而定，成熟的可以选择浓度在2%～5%左右的含钙溶液，不成熟的选择浓度2%以下的稀一点的含钙溶液。处理过的产品与没处理过的产品经过对比保存期可以延长5d。

根菜类的马铃薯、芋头、大蒜等，经过活性钙溶液处理后，可以防止腐败、发芽，延长贮藏期。

柑橘类经过较浓的活性钙溶液涂抹后，再与空气中的二氧化碳反应生成一层透明的薄膜，此薄膜具有抑制柑橘类的呼吸作用、抑制乙烯气的生成、防止水分的蒸发、防止腐败菌的繁殖。

二、臭氧保鲜技术

臭氧是目前已知的一种广谱、高效、快速、安全、无二次污染的空气消毒剂，可以减少空气中的真菌和酵母菌的数量，可杀灭附在水果、蔬菜、肉类等食物上的大肠杆菌、金黄色葡萄球菌、沙门菌、黄曲霉菌、镰刀菌、冰岛青霉菌、黑色变种芽孢、自然菌、淋球菌等。近年来，各种能产生臭氧的装置被称为水果、蔬菜保鲜机，已相继进入市场。应当指出，臭氧虽可降低空气中的霉菌孢子数量，减轻贮藏库墙壁、包装物和水果表面的霉菌生长，减少贮藏库的异味，但对控制果蔬腐烂的作用不大，甚至无效。

1. 臭氧杀菌的机理

臭氧由氧气转化而产生，带有特殊的腥味。大规模臭氧发生通常采用电晕放电法，通过交变高压电场使空气电离，将氧气转变成臭氧。这种方法能耗较低，臭氧产量大，是目前应用最多的一类臭氧发生设备。

臭氧具有强的氧化性，很容易同细菌的细胞壁中的脂蛋白或细胞膜中的磷脂质、蛋白质发生化学反应，从而使细菌的细胞壁和细胞受到破坏（即所谓的溶菌作用），细胞膜的通透性增加，细胞内物质外流，使其失去活性。另一方面，有研究证实臭氧能有效地分解乙烯，对延缓果蔬后熟、保持果蔬新鲜品质有理想的效果。由于臭氧性质不稳定，分解后成为正常的氧气，在处理基质上一般无残留，因此被普遍认为是一类可以在食品中安全应用的杀菌物质。

臭氧对各类微生物的强烈杀菌作用已经有许多研究报道。有试验表明，绿脓杆菌（$pseudomonas\ aemginosa$）在 15℃，相对湿度 73%，臭氧浓度 0.08～0.6mg/kg 的条件下，处理 30min 的死亡率可达 99.9%，用浓度为 0.3mg/L 的臭氧水溶液处理大肠杆菌和金黄色葡萄球菌 1min 的杀灭率均达到 100%。

2. 臭氧保鲜技术的应用

臭氧的高杀菌效率和低残毒特性使其应用范围正在不断地扩展。

臭氧在果蔬保鲜中的应用一般与气调库配合，对果蔬表面的微生物有良好的杀灭作用。应用时需针对不同的果蔬品种确定合适的处理剂量，高的剂量虽有好的杀菌防腐效果，且一般也不产生残毒，但高浓度的臭氧可能对果蔬固有的色泽、芳香风味等有不利影响。

对高水分的粮食用臭氧处理后可明显延长保质期；对于正常水分的粮食来说，臭氧处理不仅能减少粮食中霉菌的含量，提高粮食贮藏的稳定性，而且可杀灭粮食中的害虫，避免有毒杀虫药剂的使用。

但是臭氧的穿透力较弱，分解速度较快，自然扩散仅能作用于粮堆的表层，即使利用风机强制气体环流也较难使臭氧在粮堆中均匀分布，从而会影响臭氧防霉、杀虫的效果；粮堆渗透障碍的因素也使得臭氧处理粮食需要较高的剂量和延续较长的时间，提高了使用成本，增加了臭氧氧化粮食的程度。总之，臭氧具有对防霉、杀虫的有效性和不产生有毒残留污染粮食等优点，但要实际应用尚有许多技术问题需要解决。

三、超声波杀菌保鲜技术

振动频率在 $1.6 \times (10^4 \sim 10^6)$ Hz 的声波称为超声波，它是人耳听不到的一种声波，具有能够传递很强的能量、通过不同介质时在界面发生波速突变、超声振动在介质传递过程中强度随传播距离的增加而衰减等特性。

1. 超声波杀菌保鲜的机理

超声波在固体、液体和气体中传播时，会引起物理、化学、生物等一系列效应，利用这些效应可以影响、改变甚至破坏物质的组织结构和状态。

在超声波作用下，由于介质质点的振动，会使其产生加速度、速度、位移、压力、膨胀、压缩等方面的多种变化，波动的压力使微小的气泡不断产生和破灭，进而在宏观上表现为机械冲击。这种冲击破坏了细胞的结构和功能成分，使细胞溶解，从而达到了杀菌的目的。另外，超声波对高分子化合物有分解作用，能分裂葡萄糖、果糖、核酸等；还可使氧化酶、脱氢酶失去活性。生物效应则主要表现在超声波使生物组织的结合状态发生改变，当这种改变为不可逆变化时，就会对生物组织造成损伤。

已有不少研究结果证明，超声波能有效地破坏和杀死某些细菌及病毒，或使病毒丧失毒性。如 4.6MHz 频率的超声波可以将伤寒沙门菌全部杀死；将超声波用于酱油杀菌的实验证明，当超声波处理时间累计达 4min 时，酱油样品的微生物菌落总数指标可以达到法定要求；经超声波处理的酱油色泽清亮、黏稠度下降、鲜味比较突出；采用超声波清洗餐具 40s，大肠杆菌几乎不被检出，葡萄球菌的下降率为 99.5%，灭菌效果非常好。

超声波的杀菌效果受声强、频率、时间、波形等因素影响。目前用于超声波杀菌的频率一般在 20～50kHz 范围，杀菌时间一般为 10min，虽然在一定时间范围内的杀菌效果与时间大致呈正比关系，但进一步增加杀菌时间，杀菌效果无明显增加。另外随着杀菌时间的增加，介质的温升会增大。

2. 超声波杀菌保鲜技术的应用

牛乳的营养元素全面，是老少皆宜的营养食品，但也是微生物生存繁殖的培养基。挤出的生鲜牛奶要经过杀菌才能保证其货架期。常规的热杀菌会降低牛乳的营养价值。而超声波杀菌技术属于一种冷杀菌技术，将其应用于原料乳保鲜，研究结果表明，在 60℃ 条件下，经 50kHz 处理 60s，杀菌率达到 87%，对营养物质的破坏极少，且保鲜期延长。

有研究显示，使用超声波对酱油累计灭菌时间达到 4min 后，酱油中的微生物指标合格，黏稠度下降，鲜味较为突出。用超声波处理豆角，当杀菌时间为20～40s 时，对豆角的杀菌保鲜作用比较好。用超声波进行板鸭的杀菌保鲜也获得了较好的效果,仍可保持食品的营养与风味。用超声波处理易于腐败的动物性食品,如家禽和乳品时,通常以肠道中的革兰阴性致病菌为指标菌。对于这些食品,超声波处理大多都应用于液态环境中。例如,用超声波处理蛋白胨溶液10min,沙门菌的数量大约可降低4个数量级。

超声波与媒质的相互作用使其蕴藏着巨大的能量,这种能量能在短时间内足以起到杀灭和破坏微生物的作用。但是在实际应用上还存在着一些问题。例如,要获得具有杀菌价值的超声波,必须首先具有高频率、高强度的超声波源。这样,不仅在经济上费用较大,而且与所得到的实际效果相比是不合算的。因此,人们用超声波与其他消毒方法协同作用的方式,来提高其对微生物的杀灭效果。例如超声波与紫外线结合,对细菌的杀灭率增加;超声波与热协同,能明显提高对链球菌的杀灭率;超声波与化学消毒剂合用,对芽孢的杀灭作用明显。

第十章
无菌包装技术

第一节　无菌包装技术概述

无菌包装技术（Aseptic Packaging，简称 AP）始于 20 世纪 40 年代，最初是为了生产不能用传统的高压釜灭菌，且要求有较长货架寿命的产品（乳制品）而开发的。在 1913 年，丹麦人就对牛乳进行热杀菌实施无菌包装之后，瑞典乳品业和机械制造业合作研究出了超高温瞬时灭菌技术，成为无菌加工的重要组成部分，用于乳品的无菌包装生产。20 世纪 60 年代开始，得益于包装用塑料的发展，无菌包装的市场份额随之迅速提升，20 世纪 90 年代初，包装在发达国家的液体食品包装所占的比例已经超过 65％。近年来，世界上无菌包装技术的应用不仅限于乳品业，而且应用在其他食品业，如果蔬汁和果蔬汁饮料、豆奶、矿泉水、葡萄酒、营养功能产品等食品产品的无菌包装。

我国的无菌包装起步于 20 世纪 70 年代末。1970 年，我国引进一套瑞典利乐包装有限公司的复合纸砖形无菌包装设备，用来包装甘蔗汁、果汁、豆奶、菊花茶等液体饮料，产品投放市场后引起了消费者和食品行业、包装行业、包装学者的兴趣和关注。1981 年，深圳光明华侨畜牧场奶制品加工厂引进两台，上海锦江食品联合公司引进两台。1984 年起，全国沿海大中城市有实力的食品饮料企业或新公司陆续引进瑞典利乐公司、美国国际纸业公司、德国 PKL 公司、日本大日本印刷株式会社等生产的无菌包装生产线设备。

无菌包装技术是现代高科技综合技术，即是在无菌环境条件下（包装辅助器材无菌），把无菌的或预杀菌的被包装物充填到无菌容器或材料中并加以密封的一种现代包装技术。而食品无菌包装技术是指将被包装食品、包装容器、包装材料及包装辅助材料分别杀菌，并在无菌环境中进行充填封合的一种包装技术。由此可知，食品的无菌包装有三个基本要求：无菌的包装材料或容器、无菌的食品和无菌的包装操作环境。

由于无菌包装可以长时间地保存食品，防止食品发生霉烂变质，所以建立在无菌包装技术上的食品生产受到人们的普遍关注。

一、无菌包装技术原理

无菌包装包括包装材料的无菌化处理；包装内容物的无菌化处理；包装环境的无菌化和包装后完整封合的无菌化四个要素。"无菌"表明了产品中不含任何影响产品质量的微生物，"完整封合"表明了经过适当的机械手段将产品封合到一定容积的包装内，能防止微生物和气体或水蒸气进入包装。所以它的基本原理是以一定方式杀死微生物，并防止微生物再污染为依据。

无菌包装的食品一般为液态或半液态流动性食品，其特点为流动性好、可进行高温短时杀菌（High Temperature Short Time，HTST）或超高温瞬时杀菌（Ultra High Temperature Short Time，UHT），产品色、香、味和营养素的损失小，例如维生素能保存 95%，且无论包装尺寸大小，质量都能保持一致，这对热敏感食品，如牛奶、果蔬汁等的风味品质保持具有重大意义。

无菌包装技术将经过灭菌的食品（饮料、奶制品、肉制品、蔬菜汁）在无菌环境中包装，封闭在经过杀菌的容器中，以期在不加防腐剂、不经冷藏条件下得到较长的货架寿命。简单来说，无菌包装首先是食品和包装材料的单独灭菌，然后在无菌条件下进行充填和包装得到无菌化包装食品。两者相互独立灭菌，这就使得比普通罐头制品的杀菌耗能少，且不需用大型的杀菌装置；可实现连续杀菌灌装密封，生产效率高。但是，若在加工、包装、充填、封合的各个环节中有任何地方未能彻底杀菌，就会影响产品的无菌效果。

当前人们对无菌包装技术格外关注有许多原因，其中较主要的有以下几点：

（1）无菌包装节省能源费用。

（2）市场竞争愈加激烈，要求采用先进的包装技术。

（3）消费者对食品的营养和品质风味要求日益提高。

（4）更重要的是近年来大量新材料、新技术、新工艺可用于食品无菌包装，使无菌包装的产品灵活多样，味道更鲜美，营养更丰富。

二、无菌包装技术特点及缺点

无菌包装对食品包装来说具有极其重大的意义，它是保证食品卫生的极其重要的手段，所以发展十分迅速。食品的无菌包装具有很多优点，主要表现如下。

（1）最大限度地保持食品的天然风味、品质和营养，确保产品质量 无菌包装的食品经过高温短时灭菌或超高温瞬时灭菌，使食品的加热时间大大缩短，不会破坏食品的营养成分，从而能最大限度地保持食品原有的色、香、味和营养价值。

（2）有效地防止产品变质，能大大延长食品的保质期和货架寿命　食品中富含微生物生长必需的营养素，它们在食品中的生长繁殖，最终将导致食品的变质、败坏。而经无菌处理包装的食品灭菌效率高，其中的有害微生物含量甚微，且不需要冷藏或添加食品防腐剂，便可使食品在常温下贮藏一年多不变质，有利产销。无菌包装的复合包装材料和真空状态可以使产品免受光、气、异味的影响和微生物的侵入，使常温下保藏的食品的风味保持半年不损失。

（3）提高某些产品的质量　有些产品经过无菌处理能够提高质量，如生装的肉类、禽类罐头，通过加热杀菌后变熟，组织软化，风味改善；鱼类的骨头和鱼刺也变得酥松可食。

（4）不仅可处理一次性小包装，还可以进行分装用大包装　无菌包装按包装容量可以分成大包装和小包装两种，大包装容量为 5～220L，最大可到 1000L，主要用于包装浓浆、基料，供食品厂家进行分装销售。其中 5～20L 的也可以直接供应家庭消费。后者包装容量为 70～1200mL，供市场销售，直接供应消费者。

（5）节约包装成本，技术符合现代环保包装的要求　对包装材料的耐热性要求可降低，可以使用塑料、纸等成本较低的包装材料，包装容器的形状及大小可多样化，产品的空间利用率高、质量轻，因此成本也不高，这是以往一般罐头食品无法做到的。以饮料为例，用软包装的成本只有金属罐的四分之一，装满后总质量的 97％是饮料。

（6）节约运输成本　经过无菌包装的食品可以在常温下进行保存和运输，无需利用特殊装置，可降低流通费用、节省能源，方便运输。

（7）便于自动化、连续化作业，生产效率高，节约成本。

无菌包装技术虽然有着其他包装技术无可比拟的优点，但是无菌包装技术也存在着一些缺陷，其缺点主要表现如下：

首先，设备应用缺乏广泛性。无菌包装设备比较复杂、规格大、造价高，初始成本比较高；而且无菌包装设备还具有高度自动化、系统化特点，因此对于一些小规模的企业而言，成本太高，所以限制了其在一些小规模生产中的应用。

再者，无菌包装技术一般不能应用在流动性差、高黏度的食品中。无菌包装技术一般采用高温短时杀菌（HTST）或超高温瞬时（UHT）杀菌技术，所以一般要求食品的流动性好。则无菌包装的食品一般要求为液态或半液态流动性食品。

第三，操作要求严格。操作和管理的卫生要求严格，难度大，因为一旦某个环节发生污染，则会影响整个一批产品的质量，造成浪费，损失很大。

三、无菌包装的种类和包装的食品

（一）完全无菌包装

它是指流动性食品在灭菌后用无菌包装材料在无菌的环境下进行充填包装。这类包装可用于很多食品。

1. 牛奶

一般要求保存期长的牛奶，可以采用完全无菌包装。它是在无菌充填前，在130～150℃的温度下，经过2～6s的超高温杀菌。这些无菌充填的牛奶，在常温（20～27℃）下，保存一个月也没有微生物生长，质量没有变化。

2. 柑橘汁、苹果汁等饮料

果汁饮料的无菌充填方法，基本上和牛奶相同，因果汁的pH值在4.5以下，所以其灭菌处理的对象主要是酵母菌、霉菌和乳酸杆菌等。灭菌装置的最高加热温度一般在100℃以下，经过数秒灭菌之后，冷却至20℃即可向容器内进行充填包装。

3. 番茄酱

番茄酱的无菌充填包装方式，是通过喷射暖气方式，将番茄酱瞬时提高到规定温度，在减压器内部进行冲洗，去掉番茄酱中过剩水分，使之冷却。快速杀菌的温度为90～95℃，快速冷却到40℃时就可充填到经过灭菌的包装容器中。

（二）半无菌包装

它是指对于难以完全灭菌的固体食品，如腊肠片、腊肉片、猪牛肉混合香肠、蛋糕等，抑制其初发菌数并采用无菌材料在无菌室内进行包装，然后进行冷藏流通的包装方法。

1. 蛋糕

从连续烘炉中烤出的蛋糕，在无菌室内冷却后，在切块机中切成一定的大小，然后加以充气包装。在外包装室再将它装入外包装容器，外包装室内的温度要调整在15～18℃。

这样在无菌室内用K/PET/PE包装材料包装的蛋糕，如注入二氧化碳气体，则在30℃的温度下，相对湿度为95％时，可保存25d。

2. 肉类加工品

肉类加工品在无菌状态下进行真空包装之后，通常不再加热，所以食品味道好。最近又出现了无菌状态下充气包装，这种包装方法要在低温下进行流通销售。

3. 家常菜

在国外为了提高对色拉的保存性，也使用无菌包装技术，即尽可能在无菌状态下制作色拉，在无菌室内进行无菌包装。

第二节　无菌包装体系及灭菌方法

一条完整的无菌包装生产线包括物料（食品）杀菌系统、无菌包装机、包装材料或包装物的供应及杀菌系统、自动清洗系统、设备预杀菌系统、无菌环境保持系统及自动控制系统等。

一、无菌包装材料和容器的灭菌技术

（一）无菌包装的材料和类型

在食品的流通过程中，包装材料的作用非常重要。一般地，对食品包装材料的性能要求是：要能保持食品的品质，提高食品的商品价值，适应生产的连续化，保证食品的卫生安全，具备生产应用上的经济性。

无菌包装材料一般可分为四类：金属、纸板、塑料和玻璃。无菌包装类型一般有金属罐、玻璃瓶、塑料容器、复合罐、纸基复合材料、多层复合软包装等几种。

各种材料的特性也有所不同。从完全阻隔分子扩散而言，金属和玻璃是理想的材料，使用这些材料的良好保藏性能取决于容器的密封性及牢固性，但包装成本较高。纸板和塑料价格较便宜，可大大降低包装成本，因此是无菌包装系统最常用的包装材料。材料的性能与材料的分子结构有关，极性强的聚合物显示出亲水性，所以这类材料的水蒸气透过率和透气率较大。

1. 金属罐

无菌包装使用最早的包装材料之一，主要分马口铁罐和铝罐两种。目前，世界上金属罐无菌包装的最先进的典型代表是美国的多尔无菌灌装系统。该灌装系统的特点是：所有容器和设备均采用过热蒸汽杀菌，无菌程度高；罐头内部顶隙残留空气极少，几乎处于高真空状态，产品的质量安全可靠，可包装布丁、奶酪、汤汁等。

2. 玻璃瓶

玻璃瓶的无菌包装早在 1942 年就得到了开发。随着制造技术的发展，近年出现了轻量强化玻璃瓶，该技术的发展大大提高了玻璃瓶的耐热冲击性，大大推动了无菌包装技术的应用。关于玻璃的无菌包装，是由美国 VOSE 公司研究、英国乳业研究所建造的无菌充填系统，该系统是向玻璃瓶吹送 153℃蒸汽，时间为 1.5 秒钟，杀菌之后充填灭菌牛奶，拧紧螺旋盖。

3. 塑料容器

塑料是无菌包装中发展最快，应用最广泛的材料。它具有成本较低、形状多样化、机械适应性强等特点，特别是随着塑料薄膜的共挤复合以及容器成形技术的不断发展，塑料将成为无菌包装材料的主角。对于塑料包装材料的要求主要是具有对食品的防护保存性、适应流通的机械强度、包装机的适应性以及商品性等，尤其要求对氧气和水蒸气有较高的阻隔性。因此，当前世界各国所采用的无菌塑料材料主要是复合薄膜。

4. 复合罐

复合罐是由两种以上材料组成的三片罐，其底和盖用金属，罐身用铝箔、纸板或聚丙烯等材料制成。复合罐具有印刷装潢效果好、成本低、质量轻、处理方便而不造成公害等优点，但复合罐的气密性比金属罐差，耐热性也较差，因此欧美和日本各国都用它作为冷冻浓缩果汁的无菌包装容器。

由于复合罐的耐热性较差，因此一般采用 127℃左右的热空气杀菌，果汁在 93℃以上温度杀菌后冷却到 80℃进行热灌装，灌装和密封区都采用无菌空气来保持正压，以防细菌污染。复合罐仅限于灌装高酸性的果汁，在低温和高酸性的条件下这些残存的细菌芽孢不会繁殖生长，因此可保证食品的卫生指标。

5. 纸基复合材料

瑞典利乐包装公司生产的无菌砖形盒和菱形袋为典型纸基复合材料容器，包材由纸、聚乙烯、铝箔等 5～8 层材料组成，厚约 0.35mm，西欧各国的无菌包装较多采用此类容器。纸基复合材料对氧气和水蒸气的阻闭性极佳，而且印刷装饰效果也很好，饮用方便，产品的货架期长，但是不耐高温，因此采用 35% 的过氧化氢溶液在 80℃左右温度下浸泡 8～9s 进行杀菌，然后通过热辐射除去残余过氧化氢。适用于果汁、牛奶、饮料等的灌装。

纸盒代表还有德国 PKL 生产的康美盒，它是一种 6 层结构的复合软包装材料。最外层为聚乙烯，然后依次是白纸板、聚乙烯、铝箔、黏结层，最里层也是聚乙烯，采用白板纸代替牛皮纸作为基衬，使得纸盒的刚性大大加强。

6. 衬袋盒（箱）

衬袋盒由柔性的复合薄膜内衬袋、刚性外盒以及封盖和管嘴构成。瑞典的ALFA-LAVAL 公司的 STAR-ASEPT 衬袋盒，其内衬袋为 LLDPE，采用 140℃的蒸汽短时间杀菌，安全可行，可适用于酸性和低酸性食品。而美国的 Scholle

公司的无菌衬袋箱，采用 γ 射线和紫外线杀菌，适用于 pH4.6 以下的番茄酱等食品。

7. 新的无菌包装材料

纳米抗菌包装材料是近几年来刚刚兴起的新的无菌包装材料，它运用纳米技术对纯天然的基础材料进行改造，使之发挥出惊人的杀菌效果。抗菌、无菌包装能使菌体变性或沉淀，一旦遇到水，便会对细菌发挥更强的杀伤力，且吸附能力强，渗透力也很强，多次洗涤后也还有较强的抗菌作用。

（二）无菌包装材料的要求

作为无菌包装材料，在商品的生产与贮运及销售过程中，要求具备以下性能：

（1）热稳定性及热成型稳定性　要求无菌包装材料要有良好的耐热和耐寒性，在高温加热杀菌处理期间不产生化学变化或物理变化；而且某些无菌包装食品，需在 -20℃ 的温度环境下保存，则要求包装材料应有良好的耐寒性，不发脆。

热成型稳定性要求在无菌处理或干制的热处理过程中，容器外形不发生明显改变。

（2）抗化学性、耐紫外性　在杀菌过程中不被破坏，即用化学剂、紫外线或射线进行无菌处理时，要保证均匀全面地做到彻底杀菌，而材料的有机结构不发生改变。

（3）要有高度的阻隔性　首先要有良好的阻气性，既能阻隔外部空气中的氧气渗入，又能保持充入容器的惰性气体不外渗；其次还要有好的阻湿性即防潮性，不仅能阻止水分的穿透，以保持产品应有的含湿量，还要有阻隔外界微生物的侵入的性能，这样才能有利于食品货架期的延长。

（4）韧性和刚性　具有合适的韧性和刚性，便于机械化充填、封口，还能防止包装在流通过程中损坏。

（5）要有良好的避光性，阻隔光线的穿入。

（6）安全卫生　包装材料应是无毒的，符合食品卫生标准，且易杀菌。

除了以上要求以外，还有包装材料印刷图案在杀菌过程中不能被损坏，表面印刷用化学试剂消毒时，印刷品不变色、不脱落以及包装材料来源丰富，成本低。

（三）包装材料和容器的灭菌

1. 紫外线灭菌

紫外线灭菌属于物理灭菌法，其灭菌效果与紫外线的波长、照射度以及照射时间有关。紫外线灭菌是采用波长在 250～360nm 左右时作用最为强烈的灭菌波长。紫外线照射后的微生物细胞内的核酸产生了化学变化，从而引起了微生物的新陈代谢障碍，因而失去了增殖能力，而达到灭菌的目的。

紫外线杀菌具有不残留药剂、安全性高、使用简单、成本低等优点，但是紫外线穿透能力较差，只用于纸、膜等的表面灭菌，包装容器（或包装材料）表面灰尘和异物阴影部的细菌就无法杀灭。因此作为紫外线杀菌对象的食品容器、包装材料在制造和处理时，必须特别注意避免异物黏附，尤其是塑料制品，避免因静电引起的尘土和异物的黏附。所以，紫外线杀菌一般与其他杀菌效果联合使用。

2. 双氧水灭菌法

双氧水（H_2O_2）是无菌包装中最普遍采用的杀菌剂，毒性小，在高温下可分解成氧和水，在包装材料上残留量极少。无菌包装用材料为纸与塑料薄膜或复合膜时，常采用双氧水灭菌法。

H_2O_2对微生物具广谱杀菌作用，但其杀菌力与H_2O_2的浓度和温度有关，H_2O_2浓度越高、温度越高，其杀菌效力就越好。H_2O_2浓度小于20％时，单独使用杀菌效果不好，当22％浓度H_2O_2在85℃杀菌时可得到97％的无菌率，而浓度为15％H_2O_2在125℃时杀菌可得到99.7％的无菌率，常用于杀菌的过氧化氢的浓度是25％～30％，温度是60～65℃。

H_2O_2杀菌常采用溶槽浸渍或喷雾方法，使包装材料表面有一层均匀的H_2O_2液，然后对其进行热辐射，使存留在包装容器（或包装材料）上的过氧化氢和热空气一起完全蒸发，分解成无害的水蒸气和氧，减少H_2O_2在包装材料表面的残留量，同时增强灭菌效果。

3. 紫外线和低浓度双氧水结合杀菌法

经采用低浓度H_2O_2（＜1％）溶液，加上高强度的紫外线辐射杀菌处理，可取得惊人的杀菌效果。这种杀菌方法只需在常温下施行就可产生立即的杀菌效果，比单一使用H_2O_2（即使在高温下用高浓度的H_2O_2）或单一使用紫外线照射杀菌，其杀菌效果大上百倍（如图10-1所示）。此法由英国食品制造研究所发明，前后历时三年，现已取得专利权，这一发明，解决了过去用双氧水进行消毒灭菌产生的许多麻烦问题，诸如费用、高温、时间长等。

4. 臭氧灭菌法

臭氧（O_3）最早是1956年应用在水处理消毒过程中。目前，臭氧已广泛地应用在水处理、空气净化、食品工业、医药、水产等工业领域。臭氧是一种强的氧化剂，灭菌过程属生物化学氧化反应。臭氧能与细菌细胞壁脂类的双键反应，穿入菌体内部，作用于蛋白和脂多糖，改变细胞的通透性，从而导致细菌死亡。臭氧还作用于细胞内的核物质，如核酸中的嘌呤和嘧啶破坏DNA。臭氧首先作

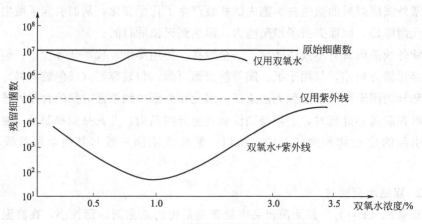

图 10-1　H_2O_2 和紫外线并用的杀菌效果图

用于细胞膜，使膜构成成分受损伤，而导致新陈代谢障碍，臭氧继续渗透穿透膜，而破坏膜内脂蛋白和脂多糖，改变细胞的通透性，导致细胞溶解、死亡。

臭氧灭菌法杀菌彻底，而且没有残留，能够杀灭细菌繁殖体和芽孢、病毒、真菌等，并可破坏肉毒杆菌毒素。由于臭氧的稳定性差，会自行分解为氧气和单个氧原子，而单个氧原子能自行结合成氧分子，所以不存在任何有毒残留物。

5. 环氧乙烷灭菌法

环氧乙烷又叫氧化乙烯（C_2H_4O），是一种非特异性烷基化试剂，也是一种比较理想的低温广谱灭菌剂。环氧乙烷靠其强氧化性，在一般温度下能迅速同许多重要的有机物质（包括氨基酸、蛋白质和核蛋白）起化学反应，和微生物蛋白质上的羧基、氨基、巯基和羟基产生烷基化反应，生成烷基化合物，从而阻止微生物酶的许多正常的化学反应，使微生物新陈代谢发生障碍而死亡，达到灭菌的目的。

在实际应用中，虽然环氧乙烷灭菌能力和穿透能力都很强，但是对高分子材料存在残留气体不易释放的缺点，从而很容易造成对人体产生危害的弊端。

6. 乙醇灭菌法

乙醇（酒精）是脱水剂和蛋白质变性剂，通过破坏蛋白质的肽键使之变性，侵入菌体细胞，解脱蛋白质表面的水膜，使之失去活性，引起微生物新陈代谢障碍，达到灭菌目的。乙醇属中效消毒剂，能杀灭细菌繁殖体、结核杆菌及大多数真菌和病毒，但不能杀灭细菌芽孢，短时间不能灭活乙肝病毒。因此，作为杀菌剂时，一般与其他方法联合使用。

乙醇灭菌法分为液态灭菌与气态灭菌两种，液态即 75% 酒精，此时杀菌效果最好，可以直接渗透到细菌内部将其杀灭；气态灭菌是以一定浓度的乙醇作为灭菌剂，通过气化对包装材料进行熏蒸，使乙醇渗透到微生物及其芽孢壁内，使蛋白质变性，从而杀死微生物。

目前，在包装材料灭菌中应用最为典型的有双氧水和热力方法相结合灭菌系统，如瑞典的利乐和德国PKL的康乐盒都采用此灭菌方法；还有利用双氧水与紫外线结合灭菌系统，如国际液状公司（Liquipak International Inc）的无菌灌装机Liquipak system，采用低浓度双氧水和紫外线进行对纸盒的灭菌；还有利用乙醇和紫外线结合灭菌的系统。除此外，还有利用较多的有热力灭菌、辐照灭菌和紫外线灭菌等灭菌系统。

二、无菌包装食品的灭菌技术

目前常用的被包装物品的灭菌技术有两种，一种是超高温瞬时灭菌技术，它主要是用于处理奶制品，如鲜奶、复合奶、浓缩奶、加味奶饮料、奶油等食品的灭菌。另一种是巴氏灭菌技术，它广泛用于各种酸性食品，如果汁、酸奶、水果饮料等产品的灭菌。根据物料的黏度、热敏性能及生产规模可分别采用板式、管式（盘管式或列管式）、刮板式或混合式换热器。为了进一步缩短物料的升温及降温时间，厂家开发生产了蒸汽注入式、蒸汽混合式、过热水混合式、欧姆法加热器等直接加热方式。

（一）超高温瞬时杀菌（Ultra High Temperature Short Time，UHT）

超高温瞬时杀菌是将食品在瞬间加热到高温而达到杀菌目的。习惯上把加热温度为135~150℃，加热时间为2~8s，加热后产品达到商业无菌要求的杀菌过程称为超高温瞬时杀菌。随着杀菌温度的升高，微生物孢子致死速度远比食品质量受热发生化学变化而劣变的速度快，因而瞬间高温可完全灭菌但对食品质量影响不大，几乎可保持食品原有的色、香、味，这对牛乳、果蔬汁等热敏性食品尤为重要。

超高温瞬时杀菌（UHT）成套设备主要由预热器、杀菌器、冷却器、均质机和原地清洗设备（CIP）组成。流体食品由泵和均质机连续输送进行预热、杀菌、冷却加工并送到无菌包装机包装，工艺程序和参数全自动控制。CIP设备则在设备开机前和关机后对全套设备包括管路、泵和包装机进行程序控制清洗，保证设备无菌运转。

超高温瞬时杀菌的工作原理主要是：流体食品物料由离心泵泵入灭菌机中冷热料热交换装置中而得到预热，再经过充满高压的高温桶，物料被迅速加热到杀菌温度并在此前后保持约3s，其中的微生物及酶类很快被杀灭。物料出高温桶后通过与冷料的热交换获得冷却。超高温瞬时杀菌按照食品物料与加热介质直接接触与否分直接加热杀菌法和间接加热杀菌法两种。直接加热法是用蒸汽或电阻管直接加热物料，传热效率高，但不易控制；间接加热法是加热介质通过热交换器进行加热。无论何种方式的 UHT 设备均必须保证物料瞬时超高温杀菌和加热后迅速冷却，以保证食品质量。

目前，国际上采用的直接式加热 UHT 杀菌设备主要有 UHT 喷射式杀菌（UHT Injection Sterilizer）和 UHT 注入式杀菌（UHT Infusion Sterilizer）两种类型的设备。采用喷射式加热器的超高温杀菌设备有多种类型，其基本原理是将蒸汽喷射到牛乳中，使牛乳迅速加热到 140℃左右，随后通过真空罐瞬间冷却到 8℃，来实现杀菌的目的；采用注入式的超高温短时杀菌设备也有多种型号，把牛乳或其他物料注入过热蒸汽加热器中，由蒸汽瞬间加热到杀菌温度而完成杀菌过程。与蒸汽喷射式相似，灭菌高温乳的骤冷也是在真空罐中通过膨胀来实现的。直接式加热 UHT 杀菌的蒸汽直接与物料接触，这就对蒸汽的纯度要求比较高。这种方法特别适宜于对热特别敏感的流质食品的灭菌处理，但易使产品香味挥发损失。如牛奶的 UHT 杀菌工艺：原料（5℃）预热（15～20s）到 75～80℃，迅速加热到 140～150℃保持（2～4s），迅速降温至 80℃，冷却（15～20s）至室温。这种杀菌方式使牛奶在高温段时间很短，能使产品完全杀菌，且能基本保持牛奶的营养和风味。

间接式加热 UHT 杀菌装置主要有三种：板式、管式和刮板式 UHT 瞬时杀菌装置三种。板式 UHT 瞬时杀菌装置由数组板式热交换器组成，可以对物料连续预热、杀菌和冷却。管式 UHT 瞬时杀菌装置的主要设备是通过管式热交换器对物料预热和杀菌，其中多管式热交换器利用比较多。刮板式 UHT 瞬时杀菌装置通常由 1～2 个刮板加热器和 2～3 个刮板冷却器组成，可以通过刮板热交换器（即旋转刮板热交换器）调节轴的转速、物料流量和冷却介质压力等措施来保持物料加热或冷却温度，达到商业无菌生产的要求。片式换热器适用于果肉含量不超过 1%～3%的液体食品，管式换热器对产品的适应范围较广，可加工高果肉含量的浓缩果蔬汁等液体食品，凡用片式换热器会产生结焦或阻塞，而黏度又不足用刮板式换热器的产品，都可采用管式换热器。旋转刮板式热交换器的显著特点是比较适合于待杀菌物料的黏度较大或流动较慢，或者物料在加热器表面易形成焦化膜等情况的杀菌处理过程。

（二）巴氏灭菌技术

巴氏灭菌技术是将食品充填并密封于包装容器后，在一定时间下保持 100℃以下的温度，杀灭包装容器内的细菌。巴氏杀菌可以杀灭多数致病菌，而对于非致病的腐败菌及其芽孢的杀灭能力就很不够，如果巴氏杀菌与其他贮藏手段相结合，如冷藏、冷冻、脱氧、包装配合，可达到一定的保存期的要求。

巴氏灭菌技术主要用于柑橘、苹果汁饮料食品的灭菌，因为果汁食品的 pH 在 4.5 以下，没有微生物生长，灭菌的对象是酵母、霉菌和乳酸杆菌等。此外巴氏杀菌还用于果酱、糖水水果罐头、啤酒、酸渍蔬菜类罐头、酱菜等的杀菌。巴氏杀菌对于密封的酸性食品具有可靠的耐酸性，对于那些不耐高温处理的低酸性食品，只要不影响消费习惯，常利用加酸或借助于微生物发酵产酸的手段，使pH值降至酸性食品的范围，可以利用低温杀菌达到保存食品品质和耐藏的目的。

（三）欧姆加热（Ohmic Heating）杀菌

欧姆加热（Ohmic Heating），又称电阻加热（Electrical Heating）或焦耳加热（Joule Heating），是一种借助通入电流使液态食品内部产生热量达到杀菌目的的新型加热杀菌技术。

欧姆加热技术与传统杀菌技术有本质的区别。对于带颗粒（粒径小于15mm）的液态食品，常规的换热器间接加热杀菌方式，其热量首先由加热介质通过间壁传递给食品物料中的液体，然后靠液体与固体颗粒之间的对流和传导传给固体颗粒，最后是固体颗粒内部的传热。显然，要使颗粒内部达到杀菌温度，其周围食品介质必须过热，这必然导致含颗粒食品杀菌后质地软烂、外形变坏，影响产品风味和质量。采用欧姆杀菌技术，利用食品本身所具有的电不良传导性所产生的电阻来加热食品，使食品不分液体、固体均可受热一致，即颗粒加热速度与液体加热速度相接近，并可获得比常规传热杀菌方法更快的加热速率（颗粒升温1~2℃/s），从而得到高品质的产品，同时更能保持食品颗粒的完整性。

目前，在高黏性物料如液态蛋制品、果汁的巴氏杀菌等，以及含粒状固形物的食品（欧姆加热法可以处理含25mm方丁粒状物的固液混合食品）的无菌加工生产中，欧姆加热法具有逐步取代刮板式加热法和管式加热法的趋势。

欧姆加热杀菌系统主要由泵、管路、欧姆加热器、保温管、控制仪表等组成（如图10-2所示）其核心部分是柱式欧姆加热器（如图10-3所示）由4个或多个

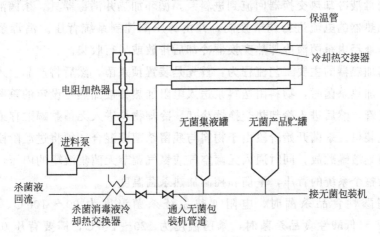

图 10-2　欧姆加热系统工艺流程示意

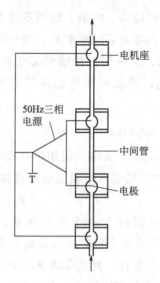

图 10-3　欧姆加热器原理

电极座及中间连接管组成。电极座用整块聚四氟乙烯（PTFE）塑料加工制成，中间安装有电极棒，电极座两端与内衬塑料的中间连接管连接；相邻电极座的电极与三相电源相连接组成一个加热段。欧姆加热器以垂直或近乎垂直的方式安装，被杀菌物料一般是自下而上流动。加热器顶部有排气阀，要经常排气以保证物料充满整个加热管。该系统的特点是物料加热部分采用电阻加热，而冷却部分仍采用常规热交换器。系统在投产前须进行预先消毒灭菌；系统中无菌集液罐、无菌产品罐以及连接管阀等用高温蒸汽消毒灭菌；对电阻加热管、保温管和冷却热交换器的预消毒杀菌则采用一定浓度的硫酸钠溶液（溶液浓度使导电率与加工物料接近）作杀菌液。杀菌液由送料泵通过电阻加热器、保温管、冷却热交换器及杀菌消毒液冷却热交换器回流到进料泵，循环加热并消毒器具。杀菌液的温度由电阻加热器的电流进行调节控制，并由背压阀控制系统背压。消毒杀菌结束后，杀菌液经由杀菌液冷却热交换器冷却后排放或另行收集。

　　欧姆加热器的主要工艺流程为：首先是装置预杀菌，然后将产品引入系统进行杀菌。加热杀菌时，物料由送料泵送入电阻加热器被加热至设定的杀菌温度后进入保温管，然后进入冷却热交换器冷却，冷却物料进入无菌贮罐贮存或直接送至无菌包装机。杀菌开始阶段由于物料与残留杀菌液混合，须将过渡阶段混合液送入无菌集液罐贮放，同时通入无菌空气或氮气调节无菌集液罐的内压，以控制过渡阶段整个系统的背压，平衡和控制加热杀菌温度。

　　对高酸性食品杀菌时，电阻加热系统杀菌温度为 90～100℃，背压为0.2MPa；对低酸性食品杀菌时，杀菌温度为 120～140℃，需要背压 0.4MPa。物料通过欧姆加热组件时被逐渐加热至所需杀菌温度，然后依次进入保温管、冷却换热器和贮罐或直接供送给无菌包装机。

欧姆杀菌作为高新技术应用于含颗粒（诸如牛肉丁和胡萝卜丁）的汤汁类液态食品，对提高产品卫生安全性和品质风味质量，便于过程控制和降低操作费用，均有关键作用。

三、包装环境的无菌化

无菌包装技术的一个非常重要的条件就是包装的工作空间无菌，以避免不洁空气对产品的二次污染。通常采用空气净化技术把空气中的含尘量控制在一定范围内。空气经过净化后杀菌处理，杀死附着在尘埃里面的细菌，这样的工作室即称为无菌室。建造一间高质量的无菌室费用较高。因此在许多无菌包装系统中把充填灌装部分的工作室设计成一个一等级的无菌室。它要求包装机内腔无菌，并要求具有一定压力。因此常用惰性气体发生器产生惰性气体注入灌装部分和封口处使其压力大于外界压力，以便灌装并阻止外界污浊空气进入。目前包装机大多采用 H_2O_2 灭菌，然后用无菌热风干燥。由于系统的无菌化程度要求高，所以作业生产线实行自动控制，并定期检查、清洗、灭菌。

第三节　无菌包装系统及设备

无菌包装系统设备与一般机械设备的差别是无菌包装系统设有相对独立的包装材料杀菌系统和无菌环境的充填与封口系统，使得包装产品杀菌和包装材料杀菌相对独立，从而可实现产品的超高温瞬时杀菌，并确保包装产品的风味和质量。而且无菌包装是一个连续灭菌的过程，从被包装物品的输入，包装容器或材料的输入（或直接成型），被包装物品的充填以及最后的封合、冲切都必须在无菌的环境中进行。各种无菌包装系统通常都是由超高温瞬时杀菌设备、无菌包装设备和 CIP（就地清洗）设备三部分组成，产品在密封的管道内连续加工和包装。

根据包装容器材料的不同，无菌包装系统设备主要包括以下一些类型：纸盒无菌包装系统设备；塑料无菌包装系统设备；大袋无菌包装设备；马口铁罐无菌包装系统设备；玻璃瓶无菌包装系统设备。

一、纸盒无菌包装系统及设备

纸盒包装广泛应用于果汁、奶品及鲜冷液体食品上。应用于食品的无菌纸盒包装形式多种多样，常用的主要有四种：三角形包、砖型包、屋型盒和易开柱型灌，在食品中应用最多的要数"砖形"和"屋形"两大包装形式。

纸盒无菌包装设备主要类型有瑞士 TetraPak 公司的利乐包纸盒无菌包装系统和德国 PKL 公司的康美盒无菌包装系统（Combibloc Aseptic Packaging System）以及国际液装（Liquid Pak Internation）公司预制盒无菌包装系统等。目前，我国普遍引进的是砖形盒利乐包无菌包装设备，所以，这里主要介绍砖型盒利乐包装系统及设备。

（一）利乐砖形盒包装材料

利乐包以纸板卷材为原料，在无菌包装机上成型、充填、封口和分割为单盒。采用纸板卷材直接制盒包装具有节省贮存空间，集成型、充填、产品包装于一体，可避免污染以保证高度无菌，操作强度低，生产效率高等特点。

利乐包的纸包装材料以纸板为基材与多层塑料和铝箔复合，包括印刷油墨层在内共有 7 层，各层的功能（从外层到内层）：最外层为 PE，用以保护印刷图案的油墨和防潮，并用于纸盒的上、下折叠角与盒体粘合；第二层是纸板，用以印刷，并赋予包装具有一定的机械强度，便于成型和稳定放置；第三层是 PE 黏合剂，用作铝箔与纸板的紧密粘合；第四层是铝箔，用于气体和光的阻隔，防止氧气和光对产品的影响；最内两层是 PE 或其他塑料，防止流质液体食品泄漏。

（二）利乐砖形盒无菌包装机的结构和无菌包装过程

利乐砖形盒无菌包装机工作原理如图 10-4 所示。在利乐包装机上，包装材料向上传送时，其内表面的聚乙烯层会产生静电荷，来自周围环境的带有电荷的微生物便被吸附在包装材料上，并在接触食品的表面蔓延。所以包装材料经过 H_2O_2 水浴槽时，经 35% 的 H_2O_2 和 0.3% 湿润剂杀菌，达到化学杀菌的目的。但冷的 H_2O_2 杀菌效果不好，需加热处理以提高 H_2O_2 的杀菌效率。包装材料经过挤压辊时挤去多余的 H_2O_2 液，此后包装材料便形成筒状，向下延伸并进行纵向密封。无菌空气从制品液面处吹入经过纸筒不断向上吹去，以防再度被细菌污染。在纸筒内管状加热器可根据包装容器量大小调节温度（450℃或 650℃），利用红外线辐射及对流加热与食品接触的包装材料表面，在加热器终端部位可被加热到 110～115℃。此时，H_2O_2 被蒸发而分解为新生态氧 [O] 和水蒸气，不仅增强了消毒作用，也减少了 H_2O_2 残留量。

灌装是在一个无菌的环境下进行的，而在更新式机器中，此无菌的环境是借助无菌空气所产生的正压而形成。机器中用来进行灌装的无菌区域是很小的，而且只有少量的移动部件，这些重要因素使设备的完整性更好。包装盒是在液体中进行封口的，所以可完全灌满。内容物得到充分的保护以防止氧化，同时包装材料的利用也是有效率及经济合算的。对于一些饮用前需摇匀的产品，技术上也可

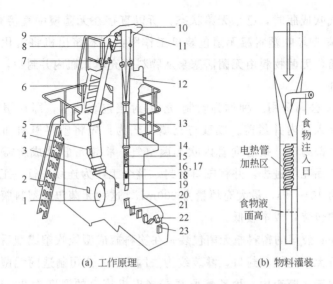

(a) 工作原理　　　　　(b) 物料灌装

图 10-4　砖形盒无菌包装机工作原理

1—纸板卷；2—光敏传感器；3—纸板平服辊；4—打印日期装置；5—纸板张紧辊；6—纸板
接头记录器；7—纸盒纵缝粘接带粘接器；8—双氧水溶槽；9—双氧水挤压辊；10—无菌空气
收集罩；11—纸板导向辊；12—物料充填管；13—纸筒纵缝加热器；14—纵缝器；15—环形
加热管；16—纸筒内液面；17—液面浮标；18—充填管口；19—纸筒横向封口钳；20—机架；
21—纸盒折翼成型；22—接头纸盒分检装置；23—纸盒产品

灌装，只要修改程序，即可达到不完全灌满包装盒。

二、塑料类无菌包装系统及设备

(一) 塑料瓶无菌包装系统

塑料瓶无菌包装与纸盒、塑料杯或塑料袋无菌包装不同，通常采用吹塑工艺制成瓶后无菌充填并封口，由于容器开关复杂，表面积大，因而其无菌包装设备更复杂。目前有两种塑料瓶无菌包装设备：一种是制瓶后在无菌包装设备内再消毒灭菌并无菌充填的封口即预制瓶无菌包装系统，另一种是吹塑制瓶时构成无菌状态并充填和封口即吹塑瓶无菌包装系统。

预制瓶的基本材料主要有聚丙烯（PP）、聚碳酸酯（PC）和聚酯（PET）等，其中以 PET 为主。预制瓶无菌包装与玻璃瓶无菌包装设备基本相同，两种瓶基本上可以在同台机上使用，其机器生产线主要由三部分组成：前部为瓶冲洗和预热；中部为瓶杀菌和干燥，是用带 H_2O_2 的热空气杀菌并在瓶内外表面冷凝，经过一段时间后，用无菌热空气干燥；后部为无菌充填和封盖。吹塑瓶无菌包装系统是以热塑性颗粒塑料为原料，主要是聚乙烯（PE）和聚丙烯（PP），采用吹塑工艺制成容器，由于塑料粒子在挤出机挤出时的温度高达 $200\sim220℃$，再在无菌空气吹成瓶时，已是无菌状态，所以直接在无菌模中直接充填、封口。如图 10-5 是单型坯吹塑料瓶无菌包装机工作图：塑料挤出机将溶化的塑料挤入型坯并吹成瓶，无菌物料由无菌活塞泵从物料管充填入瓶内并封口，产品由输送带输送出机外。

Rommlay 公司采用一种称为吹制-充填-封盖包装技术，即在塑料瓶成型的同时将食品充入瓶内并封盖。成型与充填工艺为：先将塑料厚料加工成锥形管状，然后将底部封口，接着向管内吹无菌空气，将锥形管吹成所需要的成型容器，同时将食品充填进去，并将瓶口密封。整个工序为连续进行，工作周期根据充填量不同为 10～15s，最大充填量为 200mL。这种无菌包装塑料瓶可广泛用于牛奶和饮料的包装，成本较低。

荷兰 Stoek 公司的塑料瓶无菌包装是在塑料瓶成型线吹塑成型后，与灌装线组合连续进行无菌充填和封口，灌装线为法国 Serac 公司制造的无菌灌装机。塑料瓶吹塑机置于无菌箱内，聚乙烯原料在挤出机挤出的温度为 200～220℃，挤出后用无菌空气吹制成瓶。筒内的无菌空气以层流状态从下方流入，从而构成塑料瓶无菌状态。塑料瓶在无菌充填封口机内，瓶口用双氧水灭菌后移至充填部位充填，充填后用铝塑复合膜热封封口，再在瓶口盖瓶盖。无菌塑料瓶装奶制品的保质期可达 3 个月。

（二）塑料袋无菌包装设备

塑料袋无菌包装设备以加拿大 Du Potn 公司的百利包和芬兰 Elecster 公司的芬包为代表，两者都为立式制袋充填包装机。百利包采用线性低密度聚乙烯为主，芬包采用外层白色、内层黑色的低密度聚乙烯共挤黑白膜，亦可用铝箔复合膜。膜厚 0.09mm，在常温下无菌奶可保持三个月。如果用塑/铝/塑复合包装材料，其常温保质期亦可达六个月。采用黑白塑膜包装的理由是牛奶所含的维生素 B、维生素 C 在自然光照射下 2h 即受破坏达到 80%，黑膜可起到遮光作用。这种黑白聚乙烯塑料膜的包装成本低于利乐包装材料，每只袋成本仅 0.04～0.06元。由于塑料耐热性较差，因此目前对塑料包装材料的灭菌方法常用双氧水杀菌，而现在更多的是用双氧水低浓度溶液与紫外线、无菌热空气相结合的技术，一方面使得无菌效果得到较大的提高，另一方面又克服了双氧水浓度过高对人体有害的问题。

图 10-5 为 Elecster 公司的 FPS-2000LL 塑料袋无菌包装机结构简图。总体上由电阻式 UHT 杀菌设备、FPS-2000LL 无菌包装机、空气过滤杀菌器和 CIP 清洗设备等组成。该包装系统主要用于牛奶、饮料等流体食品的包装。其无菌包装机主要由薄膜牵引与折叠装置、纵向与横向热封装置、袋切断与打印机构、计数器、膜卷终端光电感应器、双氧水和紫外灯灭菌装置、无菌空气喷嘴和定量灌

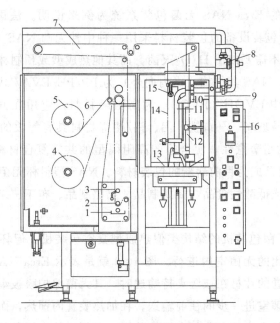

图 10-5　FPS-2000LL 塑料袋无菌包装机结构

1—双氧水浴槽；2—导向辊；3—双氧水刮除辊；4—备用薄膜卷；5—薄
膜卷；6—包装薄膜；7—紫外灯室；8—定量灌装泵；9—无菌腔；10—三
角形薄膜折叠器；11—物料灌装管；12—纵缝热封器；13—横缝热封和
切断器；14—薄膜筒；15—无菌空气喷管；16—控制箱

装机构等组成。包装薄膜经 10％双氧水浸渍杀菌并刮除余液，再经紫外灯室
（由上部 5 根 40W 和下部 13 根 15W 紫外灯）紫外线的强烈照射杀菌，然后引入
成型器折成筒形，进行纵向热封、充填、横封切断并打印而成包装袋成品。无菌
空气经高温蒸汽杀菌和特殊过滤筒获得，引入无菌包装机后分为两路，一路送入
紫外灯灭菌室，一路送入灌装室上部以 0.15～0.2MPa 压力从喷嘴喷出，保持紫
外灯室、薄膜筒口和灌装封口室内无菌空气的过压状加热器快速加热杀菌，并经
保持器保温一段时间，接着通过四组刮板式热交换器迅速冷却至室温送至无菌包
装机。该包装机的包装容量为 0.2～0.5L 和 0.6～1L 两种规格，系统的生产能
力达 1000L/h。

（三）塑料杯无菌包装设备

塑料杯无菌包装机械有塑料片卷材热成型杯或预制杯两种。热成型杯有法国
的 Erca、美国的 Therform 和 Bosh 等公司生产的无菌包装系统，预制杯有 Metal
Box 公司的 Fresh Fill 无菌包装系统。Erca 公司有 NAS（Neutral Aseptic
System）和 FAS（Fresh Asepic System）两种塑料杯无菌包装系统，前者用于
中性或低酸性食品，后者用于高酸性食品，国内称为埃卡杯。

这里以法国的 Erca NAS 无菌包装系统为例来说明。法国的 Erca 公司的 NAS 塑料杯无菌包装设备的包装材料采用一种中性无菌 NAS（Neutral Aseptic System）片材，不需要使用 H_2O_2 灭菌，而其他热成型或预制杯的包装材料都需采用 H_2O_2 灭菌。NAS 其结构（由内向外）为 PP/PE/EVA/EVOH（PVDC）/EVA/HIPS，其中 EVOH（PVDC）为高阻隔材料，应用在共挤复合材料中，使得塑料包装可与玻璃、马口铁、铝、铝/塑等材料具有等效的阻气性能，再加上 HIPS/EVA 的耐蒸煮性，使全塑的高阻隔型的共挤复合材料得以取代玻璃、金属、铝/塑包装已成为目前崭新的包装材料。NAS 塑料杯无菌包装系统广泛用于包装各种中性或低酸性食品，如奶制品、奶酪制品、布丁、果汁、含肉或蔬菜的浓汤等。

Erca NAS 无菌包装机的结构类似热成型真空包装机，但杯材的热成型、充填、热封均在封闭的无菌室内进行。图 10-6 就是表示 Erca NAS 无菌包装机工作原理图：片材卷的片材在被链夹持输送时，其无菌保护膜被牵引到保护膜回收卷，片材进入无菌室进一步的往前输送，在加热装置内预热，而后进入热成型膜成杯。标材从标材卷牵引至分割和插标装置，分割成单个标条并插入成型膜，利用杯体成型之余热和吹塑压力与杯体贴合，成型和贴标后的塑料杯进入灌装装置，由凸轮驱动活塞泵和滑阀将已杀菌的物料定量灌装注入杯内；盖膜从膜卷牵引进入热风模前，其保护膜被剥离并由卷筒收卷，塑料杯与盖膜被热封模热封后，送到分割模分割，最后送出机外。

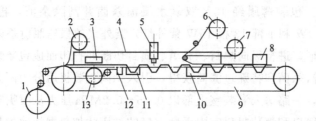

图 10-6　美国 Dole 公司的玻璃瓶无菌包装设备

1—片材卷；2,6—保护膜回收卷；3—加热装置；4—无菌空气室；5—灌装装置；
7—盖材卷；8—塑料杯分隔膜；9—片材驱动链；10—热封膜；11—成型模；
12—标材分割和插标装置；13—标材卷

Erca 无菌包装机还配备充氮系统防止物料氧化变质。制氮机通过吸附方式将空气中的氧等气体分离，可得到压力 0.5MPa、纯度 99.9% 的氮气，氮气经减压充入灌装通道中。在灌装饮料时，杯体上部充满氮气，然后加盖膜封口。充氮包装比未充氮包装的贮存期延长 1 倍以上，贮存期可达 1 年以上。

无菌杯式小包装生产线的关键部分是建立无菌通道。系统开始灌装前，先对无菌通道的内部进行加热，杀灭停机时侵入通道内的细菌，经过一段时间达到无菌包装所需状态。工作开始后，不断向通道内送入净化的无菌空气，并使通道中的气压比外界的大气压强高出 0.15～0.2MPa，使通道内的无菌空气只能通过开口和缝隙向外界排出，而周围的带菌空气却不能进入无菌通道内，这样通道内能始终保持无菌状态。

三、玻璃瓶无菌包装系统及设备

玻璃瓶包装技术越来越趋向于高强度、轻量化，玻璃瓶的耐热冲击性也大大提高，即使内外温差在 800℃以上也不至于产生破裂，这就大大推动了其在无菌包装技术上的应用。英国乳品研究所最早开发了玻璃瓶无菌包装技术，用 154℃、4.8MPa 的过热蒸汽向玻璃瓶吹送加热 1.5～2s，杀菌之后充填灭菌牛乳，封口即形成无菌包装产品。

如图 10-7 是美国 Dole 公司的玻璃瓶无菌包装设备，该系统由空瓶消毒器、无菌环缝灌装器、瓶盖贮盖和消毒器及压盖式无菌封瓶机组成。整个系统采用过热蒸汽对瓶和瓶盖进行消毒和保持灌装与封盖的无菌状态。包装过程为：空瓶送入消毒器内，先抽成真空以使消毒器内气胚和瓶内空气净化，然后进行 0.4MPa，154℃湿蒸汽消毒 1.5～2s，由于瓶子仅表面受瞬时高热，因而瓶子进入灌装前很快冷却到 49℃左右。与此同时直注式环缝灌装装置已杀菌消毒，并连续通入 262℃过热蒸汽保持无菌，灌装装置进行灌装。无菌压盖机类似普通的自动蒸汽喷射真空封瓶机，但用过热蒸汽保持无菌。瓶盖从贮盖器自动定向排列送至瓶盖消毒器，用过热蒸汽消毒后自动放置在进入压盖机且已灌装的瓶口上，随后自动压盖、包装成品送出机外。

四、马口铁罐无菌包装系统及设备

金属罐主要有马口铁罐和铝罐两种。金属罐、盖一般采用高温过热蒸汽杀菌。当空罐在输送链上通过杀菌室时，过热蒸汽从上下喷射 45s，这时罐温上升到 221～224℃，罐盖也采用 287～316℃的过热蒸汽杀菌 75～90s，这些温度足以杀灭全部的耐热细菌。由于所有容器和设备均采用过热蒸汽杀菌，因此无菌程度高，罐内顶隙残留空气极少，且处于高真空状态，产品的质量安全可靠在容器内、外加热 45s，使容器温度达到 221～222℃，罐盖用过热蒸汽加热 75～90s，使其温度达到 289～325℃，即可达到完全灭菌之目的。

马口铁罐无菌灌装设备主要为美国的多尔无菌灌装系统（Dole Aseptic Canning System）。如图 10-8 所示，该系统由空罐消毒器、罐消毒器、无菌灌装室、无菌封罐机和控制仪表组成。用高温饱和蒸汽对空罐和盖子预先杀菌，然后充填

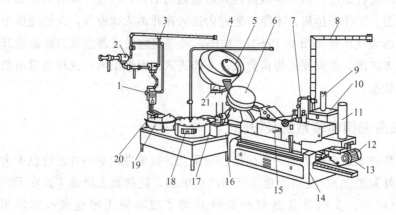

图 10-7　美国 Dole 公司的玻璃瓶无菌包装设备

1—真空缓冲罐和压力表；2—蒸汽喷射泵；3—蒸汽管道；4—待灭菌产品输入；

5—贮盖装置；6—瓶、盖杀菌装置；7—过热蒸汽输送装置；8—过热蒸汽；

9—排气筒；10—蒸汽发生器运输带；11—排气管；12—卸瓶输送装置；

13—压盖装置；14—封瓶装置；15—观察室；16—传动机械；17—环

缝灌装置；18—视镜；19—空瓶杀菌装置；20—蒸汽缓冲罐和压

力表；21—消毒瓶供送装置

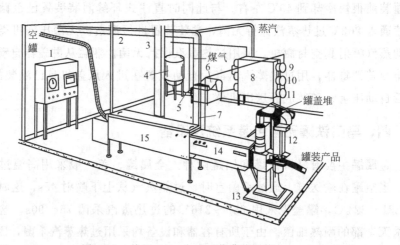

图 10-8　美国 Dole 公司无菌灌装系统

1—温度控制记录仪和报警系统；2—蒸汽排气管；3—烟囱；4—产品供应槽；

5—三通阀；6—泵；7—灭菌产品供应管；8—连续流体压力蒸煮器和冷却器；

9—冷却段；10—保温段；11—加热段；12—罐盖消毒器；13—封罐机；

14—灌装室；15—空罐消毒器

流动性食品，如奶制品、调味料和汤类食品，在美国一般多采用此系统进行加工和包装。

五、大袋无菌包装设备

大袋包装一般是指每个单位在 5L 以上的袋包装。大袋无菌包装材料主要采用的是铝塑复合膜，主要用于番茄酱和浓缩果蔬汁大容量包装。大袋无菌包装机主要由无菌灌装头、加热系统、抽真空系统、计量系统和计算机控制系统组成，并有两个无菌灌装室，工作时交替使用。大袋无菌包装是将物料高温短时杀菌后，快速冷却至室温，在无菌条件下灌装到预先杀菌的大袋内，加盖密封。目前，我国主要引进美国 Scholle 和意大利 Elpo 公司的大袋无菌包装设备。

第四节　无菌包装技术的应用

目前，无菌处理和包装技术绝大部分还只能用于生产均质液态食品。含颗粒状食品的无菌处理和包装技术还处于研发成功和小规模推广阶段，尤其是低酸性块状食品的无菌处理和包装系统还有待于解决。国际上 80％的零售无菌软性包装食品是乳或含乳制品，美国几乎 90％的无菌小包装食品是果汁饮料产品。大袋无菌包装在美国应用十分广泛，主要应用于番茄浆和果浆制品。

我国无菌包装技术呈现蓬勃发展的美好前景，现在已有种类繁多、型号不一的无菌处理和包装系统。我国无菌小包装产品主要是果汁及果汁饮料、乳和含乳材料。大袋无菌包装产品主要是番茄浆和浓缩果汁，如浓缩苹果汁等。

一、液态奶的无菌包装

液态奶的无菌包装是液态奶高温短时杀菌（HTST）或超高温瞬时杀菌（UHT）后，迅速冷却至 25℃左右后，在无菌环境下充填入无菌的包装容器内并热封的包装过程。液态奶的这种无菌包装形式，使牛奶保持了其原有的色、香、味，而营养成分损失较少，能在常温下贮藏和流通较长时间而不变质，因而得到广泛的应用。液态奶包装品种繁多，其常见的包装形式有以下几种。

（一）无菌砖

包括三角形、方柱形、圆柱形、多角形等，最典型的产品为利乐砖与康美包，为多层纸铝塑复合材料结构，鲜奶在超高温瞬间灭菌后进行灌装。产品能最大限度地保留营养和风味，安全性好，保质期长，常温贮存，便于长途运输。

（二）屋顶盒

典型产品为国际纸业生产的屋顶盒，为纸塑结构。屋顶型纸盒包装有其独到的设计、材质及结构，可防止氧气、水分的进出，对外来光线有良好的阻隔性；可保持盒内牛奶的新鲜度，有效保存牛奶中丰富的维生素 A 和维生素 B。近年来，在国内冷链系统不断完善的基础上，屋顶型保鲜包装系统在中国市场的销售量有了很大幅度的提升。屋顶盒保质期 7～10d，需冷藏，可微波炉直接加热，卫生及环保性好，货架展示效果好，便于开启和倒取。纸铝塑结构的屋顶盒性能与无菌砖类似。以挪威怡乐公司（ELoPAK）的屋顶盒（Pure-Pack）为代表的带方色盖屋顶盒，以新鲜度及使用方便为突出优点。

（三）无菌枕

典型产品为利乐枕、泉林无菌枕等，为纸铝塑多层复合结构，产品保质期长，安全卫生，成本相对较低，适合家庭消费，无需冷藏，分销过程节省运输成本。

（四）无菌杯

塑料杯无菌包装形式有塑料片卷材热成型杯和预制杯两种。热成型杯有法国的 Erca、美国的 Therform 和 Bosh 等公司生产的无菌包装系统。预制杯有 Metal Box 公司的 Fressh Fill 无菌包装系统。法国 Erca 公司有 NAS（Neutral Aseptic System）和 FAS（Flash Aseptic System）两种塑料杯无菌包装系统，前者用于中性或低酸性食品，后者用于高酸性食品。NAS 塑料杯无菌包装系统与其他塑料杯无菌包装系统的不同之处是采用无菌复合塑料片卷材，复合塑料片上有一层可剥离的无菌保护膜，塑料杯热成型后不需要再杀菌。但 FAS 塑料杯无菌包装系统用于高酸食品包装，复合塑料片上没有无菌保护膜，塑料杯热成型后需要热辐射杀菌，以达到无菌包装要求。该塑料杯无菌包装系统的生产线集成化、自动化程度高，是国际上公认的先进的塑料杯无菌包装生产线。

（五）爱克林立式包（新鲜壶）

为瑞典爱克林（Ecolean）公司产品。产品设计新颖独特，并且是一种环保型保鲜包装，阻隔性好，易于回收，印刷适性好，可微波炉直接加热，成本较低。

（六）百利包

百利包（Pre Pak）是以法国百利公司无菌包装系统生产的包装。其结构为多层无菌复合膜，有三层黑白膜，也有高阻隔 5 层、7 层共挤膜及铝塑复合膜，材料不同其保质期跨度从 30d 到 180d 不等。百利包安全卫生、方便，价格适中，占据很大的消费市场。

（七）芬包

芬包是（Finn Pak）芬兰 Elester 公司无菌包装系统生产的包装。芬包材料为多层黑白膜，也采用铝塑复合膜，保质期长，价格适中。

（八）复合塑膜袋

此种包装品种多，性能各异，占据了主要的中低端乳品包装市场。百利包、芬包、万容包等均是此类产品。三层黑白膜包装袋，价格低，保质期短；五层黑白膜包装袋，价格较高，保质期达 90d；K 涂共挤膜包装袋，价格适中，保质期长；镀铝复合膜袋，价格较低，保质期长；千式复合膜袋，其内层共挤膜性质决定其保质期，包装印刷精美。

（九）纸杯

纸杯（新鲜杯）包装可以取代瓶装、袋装产品，更卫生。特点是美观时尚，容量较小，适合一次喝完；材料易吸收，撕去盖膜，可微波加热；10℃以下可保存 5d，是一种保鲜包装。

（十）塑杯

除多层高阻隔无菌杯之外，塑杯材质为 PP 杯和 PS 杯。这些材料都是属于易于回收利用的环保型材料。PP 杯柔性好、耐 100℃高温、重量轻，适宜于巴氏消毒奶及各种乳饮料包装；PS 杯刚性较好，挺括高雅，表面光洁，油墨印刷附着力强，耐低温冷冻性能优异（−30℃），适宜于各种冷藏的乳制品、冰淇淋等包装。

（十一）玻璃瓶

玻璃瓶是传统的液体乳包装，具有环保、能重复使用、成本较低的特点。但是不便携带、分量重、易漏奶、破碎，只能作为乳品生产企业就近城市的"宅配渠道包装"。

（十二）塑料瓶

塑料瓶是唯一一种可以用于三类奶制品（巴氏无菌奶、UHT 奶和灭菌奶）的包装材料。塑料瓶有多层共挤和单层材质两种结构的 HDPE 瓶以及 BOPP 瓶，塑瓶易携带、保质期长、易贮存。

（十三）塑桶

塑桶是大容量包装，适合家庭消费。桶装奶档次较高，与无菌砖相比，具有价格优势。巴氏消毒保证了纯正口味，是一种有前景的包装。

二、果蔬汁的无菌包装

随着包装技术的发展和人们消费要求的提高，果蔬汁饮料的无防腐剂包装正逐步成为该类产品包装的主流方法。为了延长不含防腐剂的果蔬汁饮料的保质期限，并且尽可能保持其独特的风味和口味，采用无菌包装技术进行果蔬汁饮料的无菌包装是行之有效的方法。目前，无菌包装正成为果蔬汁饮料的一种发展趋势，并且无菌包装技术也广泛应用于果蔬汁饮料的包装生产中。

果蔬汁的无菌包装主要包括果蔬汁的制备及杀菌、包装材料的杀菌消毒及包装环境的杀菌消毒。果蔬汁的杀菌阶段主要过程是：果蔬汁制备好之后，一般通过高温短时杀菌（HTST）和超高温瞬时杀菌（UHT），杀菌后的果蔬汁待冷却至 20～25℃后，输入到贮备罐中预备灌装。包装材料的杀菌消毒：用于果蔬汁无菌包装的材料主要有玻璃瓶、塑料瓶、塑料袋以及复合纸盒等。不同的包装材料采用不同的杀菌消毒方式，如复合纸盒常采用高浓度（约 32%）双氧水浸涂和高温处理相结合的处理方式来杀菌消毒，经杀菌消毒后的包装材料马上进入包装机成型部成型，随之进行液体食品的灌装和其他一系列的包装操作，最后得到无菌包装的果蔬汁。

参 考 文 献

[1] 陆兆新. 现代食品生物技术. 北京：中国农业出版社，2002.

[2] 罗云波. 食品生物技术导论. 北京：中国农业大学出版社，2002.

[3] 彭志英. 食品生物技术导论. 北京：中国轻工业出版社，2008.

[4] 彭志英. 食品酶学导论. 北京：中国轻工业出版社，2002.

[5] 王向东，赵良忠. 食品生物技术. 南京：东南大学出版社，2007.

[6] 陈宗道，王金华. 食品生物技术. 北京：中国计量出版社，2007.

[7] 袁婺洲. 基因工程. 北京：化学工业出版社，2010.

[8] 张惠展. 基因工程. 上海：华东理工大学出版社，2005.

[9] 陈宁. 酶工程. 北京：中国轻工业出版社，2005.

[10] 蒋继志，王金胜. 分子生物学. 北京：科学出版社，2011.

[11] 施巧琴. 酶工程. 北京：科学出版社，2005.

[12] 王金胜. 酶工程. 北京：中国农业出版社，2007.

[13] 郭勇. 酶工程. 北京：科学出版社，2009.

[14] 刘冬，张学仁. 发酵工程. 北京：高等教育出版社，2007.

[15] 潘力. 食品发酵工程. 北京：化学工业出版社，2006.

[16] 邱立友. 发酵工程与设备. 北京：中国农业出版社，2007.

[17] 陈志南. 细胞工程. 北京：科学出版社，2005.

[18] 李志勇. 细胞工程. 北京：科学出版社，2003.

[19] 俞子行. 制药化工过程及设备. 北京：中国医药科技出版社，1991.

[20] 陈坚，堵国成. 发酵工程原理与技术. 北京：化学工业出版社，2012.

[21] 丁明玉. 现代分离方法与技术. 北京：化学工业出版社，2012.

[22] 赵余庆. 中药及天然产物提取制备关键技术. 北京：中国医药科技出版社，2012.

[23] 刘成梅，罗舜菁，张继. 食品工程原理. 北京：化学工业出版社，2011.

[24] 梅丛笑，方元超. 微胶囊技术在食品工业中的应用. 中国食品与营养，2000（3）：28～29.

[25] 姜作茂. 食品添加剂的微胶囊方法及应用. 食品工业科技，1998（5）：73～75.

[26] 向智男，宁正祥. 超微粉碎技术及其在食品工业中的应用. 食品研究与开发，2006，27 （2）：88～90.

[27] 张有林. 食品科学概论. 北京：科学出版社，2006.

[28] 纵伟. 食品工业新技术. 哈尔滨：东北林业大学出版社，2006.

[29] 周家春. 食品工业新技术. 北京：化学工业出版社，2005.

[30] 宋航. 制药分离工程. 上海：华东理工大学出版社，2011.

[31] 徐怀德. 天然产物提取工艺学. 北京：中国轻工业出版社，2008.

[32] 张裕中. 食品加工技术装备. 北京：中国轻工业出版社，1999.

[33] 李树国，陈辉，杜进民. 高新技术在粮油食品开发中应用研究. 粮食与油脂，2001（7）：14～16.

[34] 陈平. 制药工艺学. 武汉：湖北科学技术出版社，2008.

[35] 谢岩黎. 现代食品工程技术. 郑州：郑州大学出版社，2011.

[36] 李健. 超临界 CO_2 萃取技术在食品工业中的应用. 食品与机械，1998（2）：335～342.

[37] 李冬生，曾凡坤. 食品高新技术. 北京：中国计量出版社，2007.

[38] 孙君社. 现代食品加工学. 北京：中国农业出版社，2001.

[39] 高安全. 膜分离技术在大豆乳清回收中的应用. 过滤与分离，2001，11（6）：11～13.

[40] 张德全，胡晓丹主编. 食品 CO_2 超临界流体加工技术. 北京：化学工业出版社，2005.

[41] 全绍辉. 微波技术基础. 北京：高等教育出版社，2011.

[42] 张燕萍，谢良. 食品加工技术. 北京：化学工业出版社，2006.

[43] 周家春. 食品工艺学. 北京：化学工业出版社，2008.

[44] 宋纪蓉. 食品工程技术原理. 北京：化学工业出版社，2005.

[45] 马长伟，曾名勇. 食品工艺学导论. 北京：中国农业大学出版社，2002.

[46] 汪勋清，哈益明，高美须. 食品辐照加工技术. 北京：化学工业出版社，2005.

[47] 哈益明. 辐照食品及其它安全性. 北京：化学工业出版社，2006.

[48] 中国食品工业协会，食品安全师培训管理办公室组织编. 食品安全基础知识. 北京：中国商业出版社，2008.

[49] 邓立，朱明. 食品工业高新技术设备和工艺. 北京：化学工业出版社，2007.

[50] 陆启玉. 粮油食品加工工艺学. 北京：中国轻工业出版社，2005.

[51] 石彦国. 食品挤压与膨化技术. 北京：科学出版社，2011.

[52] 高福成，郑建仙. 食品工程高新技术. 北京：中国轻工业出版社，2009.

[53] 谢晶. 食品冷藏链技术与装置. 北京：机械工业出版社，2010.

[54] 马俪珍，刘金福. 食品工艺学实验. 北京：化学工业出版社.

[55] 卢士勋，杨万枫. 冷藏运输制冷技术与设备. 北京：机械工业出版社，2006.

[56] 刘北林. 食品保鲜与冷藏链. 北京：化学工业出版社，2004.

[57] 郑厚芬. 果蔬气调保鲜技术. 北京：中国商业出版社，1990.

[58] 申江. 冷藏冻结设备与装置. 北京：人民邮电出版社，2010.

[59] 巍杰. 现代饮料、乳制品质量安全市场准入与生产工艺技术及设备选用实务全书（第三卷）. 北京：新星出版社，2004.

[60] 章建浩. 食品包装学. 北京：中国农业出版社，2009.

[61] 张新昌. 包装概论. 北京：印刷工业出版社，2007.

[62] 李代明. 食品包装学. 北京：中国计量出版社，2008.

[63] 金国斌，张华良. 包装工艺技术与设备（第二版）. 北京：中国轻工业出版社，2009.

[64] 胡小松，吴继红. 农产品深加工技术. 北京：中国农业科学技术出版社，2007.